掌尚文化

Culture is Future

尚文化·掌天下

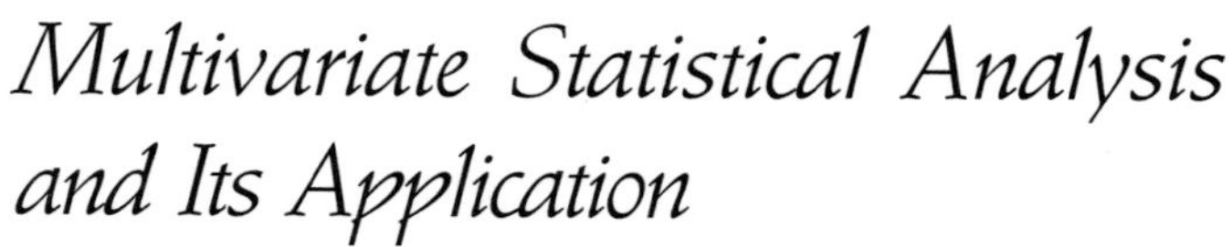

Multivariate Statistical Analysis and Its Application

Computer Operation of R and SPSS

郭茜 主编

多元统计分析及应用

R 软件和 SPSS 软件上机实现

经济管理出版社
ECONOMY & MANAGEMENT PUBLISHING HOUSE

图书在版编目（CIP）数据

多元统计分析及应用：R 软件和 SPSS 软件上机实现/郭茜主编．—北京：经济管理出版社,2022.7

ISBN 978-7-5096-8579-2

Ⅰ.①多…　Ⅱ.①郭…　Ⅲ.①多元分析—统计分析　Ⅳ.①O212.4

中国版本图书馆 CIP 数据核字(2022)第 118188 号

策划编辑：宋　娜
责任编辑：宋　娜　张鹤溶
责任印制：黄章平
责任校对：蔡晓臻

出版发行：经济管理出版社
（北京市海淀区北蜂窝 8 号中雅大厦 A 座 11 层　100038）
网　　址：www.E-mp.com.cn
电　　话：（010）51915602
印　　刷：唐山玺诚印务有限公司
经　　销：新华书店
开　　本：720mm×1000mm/16
印　　张：18
字　　数：316 千字
版　　次：2022 年 10 月第 1 版　　2022 年 10 月第 1 次印刷
书　　号：ISBN 978-7-5096-8579-2
定　　价：98.00 元

序

多元统计分析简称多元分析，是统计学的一个重要分支，主要研究客观事物中多个变量之间相互依赖的统计规律性，在经济、管理、物流、生物、医学、体育和环境科学等多个领域应用广泛。近些年在大数据技术快速发展的背景下，多元统计分析作为处理多变量数据的重要分析方法，是大数据分析不可或缺的分析工具。为了满足学生理解并掌握多元统计分析基本原理、熟练应用软件进行数据分析的需求，笔者编写此书。本书既可以作为统计学专业学生的教材，又可以作为大数据或其他专业学生学习多元统计分析的教材，还可作为从事经济、管理、物流等研究和实践的工作者进行量化研究的参考书。

本书旨在系统介绍多元统计分析方法及应用，提高学生运用统计方法解决实际问题的能力。因此，在系统介绍多元分析基本理论和方法的同时，突出统计思想和实际案例的渗透，结合统计软件全面介绍多元统计分析方法。本书力求体现以下几点特色：

第一，注重统计基本思想和原理。本书力求简明易懂、内容系统和实用，以解决问题和实际应用为目的，深入浅出地阐述多元统计分析的基本概念、基本思想、方法原理和分析步骤。

第二，突出物流与流通等领域的实际案例应用。依托学校物流与流通的发展特色，本书加入了物流与流通、经济管理等多个领域的实践案例，依据实际案例介绍多元统计分析方法的特点及应用条件，做到多元统计分析方法与实际应用的有效结合。

第三，强调将多元统计分析与 SPSS 软件、R 软件应用相结合。为了提高学生运用统计方法分析解决问题的能力，本书强调利用 SPSS 软件和 R 软件对实际案例进行数据处理和多元统计分析，并在每章结合实例概要介绍 SPSS 软件和 R 软件的实际操作和实现过程。

本书共十章，第一至第三章主要介绍多元正态分布的基本概念及其统计推断，第四至第十章分别介绍了各种多元统计分析方法，具有很强的实用性。参加本书编写的有：郭茜（第一章）、刘洪伟（第二章）、金仁浩（第三章）、张方风（第四章）、黄羽翼（第五章）、尹洁婷（第六章）、韩嵩（第七章）、刘力菡（第八章）、王建建（第九章）、陶丽（第十章）；李昊宇、郑琛、李玉静、张博、肖泽众参与了本书资料整理工作；最后由郭茜、李倩、姜天英负责全书的总纂和定稿。本书各章的例题和习题数据可以在出版社网站下载。

本书是北京物资学院统计学教研室全体教师长期从事理论研究、教学实践的经验总结。由于编者理论水平和实践经验的限制，书中难免有不妥和谬误之处，恳请同行专家及广大读者批评指正。

目　录

第一章 绪论

第一节 多元统计分析的发展

一、多元统计分析的发展背景

现实生活中，很多随机现象通常会涉及多个随机变量，且这些变量间通常存在一定联系，为了处理多个变量的观测数据，数理统计学中逐渐演变出一个新的分支——多元统计分析。多元统计分析包含用以研究多个随机变量之间相互依赖关系以及内在统计规律性的统计理论和方法。其内容广泛，既包括一元统计学中某些方法的直接推广，也包括多元随机变量特有的一些方法。

例如，某快递公司在 12 个地区均设有分公司，为考察该公司的经营情况，就需要了解各分公司在几个主要方面的具体情况。表 1-1 给出了 2021 年各分公司的快递人员数、快件收件数、物流成本费用和利润。

表 1-1 某快递公司 12 家分公司经营情况

序号	快递人员数（人）	快件收件数（万件）	物流成本费用（万元）	利润（万元）
1	197	1078.575	1941.435	1617.863
2	180	985.500	1773.900	1478.250
3	209	1144.275	2059.695	1716.413
4	231	1264.725	2276.505	1897.088
5	192	1051.200	1892.160	1576.800
6	176	963.600	1734.480	1445.400
7	183	1001.925	1803.465	1502.888

续表

序号	快递人员数（人）	快件收件数（万件）	物流成本费用（万元）	利润（万元）
8	169	925.275	1665.495	1387.913
9	203	1111.425	2000.565	1667.138
10	215	1177.125	2118.825	1765.688
11	174	952.650	1714.770	1428.975
12	189	1034.775	1862.595	1552.163

如果使用一元统计方法对表 1-1 中的数据进行分析，只能对快递人员数、快件收件数、物流成本费用和利润分别分析，每次分析处理各分公司某个变量的表现，而不能综合考虑公司各变量的相关性，造成数据信息的极大浪费，最终导致不能客观全面地反映该快递公司的经营状况。本书将要讨论的多元统计方法可以同时对快递公司各方面的情况进行分析。例如，可以依据各变量的相似度对各分公司进行分类（如规模大、利润高的分公司和规模小、利润低的分公司）；研究公司各变量之间的关系（如快件收件数和利润之间的关系）等。这意味着多元统计分析可以在快递公司主要变量之间的关系、相依性和相对重要性等方面提供有用信息，使人们可以从更多维度了解快递公司的经营情况。

二、多元统计分析的发展历程

多元统计分析起源于 20 世纪初，威沙特（Wishart）在 1928 年发表的论文《多元整体总体样本协方差阵的精确分布》通常被认为是多元统计分析的起源。20 世纪 30 年代，费希尔（Fisher）、霍特林（Hotelling）、罗伊（Roy）、许宝騄等通过奠基性工作推动了多元统计分析理论的发展。20 世纪 40 年代，多元统计分析的理论落地实践，在心理、教育和生物等领域中发挥实际作用，但由于实际应用中所需计算量极大，多元统计分析的发展受到影响，在一段时间内呈现停滞状态。20 世纪 50 年代中期，电子计算机的出现和发展给多元统计分析注入了新的活力，使得其在地质学、气象学、医学和社会学等方面得到广泛应用。20 世纪 60 年代，这些应用和实践推动了多元统计分析理论的发展，而新理论和新方法的不断涌现进一步扩大了多元统计分析的应用范围。20 世纪 70 年代初期，多元统计分析在我国各领域受到极大关注，近 40 年来我国关于多元统计分析的理论和应用研究卓有成效，某些成果已达到国际水平且已形成活跃的科技队伍。

物流业是国民经济的重要产业。近年来，信息技术的飞速发展使得物流业的数据来源和种类更加多样化，企业运营数据、政府管理数据、行业管理数据、客户评价数据、金融信用数据和网络轨迹数据等物流业主要数据的可获得性更高，为物流现象的分析提供了更多维的变量，极大地推动了多元统计分析在物流业中的发展。

三、多元统计分析的发展内容

经过数十年的发展，多元统计分析已成为内容丰富、涉猎广泛的统计学科。英国著名统计学家肯德尔（Kendall）在《多元分析》一书中将多元统计分析所研究的内容和方法归纳为以下四个方面：

第一，简化数据结构。将某些较复杂的数据结构通过变量变换等方法进行简化，使相互依赖的变量变成互不相关，或把高维空间的数据投影到低维空间，使问题得到简化且损失信息不多。主要方法包括主成分分析、因子分析和对应分析等。

第二，分类与判别。对所考察变量按照相似程度进行归类。主要方法包括聚类分析和判别分析等。

第三，变量间的相互联系。分析一个或几个变量的变化是否依赖另一些变量的变化，如果依赖，则建立变量间的定量关系式进行预测或控制；或分析两组变量间的相互关系。主要方法有回归分析和典型相关分析。

第四，多元数据的统计推断。主要指参数估计和假设检验问题，特别是多元正态分布的均值向量和协方差阵的估计和假设检验等问题。

第二节　多元统计分析的应用

一、多元统计分析的作用

多元统计分析的研究对象是多个随机变量，通过多元统计方法对多个随机变量进行分析可以发挥以下作用：

（一）简化数据结构

为全面、系统地研究某一种客观现象，往往需要从多维度进行问题讨论，这就涉及多个指标的分析。利用多元统计方法，在尽可能损失较少信息的前提下，将多个指标转换为几个综合指标，从而简化数据结构，提高分析效率，同时更直观地解释研究现象。例如，主成分分析、因子分析、对应分析等方法均可以用以简化数据结构。

（二）进行分类

在认识某一客观现象时，经常会遇到需要按属性划分研究对象的情形。利用多元统计方法，将同质性高的对象划分为一类，不同类之间的异质性尽可能保证最大化，这有利于充分认识客观现象，深入挖掘现象的本质。例如，聚类分析、判别分析等方法均可以进行分类研究。

（三）研究变量间的相关关系

变量间的相关关系一直是人们关注的重点。变量间是否存在相关关系以及相关关系是如何体现的？针对此类问题，简单相关系数并不足以刻画，而多元统计分析方法中的因子分析、对应分析、典型相关分析等方法则可以进行多角度、全方位的研究。

（四）进行预测

预测是多元统计分析最重要的作用之一。多元统计分析通过研究多个随机变量间的客观规律以及外部影响，基于部分变量观测值对感兴趣的变量进行预测或判断，以了解未来发展趋势或实施有效控制等。例如，回归分析、判别分析等方法均可以进行预测分析。

（五）进行统计推断

在多元统计分析中，多元正态分布具有重要的理论支撑作用。在应用中，需要进行多元正态分布的参数估计和假设检验，用以推断总体特征或验证假设的合理性等。

需要注意的是，鉴于研究对象的复杂性以及不同多元统计方法的特殊性和局限性，在进行问题研究时，可适当地将不同方法结合使用，以达到更好的分析效果。

二、多元统计分析的应用

多元统计分析的应用范围甚为广泛，几乎涉及所有领域，如经济管理、物流与流通、教育、医疗、生态、文学等。下面举例说明多元统计分析的部分应用领域。

（一）经济管理领域

（1）为了研究城镇居民的消费结构，采用全国 31 个省份的城镇居民家庭平均消费支出情况，包括食品、衣着等反映居民消费水平的 8 个指标，通过聚类分析，将 31 个省份分类，根据分类结果可以研究不同类别间的城镇居民消费水平差异等。

（2）对我国商业银行经营情况进行绩效评价，通过选取多个财务指标构建绩效评价体系，可采用因子分析法计算银行绩效的综合得分，从而衡量商业银行的绩效水平。

（3）对国内生产总值的影响因素进行分析，选取全社会固定资产投资总额、财政收入、出口总额、居民消费总额、工业生产总值等指标，建立多元回归模型，探索影响国内生产总值的主要因素并根据模型结果提出相应的对策建议。

（二）物流与流通领域

（1）物流企业竞争力评价，可以从物流竞争力、服务竞争力和合作竞争力三个层面构建物流企业竞争力指标体系，采用主成分分析或因子分析等方法，测算企业的竞争力水平，并可以比较两种方法的差异。

（2）某地区冷链物流流通模式研究，通过选取反映基础设施、运输因素、供给因素、需求因素等方面的多个指标，采用聚类分析法，对某省份的所有地区进行分类，探索不同类别的冷链物流流通模式。

（3）流通产业发展的影响分析，如可以采用典型相关分析，从产业关联角度研究我国流通产业与其他产业之间的典型相关关系，探索产业间的关联程度，从而促进产业的协调发展，也可以采用多元回归模型，寻找影响流通产业发展的影响因素。

（三）其他领域

（1）在医学研究中，为了进行“个体化诊疗”，可分析研究体重指数与中医体质类型之间的关系，了解不同体重指数人群的中医体质类型分布特点，从而正确认识体质，提高诊疗效果。

（2）在生态领域中，如研究天然草地的分类情况，可选取植被覆盖度、草群中优良牧草比率等多个指标，采用判别分析法确定待判样本类别。

（3）多元统计分析在文学领域的一个经典应用是对《红楼梦》的作者解析。李贤平教授采用主成分分析、典型相关分析等方法对《红楼梦》的虚字频率等进行了研究，结果表明前 80 回与后 40 回出自不同的作者。

以上仅为多元统计分析方法的部分应用领域，不同的应用领域在相似问题研究上具有多元统计分析方法的共性，读者可在完成本书学习之后，探索多元统计分析方法更多的应用场景。

第三节　本书的主要内容与方法

在过去的几十年中，多元统计分析方法及应用至少在两个方面有了长足的发展：一是应用领域的不断扩大，包括自然科学、社会科学和经济学等诸多学科；二是信息技术的发展，特别是计算机技术的发展使得复杂的多元统计计算成为可能，从而为应用其解决实际问题带来了广阔前景。

随着全社会信息化进程的加速发展，现在人们不再缺少数据，而是需要对数据进行有效处理的方法和手段。从数据到信息、再到知识的过程中蕴含着巨大的创造力和能量，而多元统计分析方法及应用正是从数据中发现知识的有力工具。

本书通过讲解常用的多元统计分析方法能够做什么和怎么做，进而把关注点放在了多元统计分析方法对各类问题的解决应用上。在内容上包括必需的背景知识和对实际应用技术的介绍。书中内容注意到了多元统计分析知识的完整性和系统性，对于非数学专业的读者来说，只需了解基本概念、知识框架和一般方法即可，而重点在多元统计分析方法的应用上。

在多元统计分析应用中，计算复杂度高和计算量大是学习的障碍。本书结合SPSS 软件和 R 软件的内容，每章专门设置了一节关于 SPSS 软件和 R 软件的例题操作，使得读者主要学习精力不必用于计算过程，而关注于结果的解读。

全书共分十章。第一章绪论，介绍多元统计分析的发展背景与历程、发展内容及应用领域，重点提出多元统计分析方法在经济管理、物流与流通领域的应用；第二章多元正态分布及参数估计，介绍多元正态分布的定义和有关性质；第三章多元正态分布假设检验，包括多元正态总体均值向量及协方差阵的检验；第四章多元线性回归分析，包括多元线性回归模型、回归分析中的统计检验和变量选择；第五章聚类分析，从样本距离和类间距离入手，以系统聚类为主，介绍了多种聚类方法，并对快速聚类和变量聚类也做了说明；第六章判别分析，以背景知识为前提，在构造线性判别函数的理论和方法基础之上，对距离判别、费希尔

（Fisher）判别和贝叶斯（Bayes）判别等进行了论述，并有详细的案例应用；第七章主成分分析，包括主成分分析的基本思想和方法、计算步骤及上机实现；第八章因子分析，包括因子模型及计算、因子模型的统计意义和因子模型的应用。第九章对应分析，主要介绍对应分析的基本思想和原理；第十章典型相关分析，介绍典型相关分析的基本思想、模型和样本典型相关分析的理论。

第四节　SPSS 软件和 R 软件介绍

一、SPSS 软件介绍

SPSS 是 Statistical Product and Service Solutions 的缩写，在 20 世纪 60 年代由美国斯坦福大学的 3 位研究生研制开发。同时，他们成立了 SPSS 公司，并于 1975 年在芝加哥组建了 SPSS 总部。20 世纪 90 年代以后，随着 Windows 系统的逐渐盛行，SPSS 软件推出了基于 Windows 操作平台的版本。经过几十年的发展，SPSS 软件已经成为世界上应用最广泛的专业统计软件之一，广泛应用于社会学、经济学、生物学、教育学、心理学等领域。

SPSS 软件集数据整理、分析功能于一身，主要特点是操作方便，统计方法齐全，绘制图形、表格较方便，输出结果比较直观。SPSS 软件最突出的特点是界面友好，操作简单。SPSS 是世界上最早采用图形菜单驱动界面的统计软件，通过 Windows 的窗口方式展示各种管理和分析数据方法的功能，对话框展示各种功能选择项，大多数操作可以通过菜单和对话框来完成，操作简单方便，易于学习和使用。同时，SPSS 软件统计方法齐全，其基本功能涵盖数据管理、统计分析、图表分析和输出管理等，包括描述性统计、假设检验、方差分析、列联表、相关分析、回归分析、聚类分析、判别分析、因子分析、对应分析、生存分析以及时间序列分析等多项分析功能。此外，SPSS 软件有专门的绘图系统，可以根据数据绘制各种统计图形和数据地图，输出结果也较为美观。

二、R 软件介绍

R 软件是一款免费的开源软件，最早由新西兰奥克兰大学统计系的 Robert

Gentleman 和 Ross Ihaka 编制，目前由 R 核心开发小组（R Development Core Team）维护。在网站 http：//www. r-project. org 上，R 核心开发小组会及时发布 R 软件信息，包括 R 软件简介、R 软件常用手册、R 软件更新、程序包更新、R 软件图书以及 R 软件会议信息等。

R 软件可以在 Windows、Linux 和 Unix 等多个操作系统下运行，通过输入命令可以编写函数和脚本进行批处理运算，具有数据存储和处理、数组运算工具、统计分析工具、统计制图等多项功能。R 软件是围绕其核心脚本语言设计的，但也允许与用 C、C++、FORTRAN、Java 等语言编写的编译代码集成计算密集型任务。R 软件的操作界面比较简洁，启动 R 软件以后，可以看到 RGui 的主窗口，主要包括主菜单、工具条、R 运行窗口（R Console）三个部分。其中，R 运行窗口可以发布命令完成多项工作，包括数据集的建立、数据分析、作图等。

在利用 R 软件进行特定的分析功能时，需要加载相应的程序包。R 软件程序包是多个函数的集合，具有详细的说明和示例。每个程序包包含 R 函数、数据、帮助文件、描述文件等。目前在 R 网站上约有几千个程序包，涵盖了统计学、社会学、经济学、生态学、地理学、医学、生物信息学等多个方面。

RStudio 是 R 语言的集成开发环境（IDE），是一个独立的开源项目，将许多功能强大的编程工具集成到一个直观、易于学习的界面中，从而将 R 软件应用变得更加容易和高效。RStudio 程序可以在 Windows、Linux 等多个操作系统下运行，也可以通过 Web 浏览器运行。相比于 R 软件操作页面，RStudio 界面呈现的信息更丰富一些，如历史记录、变量列表、脚本、图形显示界面等。

习题

【1-1】阐述多元统计分析的作用。

【1-2】简介多元统计分析的应用领域。

【1-3】试举出两个可以运用多元统计分析的实际问题。

【1-4】阐述 SPSS 软件和 R 软件的优缺点。

第二章　多元正态分布及参数估计

多元统计分析涉及随机向量或由多个随机向量组成的随机矩阵。它是一元正态分布的扩展，因此在统计学的理论及应用中的地位非常重要。例如，在研究物流公司的运营情况时，要考虑公司的竞争能力、资金周转能力、获利能力以及偿债能力等财务指标。显然，如果仅考虑一个指标或者分别独立研究这些指标，是不能从整体上分析问题实质的，因此解决类似这样的问题就需要多元统计分析方法。为了更好地探索研究这些问题，本章首先介绍有关随机向量的基本概念和性质。

在多元统计分析中，多元正态分布占有很重要的地位，本书所介绍的方法大都假定数据来自多元正态分布。在实际应用中，遇到的随机向量绝大多数都服从正态分布或近似正态分布，或者虽然数据本身不服从正态分布，但它的样本均值却近似于正态分布。因此，许多实际问题的解决办法往往是以研究对象服从正态分布或近似正态分布为前提的。为此，本章将要介绍多元正态分布的定义和有关性质。然而在实际问题中，多元正态分布中均值向量和协方差阵往往是未知的，常常需要用样本来估计。

第一节　多元分布的基本概念

一、随机向量

假定这里研究的是多个变量的总体，数据同时包含 p 个指标（变量），并进行了 n 次观测采集得到的，将这 p 个指标记为 X_1，X_2，…，X_p，常用向量 $X=(X_1, X_2, \cdots, X_p)^T$ 表示对同一个体观测的 p 个变量。在多元统计分析中，将所研究对象的全体仍然称为总体，它是由许多有限和（或）无限的个体构成的集合，如果构成总体的个体是具有 p 个需要观测指标的个体，则称这样的总体为 p 维总体（或 p 元总体）。于是，上面的表示方法便于用数学知识去研究 p 维总体的特征。这里的“维”（或“元”）表示共有多少个变量。若观测了 n 个个体，则可得到如表 2-1 的数据，称每个个体的 p 个变量为一个样品，而全体 n 个样品组成一个样本。

表 2-1 n×p 维数据

变量 / 序号	X_1	X_2	…	X_p
1	X_{11}	X_{12}	…	X_{1p}
2	X_{21}	X_{22}	…	X_{2p}
⋮	⋮	⋮	⋮	⋮
n	X_{n1}	X_{n2}	…	X_{np}

横向研究表 2-1 时，记：

$$X_{(\alpha)} = (X_{\alpha 1}, X_{\alpha 2}, \cdots, X_{\alpha p})^T, \quad \alpha=1, 2, \cdots, n \tag{2-1}$$

式（2-1）表示第 α 个样品的观测值。

竖向研究表 2-1 时，第 j 列的元素可以记为

$$X_j = (X_{1j}, X_{2j}, \cdots, X_{nj})^T, \quad j=1, 2, \cdots, p \tag{2-2}$$

式（2-2）表示对第 j 个变量 X_j 的 n 次观测值。

因此，表 2-1 中的样本资料可用矩阵记为：

$$X=\begin{bmatrix} X_{11} & X_{12} & \cdots & X_{1p} \\ X_{21} & X_{22} & \cdots & X_{2p} \\ \vdots & \vdots & \ddots & \vdots \\ X_{n1} & X_{n2} & \cdots & X_{np} \end{bmatrix} = (X_1, X_2, \cdots, X_p) = \begin{bmatrix} X_{(1)}^T \\ X_{(2)}^T \\ \vdots \\ X_{(n)}^T \end{bmatrix} \tag{2-3}$$

若无特殊声明，本书中所指的向量均为列向量。

定义 2.1 设 $X_1, X_2, \cdots, X_p$ 为 p 个一维随机变量，由它们有序构成的整体称为 p 维随机向量，记为 $X=(X_1, X_2, \cdots, X_p)^T$。

随机变量具有两个特点：①取值的随机性；②取值的统计规律性。对随机变量特性的描述最基本的工具是分布函数，同样，对随机向量的研究也采用分布函

数。对随机向量的研究仍然限于讨论离散型和连续型两类随机向量。

二、多元概率分布

先回顾一下一元统计中分布函数的定义。

设X是一个随机变量，x是任意实数，称$F(x)=P(X\leqslant x)$为X的概率分布函数或简称为分布函数，记为$X\sim F(x)$。

分布函数具有如下性质：

(1) $F(x)$是非降函数，即若$x_1<x_2$，则$F(x_1)\leqslant F(x_2)$。

(2) $\lim\limits_{x\to-\infty}F(x_1)=0$，$\lim\limits_{x\to\infty}F(x)=1$。

(3) $F(x)$是右连续函数，即$F(x+0)=F(x)$。

若随机变量在有限或可列个值$\{x_k\}$上取值，记$P(X=x_k)=p_k$，$(k=1, 2\cdots)$且$\sum\limits_k p_k=1$，则称X为离散型随机变量，称$P(X=x_k)=p_k$，$(k=1, 2\cdots)$为X的概率分布。

设$X\sim F(x)$，若存在一个非负函数$f(x)$，使得一切实数x有：$F(x)=\int_{-\infty}^{x}f(t)dt$，则称$f(x)$为X的分布密度函数，简称为密度函数。

定义2.2 设p维随机向量$X=(X_1, X_2, \cdots, X_p)^T$，它的多元分布函数定义为：

$$F(x)\underline{\underline{\Delta}}F(X_1, X_2, \cdots, X_p)=P(X_1\leqslant x_1, X_2\leqslant x_2, \cdots, X_p\leqslant x_p) \tag{2-4}$$

记为$X\sim F(x)$，其中，$x=(x_1, x_2, \cdots, x_p)^T\in R^p$，$R^p$表示p维欧氏空间。

多维随机向量的统计特性可用它的分布函数来完整地描述。

定义2.3 设$X=(X_1, X_2, \cdots, X_p)^T$是p维随机向量，若存在有限个或可列个p维数向量$x_1$，$x_2\cdots$，记$P(X=x_k)=p_k$，$(k=1, 2\cdots)$且满足$p_1+p_2+\cdots=1$，则称X为离散型随机向量，称$P(X=x_k)=p_k$，$(k=1, 2\cdots)$为X的概率分布。

设$X\sim F(x)\underline{\underline{\Delta}}F(x_1, x_2, \cdots, x_p)$，若存在一个非负函数$f(x_1, x_2, \cdots, x_p)$，使得对一切$x=(x_1, x_2, \cdots, x_p)'\in R^p$有

$$F(x)\underline{\underline{\Delta}}F(x_1, x_2, \cdots, x_p)=\int_{-\infty}^{x_1}\cdots\int_{-\infty}^{x_p}f(t_1, t_2, \cdots, t_p)dt_1\cdots dt_p \tag{2-5}$$

则称X为连续型随机变量，称$f(x_1, x_2, \cdots, x_p)$为分布密度函数，简称为密

度函数或分布密度。

一个 p 元函数 $f(x_1, x_2, \cdots, x_p)$ 能作为 R^p 中某个随机向量的密度函数的主要条件是：

(1) $f(x_1, x_2, \cdots, x_p) \geqslant 0, \ \forall (x_1, x_2, \cdots, x_p)^T \in R^p$

(2) $\int_{-\infty}^{+\infty} \cdots \int_{-\infty}^{+\infty} f(x_1, x_2, \cdots, x_p) dx_1 \cdots dx_p = 1$

离散型随机向量的统计性质可由它的概率分布完全确定，连续型随机向量的统计性质可由它的分布密度完全确定。

【例 2-1】试证函数

$$f(x_1, x_2) = \begin{cases} e^{-(x_1+x_2)}, & x_1 \geqslant 0, x_2 \geqslant 0 \\ 0, & 其他 \end{cases}$$

为随机向量 $X = (X_1, X_2)^T$ 密度函数。

【证】(1) 显然，当 $x_1 \geqslant 0$，$x_2 \geqslant 0$ 时有 $f(x_1, x_2) \geqslant 0$

$$(2) \int_{-\infty}^{+\infty}\int_{-\infty}^{+\infty} f(x_1, x_2) dx_1 dx_2 = \int_0^{+\infty}\int_0^{+\infty} e^{-(x_1+x_2)} dx_1 dx_2$$
$$= \int_0^{+\infty}\left[\int_0^{+\infty} e^{-(x_1+x_2)} dx_1\right] dx_2$$
$$= \int_0^{+\infty} e^{-x_2} dx_2$$
$$= -e^{-x_2}\Big|_0^{+\infty}$$
$$= 1$$

定义 2.4 给定 p 维随机向量 $X = (X_1, X_2, \cdots, X_p)^T$，称由它的 q（<p）个分量组成的子向量 $X^{(i)} = (X_{i_1}, X_{i_2}, \cdots, X_{i_q})^T$ 的分布为 X 的边缘（或边际）分布，相应地把 X 的分布称为联合分布。通过调换 X 中各分量的次序，可假定 $X^{(1)}$ 正好是 X 的前 q 个分量，其余 p−q 个分量为 $X^{(2)}$，则 $X = \begin{bmatrix} X^{(1)} \\ X^{(2)} \end{bmatrix}\begin{matrix} q \\ p-q \end{matrix}$，相应地，取值也分为两部分：$x = \begin{bmatrix} x^{(1)} \\ x^{(2)} \end{bmatrix}$。

当 X 的分布函数是 $F(x_1, x_2, \cdots, x_q)$ 时，$X^{(1)}$ 的分布函数即边缘分布函数为：

$$F(x_1, x_2, \cdots, x_q)=P(X_1\leqslant x_1, \cdots, X_q\leqslant x_q)$$
$$=P(X_1\leqslant x_1, \cdots, X_q\leqslant x_q, X_{q+1}\leqslant\infty, \cdots, X_p\leqslant\infty)$$
$$=F(x_1, x_2, \cdots, x_q, \infty, \cdots, \infty) \quad (2-6)$$

当 X 有分布密度 $f(x_1, x_2, \cdots, x_p)$ 时（亦称联合分布密度函数），则 $X^{(1)}$ 也有分布密度，即边缘密度函数为：

$$f_1(x_1, x_2, \cdots, x_q)=\int_{-\infty}^{+\infty}\cdots\int_{-\infty}^{+\infty}f(x_1, \cdots, x_q, x_{q+1}, \cdots, x_p)dx_{q+1}, \cdots, dx_p \quad (2-7)$$

【例 2-2】对例 2-1 中的 $X=(X_1, X_2)^T$ 求边缘密度函数。

【解】$f(x_1)=\int_{-\infty}^{+\infty}f(x_1, x_2)dx_2$

$$=\begin{cases}\int_0^{+\infty}e^{-(x_1+x_2)}dx_2=e^{-x_1}, & x_1\geqslant 0\\ 0, & 其他\end{cases}$$

同理，$f(x_2)=\begin{cases}e^{-x_2}, & x_2\geqslant 0\\ 0, & 其他\end{cases}$

定义 2.5 若 p 个一维随机变量 $X_1, X_2, \cdots, X_p$ 的联合分布等于各自的边缘分布的乘积，则称 $X_1, X_2, \cdots, X_p$ 是相互独立的。

【例 2-3】问例 2-2 中的 X_1 与 X_2 是否相互独立?

【解】$f(x_1, x_2)=\begin{cases}e^{-(x_1,x_2)}, & x_1\geqslant 0, x_2\geqslant 0\\ 0, & 其他\end{cases}$

$$f_{x_1}(x_1)=\begin{cases}e^{-x_1}, & x_1\geqslant 0\\ 0, & 其他\end{cases} \qquad f_{x_2}(x_2)=\begin{cases}e^{-x_2}, & x_2\geqslant 0\\ 0, & 其他\end{cases}$$

由于 $f(x_1, x_2)=f_{x_1}(x_1)\cdot f_{x_2}(x_2)$，故 X_1 与 X_2 相互独立。

这里需要说明的是，由 $X_1, X_2, \cdots, X_p$ 相互独立可推知，任何 X_i 与 X_j $(i\neq j)$ 独立，但反之不真。

三、随机向量数字特征

定义 2.6 设 p 维随机向量 $X=(X_1, X_2, \cdots, X_p)^T$，若 $E(X_i)(i=1, \cdots, p)$存在且有限，则称 $E(X)=(E(X_1), E(X_2), \cdots, E(X_p))^T$ 为 X 的均值(向

量)或数学期望，有时也把 $E(X)$ 和 $E(X_i)$ 分别记为 μ 和 μ_i，即 $\mu=(\mu_1, \mu_2, \cdots, \mu_p)^T$，利用线性代数知识，不难知均值(向量)具有以下性质：

(1) $E(AX)=AE(X)$。

(2) $E(AX+BY)=AE(X)+BE(Y)$。

其中，X、Y 为随机向量，A、B 为大小适合运算的常数矩阵。

定义 2.7 设 $X=(X_1, X_2, \cdots, X_p)^T$，$Y=(Y_1, Y_2, \cdots, Y_p)^T$，称

$$D(X)\triangleq E(X-E(X))(X-E(X))^T$$
$$=\begin{bmatrix} Cov(X_1, X_1) & Cov(X_1, X_2) & \cdots & Cov(X_1, X_p) \\ Cov(X_2, X_1) & Cov(X_2, X_2) & \cdots & Cov(X_2, X_p) \\ \vdots & \vdots & \ddots & \vdots \\ Cov(X_p, X_1) & Cov(X_p, X_2) & \cdots & Cov(X_p, X_p) \end{bmatrix} \tag{2-8}$$

为 X 的方差或协差阵，有时把 D (X) 简记为 Σ，Cov (X_i, X_j) 简记为 σ_{ij}，从而有 $\Sigma=(\sigma_{ij})_{p\times p}$；称随机向量 X 和 Y 的协差阵为

$$Cov(X, Y)\triangleq E(X-E(X))(Y-E(Y))^T$$
$$=\begin{bmatrix} Cov(X_1, Y_1) & Cov(X_1, Y_2) & \cdots & Cov(X_1, Y_p) \\ Cov(X_2, Y_1) & Cov(X_2, Y_2) & \cdots & Cov(X_2, Y_p) \\ \vdots & \vdots & \ddots & \vdots \\ Cov(X_p, Y_1) & Cov(X_p, Y_2) & \cdots & Cov(X_p, Y_p) \end{bmatrix} \tag{2-9}$$

当 X=Y 时，即为 D (X)。

当 Cov (X, Y) = 0 时，称 X 和 Y 不相关，由 X 和 Y 相互独立易推得 Cov (X, Y) = 0，即 X 和 Y 不相关；但反过来，当 X 和 Y 不相关时，一般不能推知 X 和 Y 独立。

当 A、B 为常数矩阵时，由定义可以推出协方差阵有如下性质：

(1) 对于常数向量 a，有 $D(X+a)=D(X)$。

(2) $D(AX)=AD(X)A^T=A\sum A^T$。

(3) $Cov(AX, BY)=ACov(X, Y)B^T$。

(4) 设 X 为 n 维随机向量，期望和协方差存在，记 $\mu=E(X)$，$\Sigma=D(X)$，A 为 n×n 常数阵，则 $E(X^TAX)=tr(A\Sigma)+\mu^TA\mu$。

这里需要说明的是，对于任何的随机向量 $X=(X_1, X_2, \cdots, X_p)^T$ 来说，其协差阵 Σ 都是对称阵的，同时总是非负定（半正定）的。若 X = $(X_1,$

X_2，…，X_p)^T 的协差阵存在，且每个分量的方差大于零，则称随机向量 X 的相关阵为 R＝Cov（X）＝（ρ_{ij})$_{p\times p}$，其中：

$$\rho_{ij}=\frac{Cov(X_i, X_j)}{\sqrt{D(X_i)}\sqrt{D(X_j)}}=\frac{\sigma_{ij}}{\sqrt{\sigma_{ii}}\sqrt{\sigma_{jj}}}, \ i, j=1, \cdots, p \tag{2-10}$$

为 X_i 与 X_j 的相关系数。

在处理数据时，为了克服由于指标的量纲不同对统计分析结果带来的影响，在使用各种统计分析之前，往往需要将每个指标“标准化”，即进行如下变换：

$$X_j^*=\frac{X_j-E(X_j)}{\sqrt{D(X_j)}}, \ j=1, \cdots, p \tag{2-11}$$

那么由（2-11）构成的随机向量 X^*＝（X_1^*，X_2^*，…，X_p^*)^T。令

$$C=diag(\sqrt{\sigma_{11}}, \sqrt{\sigma_{22}}, \cdots, \sqrt{\sigma_{pp}}) \tag{2-12}$$

有：

$$X^*=C^{-1}(X-E(X)) \tag{2-13}$$

那么，标准化后的随机向量 X^* 均值和协差阵分别为：

$$E(X^*)=E[C^{-1}(X-E(X))]=C^{-1}E[(X-E(X))]=0 \tag{2-14}$$

$$\begin{aligned}D(X^*)&=D[C^{-1}(X-E(X))]=C^{-1}D[(X-E(X))]C^{-1}\\&=C^{-1}D(X)C^{-1}=C^{-1}\sum C^{-1}=R\end{aligned} \tag{2-15}$$

即标准化数据的协差阵正好是原指标的相关阵。

第二节　多元正态分布

先来回顾一元正态分布的密度函数。

$$f(x)=\frac{1}{\sqrt{2\pi}\sigma}e^{-\frac{(x-\mu)^2}{2\sigma^2}}, \ \sigma>0$$

上式可以改写为：

$$f(x)=\frac{1}{(2\pi)^{1/2}(\sigma^2)^{1/2}}\exp\left[-\frac{1}{2}(x-\mu)^T(\sigma^2)^{-1}(x-\mu)\right] \tag{2-16}$$

由于式（2-16）中的 x、μ 均为一维的数字，可以用（$x-\mu$)^T 代表（$x-\mu$)

的转置。根据上面的表述形式，可以将其推广，给出多元正态分布的定义。

定义 2.8 若 p 维随机向量 $X=(X_1, X_2, \cdots, X_p)^T$ 的密度函数为：

$$f(x_1, x_2, \cdots, x_p)=\frac{1}{(2\pi)^{p/2}\left|\sum\right|^{1/2}}\exp\left[-\frac{1}{2}(x-\mu)^T\sum{}^{-1}(x-\mu)\right] \tag{2-17}$$

其中，$x=(x_1, x_2, \cdots, x_p)^T$，μ 是 p 维向量，Σ是 p 阶正定阵，则称 X 服从 p 元正态分布，也称 X 为 p 维正态随机向量，简记为 $X \sim N_P(\mu, \Sigma)$，显然当 $p=1$ 时，即为一元正态分布密度函数。

可以证明 μ 为 X 的均值（向量），Σ为 X 的协差阵。这里应当指出的是，当 $|\Sigma|=0$ 时，Σ^{-1} 不存在，X 也就不存在通常意义下的密度函数，然而可以形式地给出一个表达式，使得有些问题可以利用这一形式对 $|\Sigma|\neq 0$ 及 $|\Sigma|=0$ 的情况给出一个统一的处理。

当 $p=2$ 时，设 $X=(X_1, X_2)'$ 服从二元正态分布，则

$$\sum=\begin{bmatrix}\sigma_{11} & \sigma_{12}\\ \sigma_{21} & \sigma_{22}\end{bmatrix}=\begin{bmatrix}\sigma_1^2 & \rho\sigma_1\sigma_2\\ \rho\sigma_2\sigma_1 & \sigma_2^2\end{bmatrix}, \ r\neq\pm 1 \tag{2-18}$$

其中，σ_1^2，σ_2^2 分别是 X_1 与 X_2 的方差，ρ 是 X_1 与 X_2 的相关系数。即有：

$$\left|\sum\right|=\sigma_1^2\sigma_2^2(1-\rho^2) \tag{2-19}$$

$$\sum{}^{-1}=\frac{1}{\sigma_1^2\sigma_2^2(1-\rho^2)}\begin{bmatrix}\sigma_2^2 & -\sigma_1\sigma_2\rho\\ -\sigma_2\sigma_1\rho & \sigma_1^2\end{bmatrix} \tag{2-20}$$

故 X_1 与 X_2 的密度函数为：

$$f(x_1, x_2)=\frac{1}{2\pi\sigma_1\sigma_2(1-\rho^2)^{1/2}}\exp\left\{-\frac{1}{2(1-\rho^2)}\left[\frac{(x_1-\mu_1)^2}{\sigma_1^2}\right]\right\} \\ -\left\{\left[2\rho\frac{(x_1-\mu_1)(x_2-\mu_2)}{\sigma_1\sigma_2}+\frac{(x_2-\mu_2)^2}{\sigma_2^2}\right]\right\} \tag{2-21}$$

若 $\rho=0$，那么 X_1 与 X_2 是相互独立的；若 $\rho>0$，则 X_1 与 X_2 趋于正相关；若 $\rho<0$，则 X_1 与 X_2 趋于负相关。

二元正态分布情况下的概率密度等高线是一个椭圆，具有如下形式：

$$\frac{(x_1-\mu_1)^2}{\sigma_1^2}-2\rho\frac{(x_1-\mu_1)(x_2-\mu_2)}{\sigma_1\sigma_2}+\frac{(x_2-\mu_2)^2}{\sigma_2^2}=c^2 \tag{2-22}$$

读者可以自行画出等高线图。

定理 2.1　设 $X \sim N_P(\mu, \Sigma)$，则有 $E(X)=\mu$，$D(X)=\Sigma$。

关于这个定理的证明可以查阅相关书籍，该定理将多元正态分布的参数 μ 和 Σ 赋予了明确的统计意义。这里需要明确的是，多元正态分布的定义不止一种，更广泛地可以采用特征函数来定义，也可以用一切线性组合均为正态的性质来定义。

在讨论多元统计分析的理论和方法时，经常用到多元正态变量的某些性质，利用这些性质可使得正态分布的处理变得容易一些。

（1）若 $X=(X_1, X_2, \cdots, X_p)^T \sim N_p(\mu, \Sigma)$，$\Sigma$ 是对角阵，则 $X_1, \cdots, X_p$ 相互独立。

（2）若 $X \sim N_p(\mu, \Sigma)$，A 为 s×p 阶常数阵，d 为 s 维常数向量，则

$$AX + d \sim N_s(A\mu + d, A\Sigma A^T) \tag{2-23}$$

即正态随机向量的线性函数还是正态的。

（3）若 $X \sim N_p(\mu, \Sigma)$，将 X、μ、Σ 做如下剖析：

$$X = \begin{bmatrix} X^{(1)} \\ X^{(2)} \end{bmatrix} \begin{matrix} q \\ p-q \end{matrix} \qquad \mu = \begin{bmatrix} \mu^{(1)} \\ \mu^{(2)} \end{bmatrix} \begin{matrix} q \\ p-q \end{matrix} \qquad \Sigma = \overset{\begin{matrix} q & \quad p-q \end{matrix}}{\begin{bmatrix} \Sigma_{11} & \Sigma_{12} \\ \Sigma_{21} & \Sigma_{22} \end{bmatrix}} \begin{matrix} q \\ p-q \end{matrix}$$

则 $X^{(1)} \sim N_q(\mu^{(1)}, \Sigma_{11})$，$X^{(2)} \sim N_{p-q}(\mu^{(2)}, \Sigma_{22})$。

这里需要指出的是：第一，多元正态分布的任何边缘分布为正态分布，但反之不为真。第二，由于 $\Sigma_{12}=Cov(X^{(1)}, X^{(2)})$，故 $\Sigma_{12}=0$ 表示 $X^{(1)}$ 和 $X^{(2)}$ 不相关。因此，对于多元正态变量而言，$X^{(1)}$ 和 $X^{(2)}$ 的不相关与独立是等价的。

【例 2-4】若 $X=(X_1, X_2, X_3)^T \sim N_3(\mu, \Sigma)$，其中，

$$\mu = \begin{bmatrix} \mu_1 \\ \mu_2 \\ \mu_3 \end{bmatrix} \qquad \Sigma = \begin{bmatrix} \sigma_{11} & \sigma_{12} & \sigma_{13} \\ \sigma_{21} & \sigma_{22} & \sigma_{23} \\ \sigma_{31} & \sigma_{32} & \sigma_{33} \end{bmatrix}$$

设 $a=(0, 1, 0)^T$，$A=\begin{pmatrix} 1 & 0 & 0 \\ 0 & 0 & -1 \end{pmatrix}$，则

$$(1)\ a^T X = (0, 1, 0)\begin{bmatrix} X_1 \\ X_2 \\ X_3 \end{bmatrix} = X_2 \sim N(a^T\mu, a^T\Sigma a)$$

其中,

$$a^{T}\mu=(0,\ 1,\ 0)\begin{bmatrix}\mu_1\\ \mu_2\\ \mu_3\end{bmatrix}=\mu_2$$

$$a^{T}\sum a=(0,\ 1,\ 0)\begin{bmatrix}\sigma_{11}&\sigma_{12}&\sigma_{13}\\ \sigma_{21}&\sigma_{22}&\sigma_{23}\\ \sigma_{31}&\sigma_{32}&\sigma_{33}\end{bmatrix}\begin{pmatrix}0\\ 1\\ 0\end{pmatrix}=\sigma_{22}$$

(2) $$AX=\begin{pmatrix}1&0&0\\ 0&0&-1\end{pmatrix}\begin{bmatrix}X_1\\ X_2\\ X_3\end{bmatrix}=\begin{bmatrix}X_1\\ -X_3\end{bmatrix}\sim N(A\mu,\ A\sum A^{T})$$

其中,

$$A\mu=\begin{pmatrix}1&0&0\\ 0&0&-1\end{pmatrix}\begin{bmatrix}\mu_1\\ \mu_2\\ \mu_3\end{bmatrix}=\begin{bmatrix}\mu_1\\ -\mu_3\end{bmatrix}$$

$$A\sum A^{T}=\begin{pmatrix}1&0&0\\ 0&0&-1\end{pmatrix}\begin{bmatrix}\sigma_{11}&\sigma_{12}&\sigma_{13}\\ \sigma_{21}&\sigma_{22}&\sigma_{23}\\ \sigma_{31}&\sigma_{32}&\sigma_{33}\end{bmatrix}\begin{pmatrix}1&0\\ 0&0\\ 0&-1\end{pmatrix}=\begin{bmatrix}\sigma_{11}&-\sigma_{13}\\ -\sigma_{31}&\sigma_{33}\end{bmatrix}$$

(3) 记 $$X=\begin{bmatrix}X_1\\ X_2\\ \cdots\\ X_3\end{bmatrix}=\begin{bmatrix}X^{(1)}\\ \cdots\\ X^{(2)}\end{bmatrix}\quad \mu=\begin{bmatrix}\mu_1\\ \mu_2\\ \cdots\\ \mu_3\end{bmatrix}=\begin{bmatrix}\mu^{(1)}\\ \cdots\\ \mu^{(2)}\end{bmatrix}$$

$$\sum=\begin{bmatrix}\sigma_{11}&\sigma_{12}&\sigma_{13}\\ \sigma_{21}&\sigma_{22}&\sigma_{23}\\ \sigma_{31}&\sigma_{32}&\sigma_{33}\end{bmatrix}=\begin{bmatrix}\sum_{11}&\sum_{12}\\ \sum_{21}&\sum_{22}\end{bmatrix}$$

则

$$X^{(1)}=\begin{bmatrix}X_1\\ X_2\end{bmatrix}\sim N_2(\mu^{(1)},\ \sum_{11})$$

其中，

$$\mu^{(1)}=\begin{bmatrix}\mu_1\\ \mu_2\end{bmatrix}\qquad \sum_{11}=\begin{bmatrix}\sigma_{11} & \sigma_{12}\\ \sigma_{21} & \sigma_{22}\end{bmatrix}$$

在此应该指出，如果 $X=(X_1, X_2, \cdots, X_p)^T$ 服从 p 元正态分布，则它的每个分量必服从一元正态分布，因此，把某个分量的 n 个样品值做成直方图，如果断定不呈正态分布，则就可以断定随机向量 $X=(X_1, X_2, \cdots, X_p)^T$ 也不可能服从 p 元正态分布。

第三节　多元正态分布的参数估计

一、多元样本的数字特征

设样本资料可用矩阵表示为：

$$X=\begin{bmatrix}X_{11} & X_{12} & \cdots & X_{1p}\\ X_{21} & X_{22} & \cdots & X_{2p}\\ \vdots & \vdots & \ddots & \vdots\\ X_{n1} & X_{n2} & \cdots & X_{np}\end{bmatrix}=(X_1, X_2, \cdots, X_p)=\begin{bmatrix}X_{(1)}^T\\ X_{(2)}^T\\ \vdots\\ X_{(n)}^T\end{bmatrix} \tag{2-24}$$

在这里给出样本均值向量、样本离差阵、样本协差阵以及样本相关阵的定义。

定义 2.9　设 $X_{(1)}, X_{(2)}, \cdots, X_{(n)}$ 为来自 p 元总体的样本，其中 $X_{(a)}=(X_{a1}, X_{a2}, \cdots, X_{ap})^T$，$a=1, 2, \cdots, n$。

（1）样本均值向量定义为：

$$\hat{\mu}=\bar{X}=\frac{1}{n}\sum_{a=1}^{n}X_{(a)}=(\bar{X}_1, \bar{X}_2, \cdots, \bar{X}_p)^T \tag{2-25}$$

其中，

$$\frac{1}{n}\sum_{a=1}^{n}X_{(a)}=\frac{1}{n}\left\{\begin{bmatrix}X_{11}\\ X_{12}\\ \vdots\\ X_{1p}\end{bmatrix}+\begin{bmatrix}X_{21}\\ X_{22}\\ \vdots\\ X_{2p}\end{bmatrix}+\cdots+\begin{bmatrix}X_{n1}\\ X_{n2}\\ \vdots\\ X_{np}\end{bmatrix}\right\}$$

$$= \frac{1}{n}\begin{bmatrix} X_{11} & + & X_{21} & + & \cdots & + & X_{n1} \\ X_{12} & + & X_{22} & + & \cdots & + & X_{n2} \\ \vdots & & \ddots & & \vdots & & \\ X_{1p} & + & X_{2p} & + & \cdots & + & X_{np} \end{bmatrix} = \begin{bmatrix} \bar{X}_1 \\ \bar{X}_2 \\ \vdots \\ \bar{X}_p \end{bmatrix} \tag{2-26}$$

（2）样本离差阵定义为：

$$S_{p\times p} = \sum_{a=1}^{n}(X_{(a)} - \bar{X})(X_{(a)} - \bar{X})^{T} = (s_{ij})_{p\times p} \tag{2-27}$$

这里，

$$\sum_{a=1}^{n}(X_{(a)} - \bar{X})(X_{(a)} - \bar{X})^{T}$$

$$= \sum_{a=1}^{n}\left\{\begin{bmatrix} X_{a1} - \bar{X}_1 \\ X_{a2} - \bar{X}_2 \\ \vdots \\ X_{ap} - \bar{X}_p \end{bmatrix}(X_{a1} - \bar{X}_1,\ X_{a2} - \bar{X}_2,\ \cdots,\ X_{ap} - \bar{X}_p)\right\}$$

$$= \sum_{a=1}^{n}\begin{bmatrix} (X_{a1} - \bar{X}_1)^2 & (X_{a1} - \bar{X}_1)(X_{a2} - \bar{X}_2) & \cdots & (X_{a1} - \bar{X}_1)(X_{ap} - \bar{X}_p) \\ (X_{a2} - \bar{X}_2)(X_{a1} - \bar{X}_1) & (X_{a2} - \bar{X}_2)^2 & \cdots & (X_{a2} - \bar{X}_2)(X_{ap} - \bar{X}_p) \\ \vdots & \vdots & \ddots & \vdots \\ (X_{ap} - \bar{X}_p)(X_{a1} - \bar{X}_1) & (X_{ap} - \bar{X}_p)(X_{a2} - \bar{X}_2) & \cdots & (X_{ap} - \bar{X}_p)^2 \end{bmatrix}$$

$$= \begin{bmatrix} s_{11} & s_{12} & \cdots & s_{1p} \\ s_{21} & s_{22} & \cdots & s_{2p} \\ \vdots & \vdots & \ddots & \vdots \\ s_{p1} & s_{p2} & \cdots & s_{pp} \end{bmatrix}$$

$$= (s_{ij})_{p\times p} \tag{2-28}$$

（3）样本协差阵定义为：

$$V_{p\times p} = \frac{1}{n}S = \frac{1}{n}\sum_{a=1}^{n}(X_{(a)} - \bar{X})(X_{(a)} - \bar{X})^{T} = (v_{ij})_{p\times p} \tag{2-29}$$

这里，

$$\frac{1}{n}S = \frac{1}{n}\sum_{a=1}^{n}(X_{(a)} - \bar{X})(X_{(a)} - \bar{X})^{T}$$

$$= \left[\frac{1}{n} \sum_{a=1}^{n} (X_{ai} - \bar{X}_i)(X_{aj} - \bar{X}_j) \right]_{p\times p} = [v_{ij}]_{p\times p} \tag{2-30}$$

（4）样本相关阵定义为：

$$\hat{R}_{p\times p} = [r_{ij}]_{p\times p} \tag{2-31}$$

其中，

$$r_{ij} = \frac{v_{ij}}{\sqrt{v_{ii}}\sqrt{v_{jj}}} = \frac{s_{ij}}{\sqrt{s_{ii}}\sqrt{s_{jj}}} \tag{2-32}$$

在此，应该指出，样本均值向量和离差阵也可用样本资料阵 X 直接表示如下：

$$\bar{X}_{p\times 1} = \frac{1}{n} X^T 1_n \tag{2-33}$$

其中，$1_n = (1, 1, \cdots, 1)^T$，由于

$$\bar{X}_{p\times 1} = \frac{1}{n} X^T 1_n = \frac{1}{n} \begin{bmatrix} X_{11} & X_{21} & \cdots & X_{n1} \\ X_{12} & X_{22} & \cdots & X_{n2} \\ \vdots & \vdots & \ddots & \vdots \\ X_{1p} & X_{2p} & \cdots & X_{np} \end{bmatrix} \begin{bmatrix} 1 \\ 1 \\ \vdots \\ 1 \end{bmatrix}$$

$$= \frac{1}{n} \begin{bmatrix} X_{11} + X_{21} + \cdots + X_{n1} \\ X_{12} + X_{22} + \cdots + X_{n2} \\ \vdots \quad\quad \vdots \quad\quad \ddots \quad \vdots \\ X_{1p} + X_{2p} + \cdots + X_{np} \end{bmatrix} = \begin{bmatrix} \bar{X}_1 \\ \bar{X}_2 \\ \vdots \\ \bar{X}_p \end{bmatrix} \tag{2-34}$$

那么，式（2-27）可以表示为：

$$S = \sum_{a=1}^{n} (X_{(a)} - \bar{X})(X_{(a)} - \bar{X})^T = X^T X - n\bar{X}\bar{X}^T$$

$$= X^T X - \frac{1}{n} X^T 1_n 1_n^T X = X^T \left(I_n - \frac{1}{n} 1_n 1_n^T \right) X \tag{2-35}$$

其中，$I_n = \begin{bmatrix} 1 & & 0 \\ & \ddots & \\ 0 & & 1 \end{bmatrix}$

二、均值向量与协差阵的最大似然估计

多元正态分布有两组参数：均值 μ 和协差阵 Σ，在许多问题中它们是未知

的，需要通过样本来估计。那么，通过样本来估计总体的参数叫作参数估计，参数估计的原则和方法是很多的，这里最常见的且具有很多优良性质的是用最大似然法给出 μ 和Σ的估计量。

设 $X_{(1)}$，$X_{(2)}$，…，$X_{(n)}$ 来自正态总体 N_p（μ，Σ）容量为 n 的样本，每个样品 $X_{(a)}=(X_{a1}, X_{a2}, \cdots, X_{ap})^T$，a=1，2，…，n，样本资料阵用式（2-1）表示，即：

$$X=\begin{bmatrix} X_{11} & X_{12} & \cdots & X_{1p} \\ X_{21} & X_{22} & \cdots & X_{2p} \\ \vdots & \vdots & \ddots & \vdots \\ X_{n1} & X_{n2} & \cdots & X_{np} \end{bmatrix}$$

则可由最大似然法求出 μ 和Σ的估计量，即有：

$$\hat{\mu}=\bar{X},\ \hat{\sum}=\frac{1}{n}S \tag{2-36}$$

实际上，最大似然法求估计量可以这样得到：针对 $X_{(1)}$，$X_{(2)}$，…，$X_{(n)}$ 来自正态总体 N_p（μ，Σ）容量为 n 的样本，构造似然函数，即：

$$\begin{aligned} L(\mu, \sum) &= \prod_{i=1}^{n} f(X_i, \mu, \sum) \\ &= \frac{1}{(2\pi)^{pn/2}\left|\sum\right|^{n/2}}\exp\left\{-\frac{1}{2}\sum_{i=1}^{n}(X_i-\mu)^T\sum^{-1}(X_i-\mu)\right\} \end{aligned} \tag{2-37}$$

为了求出使式（2-37）取极值的 μ 和Σ的值，将（2-37）两边取对数，即：

$$\ln L(\mu, \sum)=-\frac{1}{2}pn\ln(2\pi)-\frac{n}{2}\ln\left|\sum\right|-\frac{1}{2}\sum_{i=1}^{n}(X_i-\mu)^T\sum^{-1}(X_i-\mu) \tag{2-38}$$

因为对数函数是一个严格单调增函数，所以可以通过对 lnL（μ，Σ）的极大值而得到 μ 和Σ的估计量。

根据矩阵代数理论，对于实对称矩阵 A，有 $\frac{\partial(X^TAX)}{\partial X}=2AX$，$\frac{\partial(X^TAX)}{\partial A}=XX^T$，$\frac{\partial\ln|A|}{\partial A}=A^{-1}$。

那么，针对对数似然函数（2-38）分别对 μ 和Σ求偏导数，则有：

$$\begin{cases}\dfrac{\partial \ln L(\mu, \Sigma)}{\partial \mu}=\sum\limits_{i=1}^{n}\Sigma^{-1}(X_i-\mu)=0 \\ \dfrac{\partial \ln L(\mu, \Sigma)}{\partial \Sigma}=-\dfrac{n}{2}\Sigma^{-1}+\dfrac{1}{2}\sum\limits_{i=1}^{n}(X_i-\mu)(X_i-\mu)^T(\Sigma^{-1})^2=0\end{cases} \tag{2-39}$$

由式（2-39）可以得到极大似然估计量分别为：

$$\begin{cases}\hat{\mu}=\dfrac{1}{n}\sum\limits_{i=1}^{n}X_i=\bar{X} \\ \hat{\Sigma}=\dfrac{1}{n}\sum\limits_{i=1}^{n}(X_i-\bar{X})(X_i-\bar{X})^T=\dfrac{1}{n}S\end{cases} \tag{2-40}$$

由此可见，多元正态总体的均值向量 μ 的极大似然估计量就是样本均值向量，其协差阵 Σ 的极大似然估计就是样本协差阵。

三、估计量的性质

根据概率论与数理统计的知识可知，评价估计量好坏的标准有：无偏性、有效性、相合性（一致性）和充分性。下面只针对简单结论做粗略的介绍。

μ 和 Σ 的估计量有如下基本性质：

（1）$E(\bar{X})=\mu$，即 $\bar{X}$ 是 μ 的无偏估计；$E\left(\dfrac{1}{n}S\right)=\dfrac{n-1}{n}\Sigma$，即 $\dfrac{1}{n}S$ 不是 Σ 的无偏估计，而 $E\left(\dfrac{1}{n-1}S\right)=\Sigma$，即 $\dfrac{1}{n-1}S$ 是 Σ 的无偏估计。

（2）$\bar{X}$、$\dfrac{1}{n-1}S$ 分别是 μ、Σ 的有效估计。

（3）$\bar{X}$、$\dfrac{1}{n}S\left(\text{或}\dfrac{1}{n-1}S\right)$ 分别是 μ、Σ 的相合估计（一致估计）。

第四节　样本均值向量和离差阵的抽样分布

样本均值向量和样本离差阵在多元统计推断中具有十分重要的作用，因此有必要简单介绍有关结论。

一、均值向量和样本离差阵的抽样分布

定理 2.2 设 $\bar{X}$ 和 S 分别是正态总体 N_p（μ，Σ）的样本均值向量和离差阵，则：

（1）$\bar{X} \sim N_p\left(\mu, \frac{1}{n}\Sigma\right)$；

（2）离差阵 S 可以写为 $S=\sum_{a=1}^{n-1} Z_a Z_a^T$，其中 Z_1，…，Z_{n-1} 独立同分布于 N_p（0，Σ）；

（3）$\bar{X}$ 和 S 相互独立；

（4）S 为正定阵的充要条件是 n>p。

在实际应用中，常采用 $\bar{X}$ 和 $\hat{\Sigma}=\frac{1}{n-1}S$ 来估计 μ 和 Σ，前面已指出，均值向量 $\bar{X}$ 的分布仍为正态分布，而离差阵 S 的分布又是什么呢？为此给出威沙特（Wishart）分布，并指出它是一元 χ^2 分布的推广，也是构成其他重要分布的基础。

二、Wishart 分布及其性质

Wishart 分布是 Wishart 在 1928 年推导出来的，而该分布的名称也由此得来。

定义 2.10 设 $X_{(a)}=(X_{a1}, X_{a2}, \cdots, X_{ap})^T \sim N_p(\mu_a, \Sigma)$，a=1，2，…，n 且相互独立，则由 $X_{(a)}$ 组成的随机矩阵 $W_{p\times p}$ 的分布称为非中心 Wishart 分布，记为 W_p（n，Σ，Z）。

$$W_{p\times p}=\sum_{a=1}^{n} X_{(a)} X_a^T \tag{2-41}$$

其中，$Z=(\mu_{a1}, \cdots, \mu_{an})(\mu_{a1}, \cdots, \mu_{an})^T=\sum_{a=1}^{n}\mu_a\mu_a^T$，$\mu_a$ 称为非中心参数；当 $\mu_a=0$ 时称为中心 Wishart 分布，记为 W_p（n，Σ），当 n⩾p，Σ>0，W_p（n，Σ）有密度存在，其表达式为：

$$f(w)=\begin{cases}\dfrac{|w|^{\frac{1}{2}(n-p-1)}\exp\left\{-\frac{1}{2}\mathrm{tr}\Sigma^{-1}w\right\}}{2^{\frac{np}{2}}\pi^{\frac{p(p-1)}{4}}|\Sigma|^{\frac{n}{2}}\prod_{i=1}^{p}\Gamma\left(\frac{n-i+1}{2}\right)} & \text{当 w 为正定阵} \\ 0 & \text{其他}\end{cases} \tag{2-42}$$

显然，当 $p=1$，$\Sigma=\sigma^2$ 时，$f(w)$ 就是 $\sigma^2\chi^2(n)$ 的分布密度，此时式(2-41)为 $W=\sum_{a=1}^{n}X_{(a)}X_{(a)}^T=\sum_{a=1}^{n}X_{(a)}^2$，有 $\frac{1}{\sigma^2}\sum_{a=1}^{n}X_{(a)}^2\sim\chi^2(n)$。因此，Wishart 分布是 χ^2 分布在 p 维正态情况下的推广。

下面给出 Wishart 分布的基本性质：

（1）若 $X_{(a)}\sim N_p(\mu,\ \Sigma)$，$a=1,\ 2,\ \cdots,\ n$ 且相互独立，则样本离差阵

$$S=\sum_{a=1}^{n}(X_{(a)}-\overline{X})(X_{(a)}-\overline{X})^T\sim W_p(n-1,\ \Sigma) \tag{2-43}$$

其中，$\overline{X}=\frac{1}{n}\sum_{a=1}^{n}X_{(a)}$。

（2）若 $S_i\sim W_p(n_i,\ \Sigma)$，$i=1,\ \cdots,\ k$，且相互独立，则：

$$\sum_{i=1}^{k}S_i\sim W_p\left(\sum_{i=1}^{k}n_i,\ \Sigma\right) \tag{2-44}$$

（3）若 $X_{p\times p}\sim W_p(n,\ \Sigma)$，$C_{p\times p}$ 为非奇异阵，则：

$$CXC^T\sim W_p(n,\ C\Sigma C^T) \tag{2-45}$$

第五节　参数估计的上机实现

交通运输业、仓储业和邮政业就业人数数据分析报告可以帮助投资决策者效益最大化，是进一步了解各个地区交通运输业、仓储业和邮政业城镇单位就业人员数量的重要渠道。下面以全国分地区交通运输业、仓储业和邮政就业人数为研究对象，分别运用 SPSS 软件和 R 软件，计算指标的均值向量和协方差阵。

一、计算均值向量和协方差阵——基于 SPSS 软件

（一）原始数据与指标解释

选取 6 个指标了解 2019 年全国 31 个省份交通运输业、仓储业和邮政业城镇单位就业人员数量，指标分别为：X_1 铁路运输业就业人数；X_2 道路运输业就业人数；X_3 航空运输业就业人数；X_4 多式联运和运输代理业就业人数；X_5 装卸搬运和仓储业就业人数；X_6 邮政业就业人数。数据来源于《中国统计年鉴 2020》，

如表 2-2 所示。

表 2-2 2019 年全国 31 个省份交通运输业、仓储业和邮政业就业人数

单位：人

地区	X_1	X_2	X_3	X_4	X_5	X_6
北京	103262	262211	80757	28773	13333	96389
天津	28282	58793	8896	13624	14915	13363
河北	88090	117971	5716	2052	13128	29594
山西	102588	75783	5051	2168	8708	15977
内蒙古	108116	57632	7407	659	8574	16459
辽宁	112596	115587	18345	12158	25338	16050
吉林	62565	61878	3773	1741	12702	20332
黑龙江	137316	60614	10855	264	20141	27211
上海	33685	179731	82811	100470	41833	33286
江苏	63962	233644	16798	20493	45658	43619
浙江	3996	202173	10806	12907	19957	33437
安徽	47294	132343	3995	5984	15828	23137
福建	33462	96020	27767	10074	14760	31962
江西	56340	89676	4732	898	8605	19350
山东	88039	203676	19734	17391	33728	42768
河南	110841	229495	9368	4033	26579	28978
湖北	78615	159683	7983	3238	13678	32665
湖南	77840	129511	6718	1999	12864	26929
广东	72094	388267	127911	59252	48195	88171
广西	66436	66832	8631	1664	13877	28730
海南	6485	19442	24943	1907	3547	10463
重庆	27194	123672	15112	2873	6126	27789
四川	70829	166837	35845	3777	12734	29021
贵州	33450	59640	15109	300	4887	17942
云南	39036	75190	26144	2415	7299	12381
西藏	708	15372	7207	53	636	2202
陕西	97418	111013	12497	5492	11812	32523
甘肃	64837	44324	3826	645	3780	13729
青海	23341	19558	2473	430	892	5243
宁夏	19741	11089	2800	156	1092	3323
新疆	57366	79748	9533	1547	3275	11237

（二）计算均值向量

1. 导入数据

利用 SPSS 软件可以快速地计算出多元分布的样本均值向量、样本离差阵和样本协差阵。首先，将数据导入 SPSS 软件，图 2-1 和图 2-2 分别是 SPSS 软件的变量视图和数据视图。

文件(F)　编辑(E)　查看(V)　数据(D)　转换(T)　分析(A)　图形(G)　实用程序(U)　扩展(X)　窗口(W)　帮助(H)

	名称	类型	宽度	小数位数	标签	值	缺失	列	对齐	测量	角色
1	地区	字符串	16	0		无	无	8	左	名义	输入
2	X1	数字	8	0		无	无	8	右	标度	输入
3	X2	数字	8	0		无	无	8	右	标度	输入
4	X3	数字	8	0		无	无	8	右	标度	输入
5	X4	数字	8	0		无	无	8	右	标度	输入
6	X5	数字	8	0		无	无	8	右	标度	输入
7	X6	数字	8	0		无	无	8	右	标度	输入

图 2-1　SPSS 软件变量视图

文件(F)　编辑(E)　查看(V)　数据(D)　转换(T)　分析(A)　图形(G)　实用程序(U)　扩展(X)　窗口(W)　帮助(H)

	地区	X1	X2	X3	X4	X5	X6	变量
1	北京	103262	262211	80757	28773	13333	96389	
2	天津	28282	58793	8896	13624	14915	13363	
3	河北	88090	117971	5716	2052	13128	29594	
4	山西	102588	75783	5051	2168	8708	15977	
5	内蒙古	108116	57632	7407	659	8574	16459	
6	辽宁	112596	115587	18345	12158	25338	16050	
7	吉林	62565	61878	3773	1741	12702	20332	
8	黑龙江	137316	60614	10855	264	20141	27211	
9	上海	33685	179731	82811	100470	41833	33286	
10	江苏	63962	233644	16798	20493	45658	43619	
11	浙江	3996	202173	10806	12907	19957	33437	
12	安徽	47294	132343	3995	5984	15828	23137	
13	福建	33462	96020	27767	10074	14760	31962	
14	江西	56340	89676	4732	898	8605	19350	
15	山东	88039	203676	19734	17391	33728	42768	
16	河南	110841	229495	9368	4033	26579	28978	
17	湖北	78615	159683	7983	3238	13678	32665	
18	湖南	77840	129511	6718	1999	12864	26929	
19	广东	72094	388267	127911	59252	48195	88171	
20	广西	66436	66832	8631	1664	13877	28730	
21	海南	6485	19442	24943	1907	3547	10463	

图 2-2　SPSS 软件数据视图

2. 计算样本均值向量

（1）依次点击【分析】→【描述统计】→【描述】，进入【描述】对话框（见图 2-3），将待估计的变量选入【变量】列表框。

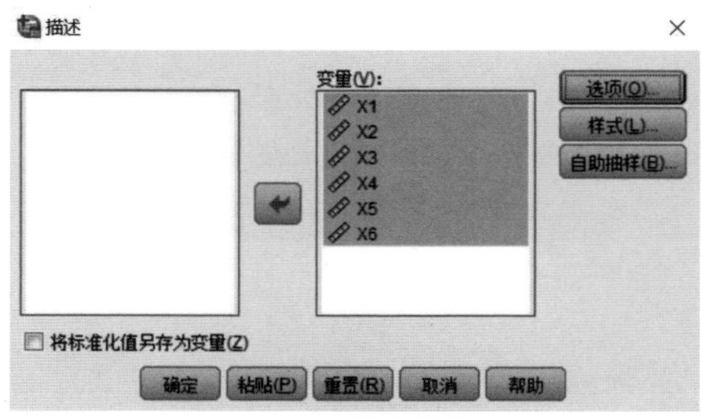

图 2-3　SPSS 软件均值计算：【描述】对话框

（2）点击【描述】对话框中的【选项】，选择【平均值】，即可计算样本均值向量。

（3）点击【继续】返回【描述】对话框，再点击【确定】，执行操作。

3. 输出结果

表 2-3 是 SPSS 软件描述统计的输出结果，该表列出了样本均值向量。

表 2-3　SPSS 软件描述统计的输出结果

变量	N	平均值
X_1	31	61800. 77
X_2	31	117658. 23
X_3	31	20114. 29
X_4	31	10304. 42
X_5	31	15112. 29
X_6	31	26911. 61

（三）计算协方差

1. 计算样本协方差阵

（1）依次点击【分析】→【相关】→【双变量】，进入【双变量相关性】

对话框（见图 2-4），将待估计的变量选入【变量】列表框。

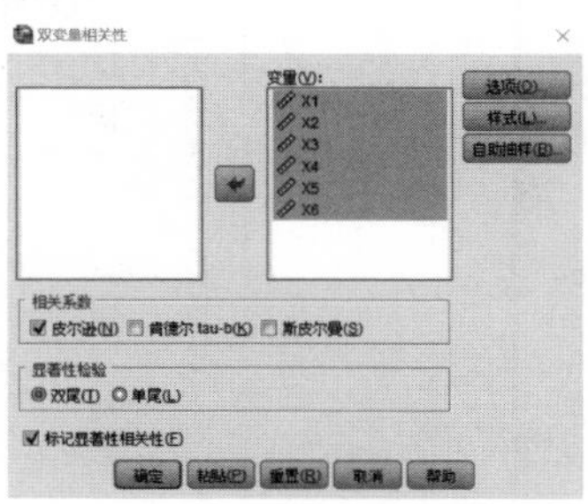

图 2-4　SPSS 软件协方差计算:【双变量相关性】对话框

（2）点击【双变量相关性】对话框中的【选项】，选择【叉积偏差和协方差】（见图 2-5），即可计算样本离差阵和样本协差阵。

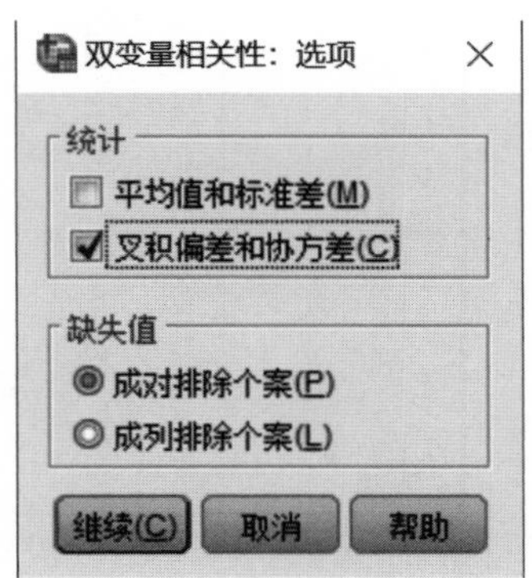

图 2-5　SPSS 软件协方差计算:【选项】对话框

（3）点击【继续】，返回【双变量相关性】对话框。点击【确定】，执行操作。

2. 输出结果

表 2-4 是 SPSS 软件相关分析的输出结果，表中列出了皮尔逊相关性、显著性、平方和与叉积、协方差的计算结果。

表 2-4 SPSS 软件相关分析输出结果

相关性							
		X_1	X_2	X_3	X_4	X_5	X_6
X_1	皮尔逊相关性	1	0.295	0.049	-0.048	0.289	0.349
	Sig.（双尾）	—	0.107	0.795	0.796	0.115	0.054
	平方和与叉积	38505314843.4	26885437893.58	1451030985.032	-1067474328.065	3927746308	7675082539.290
	协方差	1283510494.78	896181263.119	48367699.501	-35582477.602	130924876.9	255836084.643
	个案数	31	31	31	31	31	31
X_2	皮尔逊相关性	0.295	1	0.705**	0.583**	0.792**	0.867**
	Sig.（双尾）	0.107	—	0.000	0.001	0.000	0.000
	平方和与叉积	26885437893.6	215201196785.4	49704540602.968	30384491482.065	2.543E+10	45105743529.71
	协方差	896181263.119	7173373226.181	1656818020.099	1012816382.735	847519919.2	1503524784.324
	个案数	31	31	31	31	31	31
X_3	皮尔逊相关性	0.049	0.705**	1	0.808**	0.585**	0.768**
	Sig.（双尾）	0.795	0.000	—	0.000	0.001	0.000
	平方和与叉积	1451030985.03	49704540602.97	23102860180.387	13786590581.226	6160751661	13085997177.48
	协方差	48367699.501	1656818020.099	770095339.346	459553019.374	205358388.7	436199905.916
	个案数	31	31	31	31	31	31

续表

相关性							
		X_1	X_2	X_3	X_4	X_5	X_6
X_4	皮尔逊相关性	-0.048	0.583**	0.808**	1	0.720**	0.524**
	Sig.（双尾）	0.796	0.001	0.000	—	0.000	0.002
	平方和与叉积	-1067474328.1	30384491482.06	13786590581.226	12613046873.548	5600736548	6595127910.032
	协方差	-35582477.602	1012816382.735	459553019.374	420434895.785	186691218.3	219837597.001
	个案数	31	31	31	31	31	31
X_5	皮尔逊相关性	0.289	0.792**	0.585**	0.720**	1	0.606**
	Sig.（双尾）	0.115	0.000	0.001	0.000	—	0.000
	平方和与叉积	3927746308.03	25425597575.97	6160751661.387	5600736548.226	4794743758	4705916765.484
	协方差	130924876.934	847519919.199	205358388.713	186691218.274	159824791.9	156863892.183
	个案数	31	31	31	31	31	31
X_6	皮尔逊相关性	0.349	0.867**	0.768**	0.524**	0.606**	1
	Sig.（双尾）	0.054	0.000	0.000	0.002	0.000	—
	平方和与叉积	7675082539.29	45105743529.71	13085997177.484	6595127910.032	4705916765	12566991731.35
	协方差	255836084.643	1503524784.324	436199905.916	219837597.001	156863892.2	418899724.378
	个案数	31	31	31	31	31	31

注：**表示在 0.01 级别（双尾），相关性显著。

二、计算均值向量和协方差阵——基于 R 软件

（一）计算均值向量

1. 导入数据

RStudio 常用的数据读取方法有两种，分别是窗口输入和数据导入。其中，数据导入可以从文本文件、Excel、SAS、SPSS、Stata 以及多种关系型数据库中导入数据。例如，加载 readxl 包之后，可以利用 read. excel（）函数读取 Excel 数据，具体操作如下：

```
#加载 readxl 包
>library(readxl)
#读取数据
>data1<-read_excel("C:/Users/admin/Desktop/data1.xlsx")
```

2. 计算均值

在 RStudio 中，mean（）函数用于计算均值，其使用格式为：

```
mean(x,trim=0,na.rm=FALSE...)
```

其中，参数 x 为计算对象，可以是向量、矩阵、数组或数据框；trim 用于设置计算均值前去掉两端数据的百分比，即计算结尾均值，取值在 0~0.5；na. rm 为逻辑值，指示是否允许有缺失值（NA）的情况，默认为 FALSE（不允许）；... 为附加参数。在计算矩阵中每列平均值时，可以利用 apply（）函数，而 sapply（）函数则是将计算结果返回为向量，其使用格式为：sapply（data，mean，na. rm=FALSE）。图 2-6 是 RStudio 均值向量的输出结果。

```
> sapply(data1[2:7], mean, na.rm = FALSE)
      X1        X2       X3       X4       X5       X6
61800.77 117658.23 20114.29 10304.42 15112.29 26911.61
```

图 2-6　RStudio 均值向量的输出结果

（二）计算协方差阵

在 RStudio 中，cov（）函数用于计算协方差阵，图 2-7 是协方差阵的输出结果。

```
> cov(data1[2:7])
           x1         x2         x3         x4        x5         x6
x1 1283510495  896181263   48367700  -35582478 130924877  255836085
x2  896181263 7173373226 1656818020 1012816383 847519919 1503524784
x3   48367700 1656818020  770095339  459553019 205358389  436199906
x4  -35582478 1012816383  459553019  420434896 186691218  219837597
x5  130924877  847519919  205358389  186691218 159824792  156863892
x6  255836085 1503524784  436199906  219837597 156863892  418899724
```

图 2-7　RStudio 协方差阵的输出结果

习题

【2-1】设 $x=(x_1, x_2)^T$ 有概率密度 $f(x_1, x_2)=\frac{1}{2\pi}e^{-\frac{x_1^2+x_2^2}{2}}(1+\sin x_1\sin x_2)$，$-\infty<x_1, x_2<\infty$

（1）试验证 $f(x_1, x_2)$ 符合概率密度的两个性质；

（2）试求 x_1 和 x_2 的边际密度。

【2-2】设 $X=(x_1, x_2, x_3)^T \sim N_3(\mu, \Sigma)$，其中，$\mu=(10, 4, 7)^T$，$\Sigma=\begin{pmatrix} 9 & -3 & -3 \\ -3 & 5 & 1 \\ -3 & 1 & 5 \end{pmatrix}$，试求：

（1）(x_1, x_2) 的边缘分布；

（2）已知 $a=(1, 1, -2)^T$，$b=(3, -1, 2)^T$，求 a^Tx 和 b^Tx 的联合分布。

【2-3】设随机向量 $x=(x_1, x_2, x_3)^T$ 的概率密度函数为：

$$f(x_1, x_2, x_3)=\begin{cases} e^{-(x_1+x_2+x_3)} & x_1>0,\ x_2>0,\ x_3>0 \\ 0 & \text{其他} \end{cases}$$

试证：x_1，x_2，x_3 相互独立。

【2-4】证明多元正态总体 $N_p(\mu, \Sigma)$ 的样本均值向量 $\bar{X}\sim N_p\left(\mu, \frac{1}{n}\Sigma\right)$。

【2-5】大学生的素质高低受到各方面因素的影响，其中包括家庭环境和家庭教育 X_1、学校生活环境 X_2、学校周围环境 X_3 以及个人向上发展的心理动机

X_4。从某大学在校生中抽取了20人对以上因素在自己成长和发展过程中的影响程度给予评分（9分制），数据如表2-5所示。计算样本均值向量、样本离差阵和样本协方差阵。

表2-5　20名大学生对影响自己成长和发展的四个因素的评分

学生	X_1	X_2	X_3	X_4
1	5	6	9	8
2	8	5	3	6
3	9	7	7	9
4	9	2	2	8
5	9	4	3	7
6	9	5	3	7
7	6	9	5	5
8	8	5	4	4
9	8	4	3	7
10	9	4	3	6
11	9	3	2	8
12	9	6	3	4
13	8	6	7	8
14	9	3	8	6
15	9	3	5	6
16	8	6	3	8
17	7	4	3	9
18	6	8	4	9
19	9	6	7	9
20	8	7	6	8

【2-6】为了了解交通运输业、仓储业和邮政业的上市公司的收益情况，从交通运输业、仓储业和邮政业的上市公司中随机抽取30家公司，查询这些公司的每股收益X_1、净资产收益率X_2和总资产收益率X_3这三个财务指标2020年的数据。数据来源于CSMAR数据库，如表2-6所示。计算样本均值向量和样本协方差阵。

表 2-6　30 家交通运输业、仓储业和邮政业上市公司 2020 年的财务指标数据

序号	X_1（元）	X_2（%）	X_3（%）
1	0. 1704	0. 0456	0. 0292
2	0. 3524	0. 0628	0. 0387
3	0. 6526	0. 1094	0. 0691
4	0. 3090	0. 0503	0. 0213
5	0. 0104	0. 0250	0. 0166
6	0. 1675	0. 0484	0. 0369
7	0. 1177	0. 0334	0. 0314
8	0. 7211	0. 1043	0. 0607
9	−0. 1074	−0. 0433	−0. 0062
10	0. 8817	0. 1173	0. 0655
11	0. 9814	0. 1307	0. 0474
12	2. 8744	0. 0556	0. 0328
13	0. 4172	0. 0404	0. 0274
14	0. 3267	0. 0462	0. 0343
15	0. 4912	0. 0977	0. 0483
16	0. 1678	0. 0628	0. 0588
17	1. 5214	0. 1298	0. 0624
18	0. 2605	0. 0623	0. 0316
19	0. 0320	0. 0041	0. 0031
20	0. 2516	0. 0742	0. 0591
21	0. 0986	0. 0217	0. 0126
22	−1. 7807	−0. 4777	−0. 1148
23	0. 3887	0. 0603	0. 0308
24	0. 6047	0. 1557	0. 0533
25	0. 5630	0. 1056	0. 0393
26	−1. 3638	−2. 8636	−0. 5494
27	0. 0104	−0. 0070	0. 0014
28	−0. 0980	−0. 0130	−0. 0088
29	−0. 6064	−0. 0434	−0. 0352
30	0. 5221	0. 0814	0. 0533

第三章　多元正态分布假设检验

关于一元正态总体 N（μ，σ^2）均值和方差的检验，常见的方法概率统计教材里都有详尽的阐述。但在实际应用中，常常需要对多个指标正态总体 N_p（μ，Σ）的均值向量 μ 和协方差阵 Σ 进行类似的统计推断。譬如，要考察物流企业与其他行业企业的生产经营状况指标的平均水平有无显著差异，以及各生产经营指标间的波动是否有显著差异，需做检验 H_0：$\mu=\mu_0$，H_1：$\mu\neq\mu_0$ 或 H_0：$\Sigma=\Sigma_0$，H_1：$\Sigma\neq\Sigma_0$ 等。本章主要涉及多元正态总体 μ 和 Σ 的各种检验，本章的内容虽然是一元的直接推广，但由于多指标问题相对比较复杂，本章主要介绍如何构造检验统计量，并未对相关理论推导进行详细说明。最后本章演示了有关检验的统计软件实现。

第一节　均值向量的检验

一、单正态分布总体均值的检验

数据 x_1，x_2，…，x_n 是来自总体 N（μ，σ^2）的一组样本，对这组数据的均值可进行如下检验：

H_0：$\mu=\mu_0$，H_1：$\mu\neq\mu_0$

当 σ^2 已知时，H_0 成立时，统计量

$$z=\frac{\bar{x}-\mu_0}{\sigma}\sqrt{n}\sim N(0,\ 1) \tag{3-1}$$

式（3-1）中，$\bar{x}$ 为样本均值，其拒绝域为 $|z|>z_{\alpha/2}$，$z_{\alpha/2}$ 为 N（0，1）的上 $\alpha/2$ 分位点。

当 σ^2 未知时，H_0 成立时，统计量

$$t=\frac{\bar{x}-\mu_0}{S}\sqrt{n}\sim t\ (n-1) \tag{3-2}$$

式（3-2）中，S 为样本标准差，作为 σ 的估计，即满足

$$S^2=\sum_{i=0}^{n}\frac{(x_i-\bar{x})^2}{(n-1)} \tag{3-3}$$

当 H_0 成立时，此时拒绝域为 $|t|>t_{n-1}(\alpha/2)$，为 $t(n-1)$ 的上 $\alpha/2$ 分位点。另外，根据 F 分布的相关定义，统计量 $t^2\sim F(1,\ n-1)$，故该检验的拒绝域也可表示为：$t^2>F_{1,n-1}(\alpha)$，$F_{1,n-1}(\alpha)$ 为 $F(1,\ n-1)$ 的上 $\alpha/2$ 分位点。

二、多元正态分布均值的检验

某地区物流行业管理机构想要了解该地区物流企业的生产经营状况，对 p 个经营指标进行考察。将 p 个指标的历史均值记作 μ_0，该管理机构想检验今年的 p 个指标的均值与历史平均值有无显著差异，若存在显著性差异，可进一步分析在哪些指标上存在显著性差异。该问题对应的假设检验问题为：

H_0：$\mu=\mu_0$，H_1：$\mu\neq\mu_0$。

该检验的步骤可归纳如下：

（1）基于实际问题的提出相应的统计假设 H_0 及 H_1；

（2）在 H_0 成立的情况下，构建一个恰当的检验统计量并得出其抽样分布；

（3）指定显著性水平 α 值，并在原假设 H_0 为真的条件下，根据检验统计量的抽样分布求出显著性水平 α 对应的临界值 W，建立判断准则；

（4）根据样本计算检验统计量值，再由准则统计判断，最后对统计判断做出具体的解释。

该检验的具体计算步骤如下：

设 $X=(X_{i1},\ X_{i2},\ \cdots,\ X_{ip})$（$i=1,\ 2,\ \cdots,\ n$）是一个容量为 n 的样本，其中第 i 个样本实现值 X_i 服从 p 元正态总体，即 $X_i\sim N_p(\mu,\ \Sigma)$，Σ 为协方差阵。

对假设 H_0：$\mu=\mu_0$，H_1：$\mu\neq\mu_0$ 做检验。与一元检验情形类似，也需分 Σ 已知和未知情形。

（一）Σ 已知

在 H_0 成立的情况下，可以构建检验统计量。

$$\chi_0^2=n(\bar{X}-\mu_0)\sum{}^{-1}(\bar{X}-\mu_0)' \tag{3-4}$$

式（3-4）中，$\bar{X}$ 表示 X 的各列均值所组成的向量。可以证明，$\chi_0^2 \sim \chi^2(p)$，当 χ_0^2 值越大，表明零假设成立的可能性越小，即 $\mu=\mu_0$ 的可能性越小。当 χ_0^2 值足够大时，拒绝零假设 H_0，接受备择假设 H_1：$\mu \neq \mu_0$ 成立。在显著性水平 α 下，$\chi^2(p)$ 对应的临界值为 $\chi_p^2(\alpha)$，$\chi_p^2(\alpha)$ 是 $\chi^2(p)$ 分布的上 α 分位点，满足 $p\{\chi_0^2>\chi_p^2(\alpha)\}=\alpha$。当 $\chi_0^2 \geqslant \chi_p^2(\alpha)$ 时，拒绝零假设 H_0，接受备择假设 H_1，即认为 $\mu=\mu_0$ 不成立。

（二）Σ未知

此时可构造Σ的一个无偏估计 $\hat{\Sigma}=L/(n-1)$，其中，

$$L=\sum_{i=1}^{n}(X_i-\bar{X})'(X_i-\bar{X}) \tag{3-5}$$

将 $\hat{\Sigma}$ 代入式（3-4）可得出一个统计量

$$T^2=n(\bar{X}-\mu_0)\hat{\sum}(\bar{X}-\mu_0)' \tag{3-6}$$

基于 T^2 可构造出 F 检验统计量，并得出其抽样分布如下：

$$F=\frac{n-p}{(n-1)p}T^2,\ F \sim F(p,\ n-p) \tag{3-7}$$

统计量 T^2 可解释为样本均值 $\bar{X}$ 与已知均值向量 μ_0 之间的马氏距离再乘以 $n(n-1)$，T^2 越大则表明 H_0 成立的可能性越小。因此，在给定显著性水平 α 下，F 检验统计量的样本实现值 $F>F_{p,n-p}(\alpha)$ 时，拒绝零假设 H_0，反之则不能拒绝 H_0。$F_{p,n-p}(\alpha)$ 为 $F(p,\ n-p)$ 的上 α 分位点。

在实际工作中，一元检验与多元检验往往可以同时使用，多元检验可以全面考察总体均值与 μ_0 之间的差异，而一元检验可以具体分析各指标与 μ_0 对应分量之间的差异。

三、两总体均值的比较

在实践中，经常需要比较两个总体的平均水平有无显著差异。譬如，两所大学学生每月生活费之间是否有显著差异，大学生就业选择物流行业与金融行业或其他行业之间起薪水平是否有显著差异。上述这些问题，本质上就是比较两个总体均值是否相等，即两样本问题。往往在比较两样本均值时，涉及多个指标，就转化成两总体均值向量是否相等问题，此类问题又可分为两总体协方差阵 Σ_i 是否相等两种情况。

（一）协方差阵Σ_i相等

设$X=(X_{i1},X_{i2},\cdots,X_{ip})(i=1,2,\cdots,n_1)$是一个容量为$n_1$的样本，其中，第i个样本实现值$X_i$服从p元正态总体，即$X_i\sim N_p(\mu_1,\Sigma_1)$。$Y=(Y_{i1},Y_{i2},\cdots,Y_{ip})(i=1,2,\cdots,n_2)$是一个容量为$n_2$的样本，其中，第i个样本实现值$Y_i\sim N_p(\mu_2,\Sigma_2)$。两个样本相互独立，$n_1>p$，$n_2>p$，两个正态总体分布的协方差矩阵未知，但满足$\Sigma_1=\Sigma_2$。现对假设$H_0$：$\mu_1=\mu_2$，$H_1$：$\mu_1\neq\mu_2$进行检验。与前面类似，可构造统计量：

$$T^2=\frac{n_1n_2}{n_1+n_2}(\bar{X}-\bar{Y})\hat{\sum}^{-1}(\bar{X}-\bar{Y})' \tag{3-8}$$

式（3-8）中，$\bar{X}$和$\bar{Y}$分别表示X和Y的各列均值所组成的样本均值向量，$\hat{\Sigma}$是协方差阵Σ的估计量，其中，

$$\hat{\sum}=(L_x+L_y)/(n_1+n_2-2) \tag{3-9}$$

$$L_x=\sum_{i=1}^{n_1}(X_i-\bar{X})'(X_i-\bar{X}),\ L_y=\sum_{i=1}^{n_2}(Y_i-\bar{Y})'(Y_i-\bar{Y}) \tag{3-10}$$

是两个总体的样本离差阵。当H_0成立时，可构造F检验统计量：

$$F=\frac{n_1+n_2-p-1}{(n_1+n_2-2)\ p}T^2,\ F\sim F\ (p,\ n_1+n_2-p-1) \tag{3-11}$$

因为F检验统计量值与总体均值的马氏距离$(\bar{X}-\bar{Y})\hat{\Sigma}^{-1}(\bar{X}-\bar{Y})'$成正比，所以F值越大，$H_0$成立的可能性越小，当F值足够大时，拒绝$H_0$接受$H_1$。因此，$F>F_{p,n_1+n_2-p-1}(\alpha)$时，拒绝零假设$H_0$，反之则不能拒绝$H_0$。

（二）协方差阵Σ_i不相等

设$X=(X_{i1},X_{i2},\cdots,X_{ip})(i=1,2,\cdots,n_1)$是一个容量为$n_1$的样本，其中第i个样本实现值$X_i$服从p元正态总体，即$X_i\sim N_p(\mu_1,\Sigma_1)$。$Y=(Y_{i1},Y_{i2},\cdots,Y_{ip})(i=1,2,\cdots,n_2)$是一个容量为$n_2$的样本，其中，第i个样本实现值$Y_i\sim N_p(\mu_2,\Sigma_2)$。两个样本相互独立，$n_1>p$，$n_2>p$，当两个正态总体分布的协方差矩阵未知且不相等时，针对式(3-7)的检验相对比较复杂。当Σ_1与Σ_2相差很大时，T^2统计量的形式为：

$$T^2=(\bar{X}-\bar{Y})S^{-1}(\bar{X}-\bar{Y})' \tag{3-12}$$

其中，

$$S=\frac{L_x}{n_1(n_1-1)}+\frac{L_y}{n_2(n_2-1)} \tag{3-13}$$

式（3-13）中，$\bar{X}$、$\bar{Y}$、L_x、L_y 的含义与协方差矩阵相等情形时一致。可证明当 H_0 成立时，

$$F=\left(\frac{f-p+1}{fp}\right)T^2,\ F\sim(p,\ f-p+1) \tag{3-14}$$

其中，

$$\begin{aligned} f^{-1}=&(n_1^3-n_1^2)^{-1}\left[(\bar{X}-\bar{Y})S^{-1}\left(\frac{L_x}{n_1-1}\right)S^{-1}(\bar{X}-\bar{Y})'\right]^2T^{-4}\\ &+(n_2^3-n_2^2)^{-1}\left[(\bar{X}-\bar{Y})S^{-1}\left(\frac{L_y}{n_2-1}\right)S^{-1}(\bar{X}-\bar{Y})'\right]^2T^{-4} \end{aligned} \tag{3-15}$$

同理，当 F 值足够大时，拒绝 H_0 接受 H_1。因此，$F>F_{p,f-p+1}$（α）时，拒绝零假设 H_0，反之则不能拒绝 H_0。

四、多总体均值的检验

在实际情况下，往往要比较的总体不止两个。譬如，要对物流从业人员工资水平与其他几个行业作比较时，涉及的总体可能将多达十几个。需要将上面两总体的比较问题进行推广，这需涉及方差分析的相关知识。实践中应用较多的是多总体单指标的一元方差分析，而多总体多指标的多元方差分析应用相对较少。因此，本部分将多总体均值比较问题，分为一元方差分析和多元方差分析两种情形。

（一）一元方差分析

设 r 个彼此独立的正态总体 X_1，X_2，…，X_r，第 i 个总体为一元正态分布 N（μ_i，σ^2），并假定 r 个总体的方差都相等。从各个一元正态总体中获得样本如下：

X_{11}，X_{12}，…，$X_{1n_1}\sim N$（μ_1，σ^2）

X_{21}，X_{22}，…，$X_{2n_2}\sim N$（μ_2，σ^2）

……

X_{r1}，X_{r2}，…，$X_{rn_r}\sim N$（μ_r，σ^2）

对各个总体均值是否相等进行检验，对应的检验假设为：

H_0：$\mu_1=\cdots=\mu_r$，H_1：至少存在 $i\neq j$，使得 $\mu_i\neq\mu_j$。

一元方差分析的相关理论在《试验设计》[1] 相关教材中有详细的阐述，本部分受篇幅限制，仅给出重要的结果。方差分析与下面三个统计量密切相关：

总平方和 $$SST=\sum_{k=1}^{r}\sum_{j=1}^{n_k}(X_{kj}-\bar{\bar{X}})^2 \tag{3-16}$$

组间平方和 $$SSR=\sum_{k=1}^{r}n_k(\bar{X}_k-\bar{\bar{X}})^2 \tag{3-17}$$

组内平方和 $$SSE=\sum_{k=1}^{r}\sum_{j=1}^{n_k}(X_{kj}-\bar{X}_k)^2 \tag{3-18}$$

这三个统计量满足等式 SST=SSR+SSE，其中，$\bar{X}_k=\frac{1}{n_k}\sum_{j=1}^{n_k}X_{kj}$ 表示第 k 个总体的样本均值；$n=n_1+n_2+\cdots+n_r$ 表示 r 个样本容量之和；$\bar{\bar{X}}=\frac{1}{n}\sum_{k=1}^{r}\sum_{j=1}^{n_k}X_{kj}$ 表示 r 个总体样本的总均值。当 H_0 为真时，可得出：

$$F=\frac{SSR/(r-1)}{SSE/(n-r)},\ F\sim F(r-1,\ n-r) \tag{3-19}$$

当 F 值足够大时，拒绝 H_0 接受 H_1。因此，当 $F>F_{r-1,n-r}$（α）时，拒绝零假设 H_0，反之则不能拒绝 H_0。

（二）多元方差分析

多元方差分析可看作一元方差分析的推广。设 r 个彼此独立的 p 元正态总体 X_1，X_2，…，X_r，第 i 个总体为多元正态分布 $N(\mu_i,\ \Sigma)$，并假定 r 个总体的协方差阵都相等。从各个多元正态总体中获得样本如下：

$$X_{11},\ X_{12},\ \cdots,\ X_{1n_1}\sim N(\mu_1,\ \Sigma)$$

$$X_{21},\ X_{22},\ \cdots,\ X_{2n_2}\sim N(\mu_2,\ \Sigma)$$

……

$$X_{r1},\ X_{r2},\ \cdots,\ X_{rn_r}\sim N(\mu_r,\ \Sigma)$$

对各个多元总体的均值向量是否相等进行检验，对应的检验假设为：

H_0：$\mu_1=\cdots=\mu_r$，H_1：至少存在 $i\neq j$，使得 $\mu_i\neq\mu_j$。

类似于一元方差分析，多元方差分析也与三个统计量密切相关：

总平方和 $$SST=\sum_{k=1}^{r}\sum_{j=1}^{n_k}(X_{kj}-\bar{\bar{X}})(X_{kj}-\bar{\bar{X}})' \tag{3-20}$$

① 茆诗松，周纪芗，陈颖．试验设计（第 2 版）［M］．中国统计出版社，2012.

组间平方和 $$SSR=\sum_{k=1}^{r} n_k(\bar{X}_k-\bar{\bar{X}})(\bar{X}_k-\bar{\bar{X}})' \tag{3-21}$$

组内平方和 $$SSE=\sum_{k=1}^{r}\sum_{j=1}^{n_k}(X_{kj}-\bar{X}_k)(X_{kj}-\bar{X}_k)' \tag{3-22}$$

这三个统计量也满足等式 SST=SSR+SSE。当 H_0 为真时，检验统计量的构造及其分布的推理相对比较复杂，一般不需掌握，仅需了解相关统计软件的实现。

第二节 协方差阵的检验

上一节主要讨论了一元和多元正态分布均值的相关检验，本节将主要讨论多元正态分布协方差阵的相关检验。本节内容分为单总体的协方差阵检验和多总体的协方差阵检验。

一、单总体协方差阵检验 $\Sigma=\Sigma_0$

设 X_1，X_2，…，X_n 是来自 p 元正态总体 N（μ，Σ）的一个样本，Σ_0 为一个已知的协方差阵，Σ 和 Σ_0 都是正定矩阵。对单总体协方差阵的检验可表示为：

H_0：$\Sigma=\Sigma_0$，H_1：$\Sigma\neq\Sigma_0$

该检验所涉及的检验统计量为：

$$M=(n-1)\left[\ln\left|\Sigma_0\right|-p-\ln\left|\hat{\Sigma}\right|+tr(\hat{\Sigma}\Sigma_0^{-1})\right] \tag{3-23}$$

其中，$\hat{\Sigma}$ 为 Σ 的一个无偏估计 $\hat{\Sigma}=L/(n-1)$，L 的定义如式（3-5）所示。检验统计量 M 的分布形式比较复杂，但柯林（Korin，1968）给出了 M 的极限分布和近似分布，并提供了当满足 $p\leqslant10$ 和 $n\leqslant75$ 时，显著性水平为 5%和 1%的分位数表。柯林（Korin，1968）还证明了当 $p>10$ 或 $n>75$ 时，可构造一个近似 F 分布：

$$\frac{M}{b}\sim F(f_1, f_2) \tag{3-24}$$

其中，

$$f_1=p(p+1)/2,\ f_2=(f_1+2)/(D_2-D_1^2),\ b=f_1/(1-D_1-f_2/f_1) \tag{3-25}$$

$$D_1=\frac{2p+1-2/(p+1)}{6(n-1)},\ D_2=\frac{(p-1)(p+2)}{6(n-1)^2} \tag{3-26}$$

最终在给定显著性水平下，根据 F 分布的分位数得出检验结果。

二、多总体协方差阵检验 $\Sigma_1=\Sigma_2=\cdots=\Sigma_r$

在实践中，往往会出现面临多个多元正态总体的情形，譬如，要比较物流行业企业经营指标与其他多个行业企业经营指标变化的波动性有无显著差异。此类问题本质上就是对多个多元正态分布协方差阵是否相等进行检验。

设 r 个彼此独立的 p 元正态总体 X_1，X_2，…，X_r，第 i 个总体为多元正态分布 N（μ_i，Σ_i）。从各个多元正态总体中获得样本如下：

$X_{11}, X_{12}, \cdots, X_{1n_1} \sim N(\mu_1, \sum_1)$

$X_{21}, X_{22}, \cdots, X_{2n_2} \sim N(\mu_2, \sum_2)$

……

$X_{r1}, X_{r2}, \cdots, X_{rn_r} \sim N(\mu_r, \sum_{n_r})$

$n=n_1+n_2+\cdots+n_r$

对多个 p 元正态总体的协方差阵是否相等进行检验，对应地，检验假设为 H_0：$\Sigma_1=\Sigma_2=\cdots=\Sigma_r$，$H_1$：$\{\Sigma_i\}$ 不全相等。

该检验所涉及的检验统计量为：

$$M=(n-1)\ln|L/(n-r)|-\sum_{i=1}^{r}(n_i-1)\ln|L_i/(n_i-1)| \quad (3-27)$$

其中，

$$L_k=\sum_{i=1}^{n_k}(X_{ki}-\bar{X}_k)'(X_{ki}-\bar{X}_k) \quad (3-28)$$

$$\bar{X}_k=\frac{1}{n_k}\sum_{i=1}^{n_k}X_{ki},\ L=\sum_{k=1}^{r}L_k \quad (3-29)$$

当 r、p、n 不大且 r 个独立样本容量 n_k 都相等时，显著性水平为 5% 和 1% 的 M 抽样分布分位数表已被相关学者给出。其他情况，当 r、p、n 较大且 $\{n_k\}$ 互不相等时，可构造类似式（3-14）的近似 F 分布：

$$\frac{M}{b}\dot{\sim}F(f_1, f_2) \quad (3-30)$$

其中，

$$f_1=p(p+1)(r-1)/2,\ f_2=(f_1+2)/(d_2-d_1^2),\ b=f_1/(1-d_1-f_2/f_1) \quad (3-31)$$

$$d_1=\begin{cases}\dfrac{2p^2+3p-1}{6(p+1)(r-1)}\left(\sum_{i=1}^{r}\dfrac{1}{n_i-1}-\dfrac{1}{n-r}\right), & \text{至少有一对} \quad n_i \neq n_j\\[2ex] \dfrac{(2p^2+3p-1)(r-1)}{6(p+1)r(n-1)}, & n_1=n_2=\cdots=n_r\end{cases} \tag{3-32}$$

$$d_2=\begin{cases}\dfrac{(p-1)(p+2)}{6(r-1)}\left(\sum_{i=1}^{r}\dfrac{1}{(n_i-1)^2}-\dfrac{1}{(n-r)^2}\right), & \text{至少有一对} \quad n_i \neq n_j\\[2ex] \dfrac{(p-1)(p+2)(r^2+r+1)}{6r^2(n-1)}, & n_1=n_2=\cdots=n_r\end{cases} \tag{3-33}$$

最终，在给定显著性水平下，根据 F 分布的分位数得出检验结果。

第三节　假设检验的上机实现

交通运输业、仓储业和邮政业包括铁路运输业、道路运输业、水上运输业、航空运输业等多个细分行业。为了了解不同细分行业的获利水平是否存在差异性，本节内容以道路运输业、水上运输业两个行业为例，分别运用 SPSS 软件和 R 软件，通过两总体均值检验了解这两个行业的获利水平是否存在显著差异。

一、两总体均值的检验——基于 SPSS 软件

（一）原始数据与指标解释

分别从道路运输业、水上运输业中各选取 30 家公司，查询这些公司 2020 年每股收益指标数据，通过这些样本数据检验这两个行业的获利水平是否存在显著差异。表 3-1 是选取的 30 家道路运输业、水上运输业企业 2020 年的每股收益数据，数据来源于 CSMAR 数据库。

表 3-1　2020 年 30 家道路运输业、水上运输业企业的每股收益数据　单位：元

序号	道路运输业	水上运输业
1	-0. 506	1. 201
2	0. 224	1. 170

续表

序号	道路运输业	水上运输业
3	0. 357	−1. 519
4	−0. 487	−0. 327
5	−0. 912	0. 307
6	0. 617	0. 461
7	0. 601	0. 265
8	−0. 085	−0. 398
9	0. 990	−0. 078
10	−0. 504	0. 551
11	−0. 142	1. 319
12	0. 383	0. 573
13	0. 484	0. 605
14	1. 048	0. 021
15	0. 874	−0. 093
16	−0. 006	0. 854
17	−1. 613	1. 089
18	0. 013	−1. 324
19	0. 565	0. 144
20	−1. 730	−1. 339
21	0. 306	−0. 339
22	−0. 027	−0. 018
23	0. 776	0. 661
24	−0. 625	−0. 236
25	1. 647	0. 896
26	−1. 836	0. 319
27	−0. 240	−0. 036
28	1. 530	0. 664
29	−0. 333	−0. 523
30	−0. 856	0. 352

（二）两总体均值检验

1. 导入数据

将表 3-1 的数据导入 SPSS 软件。在数据导入时，增加一个分组变量 Group，即数据来源于道路运输业时分组为 1，来源于水上运输业时分组为 2，这 60 个数据根据所在分组不同可看作分别来自两个总体。图 3-1 是导入 SPSS 软件的数据截图，指标为 X：每股收益（元）。

文件(F)　编辑(E)　查看(V)　数据(D)　转换(T)　分析(A)　图形(G)

	Group	X	变量	变量
1	1	-.506		
2	1	.224		
3	1	.357		
4	1	-.487		
5	1	-.912		
6	1	.617		
7	1	.601		
8	1	-.085		
9	1	.990		
10	1	-.504		
11	1	-.142		
12	1	.383		
13	1	.484		
14	1	1.048		
15	1	.874		
16	1	-.006		
17	1	-1.613		
18	1	.013		
19	1	.565		
20	1	-1.730		
21	1	.306		

图 3-1　SPSS 软件中每股收益数据截图

2. 正态性检验

在对两个总体的数据进行均值比较分析之前，需要检验数据是否服从多元正态分布。然而，多元正态性检验的相关理论比较复杂，在一般统计软件中也不涉

及。因此，在实际工作中，往往对单变量进行正态性检验，并且当样本容量足够大时，没有充分证据证明多元数据不服从多元正态时，一般认为样本数据来自多元正态总体。

SPSS 软件中正态分布检验的操作步骤为：

(1)依次点击【分析】→【描述统计】→【探索】，进入【探索】对话框，将变量 X 选入【因变量列表】，将变量 Group 选入【因子列表】(见图 3-2)。

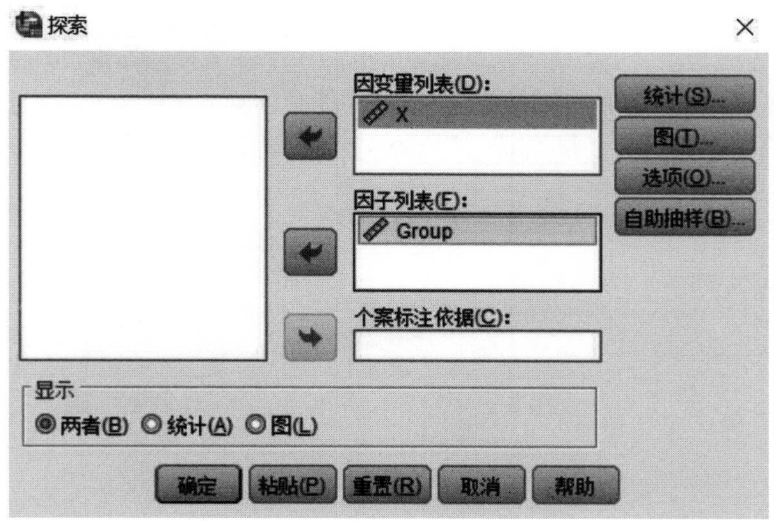

图 3-2　SPSS 软件正态性检验：【探索】对话框

(2)点击【探索】对话框中的【图】选项，勾选【含检验的正态图】选项，以输出正态检验图表。

(3)点击【继续】返回【探索】对话框，再点击【确定】，执行操作。

表 3-2 是 SPSS 软件正态性检验输出结果。表 3-2 中列出了两种正态性检验结果，由于本例中样本容量总数 60 小于 2000，因此，夏皮罗—威尔克检验的结果更加可靠。在夏皮罗—威尔克检验结果中，P 值分别为 0.632 和 0.147，检验结果为符合正态分布。

表 3-2　SPSS 软件正态性检验输出结果

		柯尔莫戈洛夫—斯米诺夫			夏皮罗—威尔克		
Group		统计量	自由度	P 值	统计量	自由度	P 值
X	道路运输业	0. 074	30	0. 200	0. 973	30	0. 632
	水上运输业	0. 091	30	0. 200	0. 948	30	0. 147

注：输出结果由于保留小数位点不同稍有差别，下同。

3. 均值检验

在正态性检验之后，进行两总体均值检验。SPSS 软件操作步骤为：

(1)依次点击【分析】→【比较平均值】→【独立样本 t 检验】，进入【独立样本 t 检验】对话框，将变量 X 选入【检验变量】，将变量 Group 选入【分组变量】(见图 3-3)。

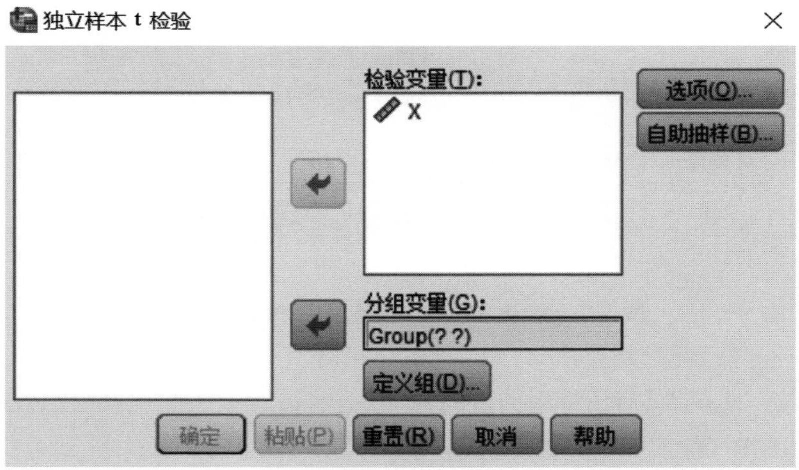

图 3-3　SPSS 软件均值检验：【独立样本 t 检验】对话框

(2)图 3-3 的【分组变量】中 Group 出现问号，表明 SPSS 软件未识别分组，需要点击【定义组】，重新定义分组(见图 3-4)。

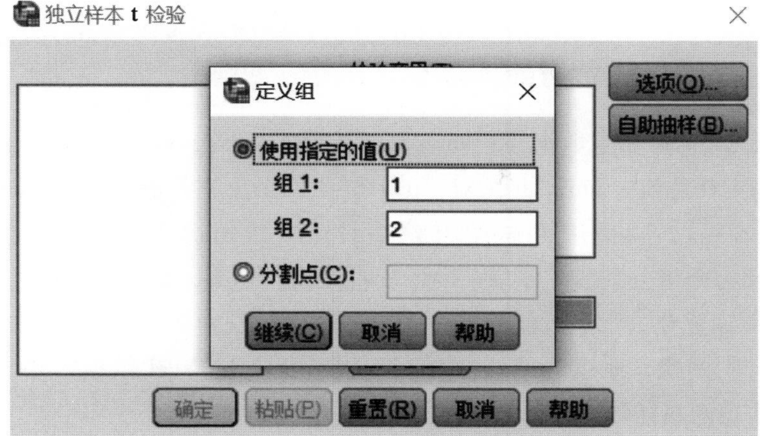

图 3-4　SPSS 软件均值检验：【定义组】对话框

(3)点击【继续】返回【独立样本 t 检验】对话框，再点击【确定】，执行操作。

4. 输出结果

表 3-3 是 SPSS 软件独立样本 t 检验输出结果。从表 3-3 可以看出，无论是方差相等还是方差不相等，t 统计量对应的 P 值均大于 0.05，因此不能拒绝原假设，即道路运输业、水上运输业的每股收益均值不存在显著差异。

表 3-3　SPSS 软件独立样本 t 检验输出结果

	莱文方差等同性检验		平均值等同性 t 检验						
	F	显著性	t	自由度	Sig.（双尾）	平均值差值	标准误差差值	差值 95%置信区间	
								上限	下限
假定等方差	0.757	0.388	-0.756	58.000	0.453	-0.157	0.208	-0.573	0.259
不假定等方差	—	—	-0.756	56.243	0.453	-0.157	0.208	-0.573	0.259

二、两总体均值的检验——基于 R 软件

在 RStudio 中，t. test( ) 函数可以实现两总体均值检验，其使用格式为：

```
t.test(x,y,alternative=c("two.sided","less","greater"),mu=0,paired=
FALSE,var.equal=FALSE,conf.level=0.95,...)
```

其中，x、y 是非空数据集；alternative 是备择假设；mu 是均值，默认 mu=0，可以指定任意值；paired 是配对，paired=T 时为配对检验；var. equal 是方差，若 var. equal = T，则使用汇总的方差估计。默认情况下，如果 var. equal 为 FALSE，则为两组分别估计方差；conf. level 是置信水平，默认 0.95。

将道路运输业、水上运输业企业的每股收益分别命名为变量 x、变量 y，并存储为 Excel 格式，命名为 data2。在 RStudio 中导入 Excel 数据，并利用 t. test() 函数实现两总体均值检验，操作如下：

```
library(readxl)
data2<-read_excel("C:/Users/admin/Desktop/data2.xlsx")
t.test(data2$x,data2$y)
```

图 3-5 是 RStudio t 检验输出结果。从图 3-5 可以看出，t 统计量对应的 P 值为 0.4529，大于 0.05，因此不能拒绝原假设，即道路运输业、水上运输业的每股收益均值不存在显著差异。

```
> t.test(data2$x,data2$y)

        Welch Two Sample t-test

data:  data2$x and data2$y
t = -0.75585, df = 56.243, p-value = 0.4529
alternative hypothesis: true difference in means is not equal to 0
95 percent confidence interval:
 -0.5728358  0.2589595
sample estimates:
 mean of x  mean of y
0.01717065 0.17410878
```

图 3-5　RStudio t 检验输出结果

习题

【3-1】试举出两个可以运用多元均值检验的实际问题。

【3-2】解释原假设和备择假设。

【3-3】在假设检验中，为什么采取“不拒绝原假设”而不采取“接受原假设”的表述方式?

【3-4】为了监测空气质量，某城市生态环境部门每隔几周对空气质量进行一次随机测试。已知该城市过去每立方米空气中悬浮颗粒的平均值是 82μg。在最近一段时间的监测中，每立方米空气中悬浮颗粒的数值如表 3-4 所示。根据最近的监测数据，当显著性水平 $\alpha=0.05$ 时，能否认为该城市空气中悬浮颗粒的平均值发生显著改变?

表 3-4　某城市近期每立方米空气中悬浮颗粒的监测值

编号	监测值	编号	监测值
1	81.6	17	77.3
2	86.6	18	76.1
3	80.0	19	92.2
4	85.8	20	72.4
5	78.6	21	61.7
6	58.3	22	75.6
7	68.7	23	85.5
8	73.2	24	73.5
9	96.6	25	74.0
10	74.9	26	82.5
11	83.0	27	87.0
12	66.6	28	73.2
13	68.6	29	88.5
14	70.9	30	86.9
15	71.7	31	94.9
16	71.6	32	83.0

【3-5】某物流企业男性职工年龄段主要分布在 20~50 岁，女性职工年龄段主要分布在 20~35 岁。为了了解企业内职工的健康状况，将职工主要分为三组：20~35 岁男性职工、35~50 岁男性职工、20~35 岁女性职工。分别从这三组职工中抽取 20 名职工进行健康检测，获取了 β 脂蛋白 X_1、甘油三酯 X_2、α 脂蛋白

X_3、前 β 脂蛋白 X_4 这四个指标的数据，数据如表 3-5 所示。

表 3-5　某物流企业 20 名职工健康检测数据

20~35 岁男性职工				35~50 岁男性职工				20~35 岁女性职工			
X_1	X_2	X_3	X_4	X_1	X_2	X_3	X_4	X_1	X_2	X_3	X_4
310	122	30	21	320	64	39	17	260	75	40	18
310	60	35	18	260	59	37	11	200	72	34	17
190	40	27	15	260	88	28	26	240	87	45	18
225	65	34	16	295	100	36	12	170	65	39	17
170	65	37	16	270	65	32	21	270	110	39	24
210	82	31	17	380	114	36	21	205	130	34	23
280	67	37	18	240	55	42	10	190	69	27	15
210	38	36	17	260	55	34	20	200	46	45	15
280	65	30	23	260	110	29	20	250	117	21	20
200	76	40	17	295	73	33	21	200	107	28	20
200	76	39	20	240	114	38	18	225	130	36	11
280	94	26	11	310	103	32	18	210	125	26	17
190	60	33	17	330	112	21	11	170	64	31	14
295	55	30	16	345	127	24	20	270	76	33	13
270	125	24	21	250	62	22	16	190	60	34	16
280	120	32	18	260	59	21	19	280	81	20	18
240	62	32	20	225	100	34	30	310	119	25	15
280	69	29	20	345	120	36	18	270	57	31	8
370	70	30	20	360	107	25	23	250	67	31	14
280	40	37	17	250	117	36	16	260	135	39	29

（1）通过一元方差分析比较不同职工组在“α 脂蛋白 X_3”指标上的均值是否存在显著差异。

（2）分析这三组职工健康指标间的波动幅度是否有显著差异。

【3-6】选取内蒙古、广西、贵州、云南、西藏、宁夏、新疆、甘肃和青海 9 个内陆边远省份，利用人均 GDP X_1（元）、第三产业比重 X_2（%）、人均消费支

出 X_3（元）、人口自然增长率 X_4（%）及城镇人口占比 X_5（%）五个能够较好地说明各地区社会经济发展水平的指标，验证边远及少数民族聚居区的社会经济发展水平与全国平均水平有无显著差异。其中，五个指标的全国平均水平为：μ_0=（70892，59.4，21558.9，3.34，60.60）′，边远及少数民族聚居区的指标数据如表 3-6 所示。

表 3-6 边远及少数民族聚居区社会经济发展水平的指标数据

地区	X_1	X_2	X_3	X_4	X_5
内蒙古	67852	49.6	20743.4	2.57	63.37
广西	42964	50.7	16418.3	7.17	51.09
贵州	46433	50.3	14780.0	6.70	49.02
云南	47944	52.6	15779.8	6.43	48.91
西藏	48902	54.4	13029.2	10.14	31.54
宁夏	54217	50.3	18296.8	8.03	59.86
新疆	54280	51.6	17396.6	3.69	51.87
甘肃	32995	55.1	15879.1	3.85	48.49
青海	48981	50.7	17544.8	7.58	55.52

注：数据来源于《中国统计年鉴 2020》。

第四章　多元线性回归分析

第一节　多元线性回归模型

现实经济活动中，某个因变量往往会受到多个自变量的影响。例如，物流行业的产出会受到各种投入要素——资本、劳动、技术等的影响；销售额会受到价格和公司对广告费投入的影响。多元回归分析即是研究某个因变量与多个自变量之间关系的分析方法，当研究变量之间的关系是线性关系时，就是多元线性回归分析。

一、多元线性回归模型定义

（一）模型定义

若影响因变量 y 的自变量有多个：x_1，x_2，…，x_p，则多元线性回归模型为：

$$y=\beta_0+\beta_1x_1+\beta_2x_2+\cdots+\beta_px_p+\varepsilon \tag{4-1}$$

式（4-1）中，β_0 为常数项，β_1，β_2，…，β_p 分别为 y 对 x_1，x_2，…，x_p 的回归系数，ε 是随机误差项。y 对某一变量的回归系数，表示当其他自变量都固定时，该自变量变化一个单位而使 y 平均改变的数值，也通称为偏回归系数。

如果对 y 和 x 进行了 n 次观测，得到 n 组观测值 y_i，x_{1i}，x_{2i}，…，x_{pi}（i=1，2，…，n），它们满足以下方程式：

$$y_i=\beta_0+\beta_1x_{1i}+\beta_2x_{2i}+\cdots+\beta_px_{pi}+\varepsilon_i \tag{4-2}$$

写成矩阵形式为：

$$Y=X\beta+\varepsilon \tag{4-3}$$

式（4-3）中，$Y=\begin{pmatrix} y_1 \\ y_2 \\ \vdots \\ y_n \end{pmatrix}$，$X=\begin{pmatrix} 1 & x_{11} & x_{21} & \cdots & x_{p1} \\ 1 & x_{12} & x_{22} & \cdots & x_{p2} \\ \cdots & \cdots & \cdots & \ddots & \cdots \\ 1 & x_{1n} & x_{2n} & \cdots & x_{pn} \end{pmatrix}$，$\beta=\begin{pmatrix} \beta_1 \\ \beta_2 \\ \vdots \\ \beta_p \end{pmatrix}$，$\varepsilon=\begin{pmatrix} \varepsilon_1 \\ \varepsilon_2 \\ \vdots \\ \varepsilon_n \end{pmatrix}$。

此外，多元线性回归模型也可以写成如下形式：

$$y_c=\beta_0+\beta_1x_1+\beta_2x_2+\cdots+\beta_px_p \tag{4-4}$$

式（4-4）中，y_c 为 y 的复回归估计值。

（二）模型假定

多元线性回归模型服从以下假定：

（1）自变量 x_1，x_2，…，x_p 是确定性变量，不是随机变量，而且样本容量的个数 n 应该大于自变量的个数 p，$n\geqslant 3p$ 为最优。

（2）随机误差项具有零均值和同方差，即：

$$E(\varepsilon_i)=0,\ i=1,\ 2,\ \cdots,\ n \tag{4-5}$$

$$Cov(\varepsilon_i,\ \varepsilon_j)=\begin{cases}\sigma^2, & i=j \\ 0, & i\neq j\end{cases}\quad i,\ j=1,\ 2,\ \cdots,\ n \tag{4-6}$$

（3）正态分布的假设条件：

$$\varepsilon_i\sim N(0,\ \sigma^2)\ i=1,\ 2,\ \cdots,\ n \tag{4-7}$$

由上述假定和多元正态分布的性质可知，Y 服从 n 维正态分布，且 $Y\sim N(X\beta,\ \sigma^2I)$。

二、多元线性回归参数估计

复回归方程的确定，就是求出常数项 β_0 和偏回归系数 β_1，β_2，…，β_p，可通过最小二乘法求得。假设因变量 y 与 p 个自变量 x_1，x_2，…，x_p 之间具有多元线性关系。n 组统计资料值为：y_i，x_{1i}，x_{2i}，…，x_{pi}（i=1，2，…，n），则复回归方程为：$y_{ci}=\beta_0+\beta_1x_{1i}+\beta_2x_{2i}+\cdots+\beta_px_{pi}$。由最小二乘法知道，$\beta_0$，$\beta_1$，$\beta_2$，…，$\beta_p$ 应使全部 y_i（i=1，2，…，n）与回归值 y_{ci}（i=1，2，…，n）的残差平方和 Q 达到最小，即使 $Q=\sum(y_i-y_{ci})^2=\sum(y_i-\beta_0-\beta_1x_{1i}-\cdots-\beta_px_{pi})^2$ 为最小。根据微积分中的极值定理，β_0，β_1，β_2，…，β_p 应是下列方程组（正规方程组）的解：

$$\begin{cases}\dfrac{\partial Q}{\partial \beta_0}=-2\sum(y_i-y_{ci})=0\\ \dfrac{\partial Q}{\partial \beta_p}=-2\sum(y_i-y_{ci})x_{pi}=0\end{cases} \tag{4-8}$$

或

$$\begin{cases}\sum(y_i-\beta_0-\beta_1x_{1i}-\cdots-\beta_px_{pi})=0\\ \sum(y_i-\beta_0-\beta_1x_{1i}-\cdots-\beta_px_{pi})x_{ji}=0,\ j=1,\ 2,\ \cdots,\ p\end{cases} \tag{4-9}$$

由正规方程组可以求出 β_1，β_2，…，β_p 的值，从而确定了复回归方程：$y_c=\beta_0+\beta_1x_1+\cdots+\beta_px_p$。

实际求多元线性回归模型的未知参数时，为计算简便，常常应用变换后的正规方程组。以二元线性回归模型为例，介绍方程组的变换过程。

二元线性回归模型为：

$$y_c=b_0+b_1x_1+b_2x_2 \tag{4-10}$$

将式（4-10）变换为：

$$\overline{y}=b_0+b_1\overline{x_1}+b_2\overline{x_2} \tag{4-11}$$

再将式（4-11）与式（4-10）相减，得：

$$y_c-\overline{y}=b_1\ (x_1-\overline{x_1})\ +b_2\ (x_2-\overline{x_2}) \tag{4-12}$$

令 $y'_c=y_c-\overline{y}$，$x'_1=x_1-\overline{x_1}$，$x'_2=x_2-\overline{x_2}$，则有：

$$y'_c=b_1x'_1+b_2x'_2 \tag{4-13}$$

变换后的方程只有 b_1、b_2 两个参数，其求解方程组为：

$$\begin{cases}\sum x'_1y=b_1\sum x'_1x'_1+b_2\sum x'_1x'_2\\ \sum x'_2y=b_1\sum x'_1x'_2+b_2\sum x'_2x'_2\end{cases} \tag{4-14}$$

再令 $L_{ij}=L_{ji}=\sum(x_i-\overline{x_i})(x_j-\overline{x_j})$，$L_{iy}=\sum(x_i-\overline{x_i})(y-\overline{y})$，

则式（4-14）可表示为：

$$\begin{cases}L_{1y}=L_{11}b_1+L_{12}b_2\\ L_{2y}=L_{12}b_1+L_{22}b_2\end{cases} \tag{4-15}$$

解出此方程组，即可求得 b_1、b_2，而 b_0 可由式（4-11）求出：

$$b_0=\overline{y}-b_1\overline{x_1}-b_2\overline{x_2} \tag{4-16}$$

当 b_0、b_1、b_2 三个参数求出后，即可得到二元线性回归模型。上述方法可推广应用于多元线性回归模型中多个回归系数的求解。

【例 4-1】表 4-1 是 2020 年 10 家物流上市公司的运营数据，指标包括固定资产净值（亿元）、应付职工薪酬（亿元）、利润总额（亿元）。以利润总额为因变量 Y，固定资产净值为自变量 X_1，应付职工薪酬为自变量 X_2，建立二元线性回归模型。

表 4-1　2020 年 10 家物流上市公司的运营数据　　单位：亿元

企业编号	1	2	3	4	5	6	7	8	9	10
Y	2.89	32.91	9.61	25.25	7.99	2.39	5.54	12.05	20.57	9.53
X_1	4.19	38.12	15.62	26.28	5.18	3.14	4.07	6.91	22.26	8.30
X_2	0.71	1.94	1.42	1.36	0.49	0.12	0.22	0.18	0.63	0.35

【解】按照参数 b_0、b_1、b_2 的计算公式，计算相应的指标数据，计算结果如表 4-2 所示。

表 4-2　回归计算表

企业编号	y	x_1	x_2	x_1x_1	x_1x_2	x_2x_2	x_1y	x_2y	y^2
1	2.89	4.19	0.71	17.56	2.97	0.50	12.11	2.05	8.35
2	32.91	38.12	1.94	1453.13	73.95	3.76	1254.53	63.85	1083.07
3	9.61	15.62	1.42	243.98	22.18	2.02	150.11	13.65	92.35
4	25.25	26.28	1.36	690.64	35.74	1.85	663.57	34.34	637.56
5	7.99	5.18	0.49	26.83	2.54	0.24	41.39	3.92	63.84
6	2.39	3.14	0.12	9.86	0.38	0.01	7.50	0.29	5.71
7	5.54	4.07	0.22	16.56	0.90	0.05	22.55	1.22	30.69
8	12.05	6.91	0.18	47.75	1.24	0.03	83.27	2.17	145.20
9	20.57	22.26	0.63	495.51	14.02	0.40	457.89	12.96	423.12
10	9.53	8.30	0.35	68.89	2.91	0.12	79.10	3.34	90.82
合计	128.73	134.07	7.42	3070.72	156.83	8.99	2772.01	137.77	2580.73

注：计算结果由于保留小数位点不同稍有差别，下同。

$$\bar{y}=\frac{128.73}{10}=12.87 \qquad \bar{x}_1=\frac{134.07}{10}=13.41 \qquad \bar{x}_2=\frac{7.42}{10}=0.74$$

$$L_{11}=\sum x_1^2-\frac{1}{n}\left(\sum x_1\right)^2=3070.72-1797.48=1273.24$$

$$L_{12} = \sum x_1x_2 - \frac{1}{n}(\sum x_1)(\sum x_2) = 156.83 - 99.48 = 57.35$$

$$L_{22} = \sum x_2^2 - \frac{1}{n}(\sum x_2)^2 = 8.99 - 5.51 = 3.48$$

$$L_{yy} = \sum y^2 - \frac{1}{n}(\sum y)^2 = 2580.73 - 1657.14 = 923.59$$

$$L_{1y} = \sum x_1y - \frac{1}{n}(\sum x_1)(\sum y) = 2772.01 - 1725.88 = 1046.13$$

$$L_{2y} = \sum x_2y - \frac{1}{n}(\sum x_2)(\sum y) = 137.77 - 95.52 = 42.25$$

将计算结果代入式（4-15），则有：

$$\begin{cases} 1046.13 = 1273.24b_1 + 57.35b_2 \\ 42.25 = 57.35b_1 + 3.48b_2 \end{cases}$$

解此方程组可得 $b_1=1.07$，$b_2=-5.43$。

将 b_1、b_2 值代入式（4-16），求得 $b_0=2.56$。

因此，二元线性回归模型为：$y_c=2.56+1.07x_1-5.43x_2$。

第二节 多元线性回归分析中的统计检验

多元线性回归模型建立后，需要对方程的拟合程度、估计标准误差进行测定，也有必要对回归系数与回归方程的显著性进行检验。本节内容将介绍估计标准误差和显著性检验。

一、多元线性回归的估计标准误差

多元线性回归的估计标准误差可根据如下公式计算：

$$s_y = \sqrt{\frac{\sum(y - y_c)^2}{n - p - 1}} \quad (4-17)$$

式（4-17）中，p 为自变量个数。

【例 4-2】以表 4-1 资料为例，计算物流企业公司利润总额对固定资产净值、应付职工薪酬的线性回归方程的估计标准误差。

【解】根据式（4-17）可知，需要计算 y_c、$y-y_c$ 等数据，计算结果如表 4-3 所示。

表 4-3　剩余变差计算表

编号	y	x_1	x_2	y_c	$y-y_c$	$(y-y_c)^2$
1	2.89	4.19	0.71	3.1880	−0.2980	0.0888
2	32.91	38.12	1.94	32.8142	0.0958	0.0092
3	9.61	15.62	1.42	11.5628	−1.9528	3.8134
4	25.25	26.28	1.36	23.2948	1.9552	3.8228
5	7.99	5.18	0.49	5.4419	2.5481	6.4928
6	2.39	3.14	0.12	5.2682	−2.8782	8.2840
7	5.54	4.07	0.22	5.7203	−0.1803	0.0325
8	12.05	6.91	0.18	8.9763	3.0737	9.4476
9	20.57	22.26	0.63	22.9573	−2.3873	5.6992
10	9.53	8.30	0.35	9.5405	−0.0105	0.0001
合计	128.73	134.07	7.42	—	—	37.6905

将表 4-3 计算结果代入式（4-17），得到：

$$S_y=\sqrt{\frac{37.6905}{10-2-1}}=2.3204$$

此外，根据因变量总变差的分解 $L_{yy}=U+Q$，多元线性回归的估计标准误差还可根据以下方法计算，且比较简便。

$$S_y=\sqrt{\frac{Q}{n-p-1}}=\sqrt{\frac{L_{yy}-U}{n-p-1}} \tag{4-18}$$

式(4-18)中，$L_{yy}=\sum(y-\overline{y})^2$，被称为总平方和；$U=\sum(y_c-\overline{y})^2$，被称为回归平方和；$Q=\sum(y-y_c)^2=L_{yy}-U$，被称为残差平方和。

二、多元线性回归模型的显著性检验

多元线性回归方程的建立是根据样本资料中的 n 组数据进行的，而且是假定因变量与多个自变量之间存在线性关系的。但这种假定是否成立并没有绝对的把握，因而在方程建立后，就要对其进行统计检验，以验证最初的假设是否成立。

多元线性回归方程的假设检验采用 F 检验方法，F 值计算公式为：

$$F=\frac{U/p}{Q/(n-p-1)} \tag{4-19}$$

根据给定的显著性水平 α，自由度 $df_1=p$，$df_2=n-p-1$，查 F 分布表中相应的临界值 F_α。当 $F>F_\alpha$ 时，认为回归方程有显著性意义；当 $F\leqslant F_\alpha$ 时，认为回归方程无显著性意义。这需进一步查明原因，进行处理。

【例 4-3】以表 4-1 资料为例，对上述二元线性回归模型进行检验。

【解】已知 $U=\sum(y_c-\bar{y})^2=885.8995$，$Q=\sum(y-y_c)^2=37.6905$

代入式（4-19）可得：

$$F=\frac{885.8995/2}{37.6905/(10-2-1)}=82.2660$$

根据 $df_1=2$，$df_2=7$，$\alpha=0.05$，查 F 分布表，得 $F_{0.05}=4.74$。由于 $F>F_{0.05}$，因此认为利润总额对固定资产净值、应付职工薪酬的线性回归方程具有显著性。

三、偏回归系数的显著性检验

多元线性回归方程的 F 检验意义显著并不意味着每个自变量 x_1，x_2，…，x_p 对因变量的影响都是重要的。多元线性回归分析中应重视保留那些重要因素的影响，剔除那些次要的、可有可无的因素，这就需要对各个自变量逐一进行考察，其方法即对各偏回归系数的显著性进行检验。不难理解，偏回归系数的绝对值越小，则说明该自变量对因变量影响作用越小（此时要注意计量单位的影响）；若偏回归系数为零或接近于零，则说明该自变量对因变量没有影响或影响极小。因此，偏回归系数的显著性检验实际上是验证它所对应的自变量是否显著。偏回归系数的检验采用 t 检验方法。

先计算每个回归系数的 t 值，计算公式为：

$$t_{\beta j}=\frac{\beta_j}{S_{\beta j}},\ j=1,\ 2,\ \cdots,\ p \tag{4-20}$$

再根据给定的显著性水平 α 和自由度 $df=n-p-1$，查 t 分布表中的临界值。若 $|t_{\beta j}|>t_\alpha$，可认为回归系数是显著的；若 $|t_{\beta j}|\leqslant t_\alpha$，则认为回归系数不显著，其相应的自变量就被认为在方程中不起作用，应从方程中删除，重新建立更简单的线性回归方程。另外，在多元线性回归中的各自变量之间不应有较强的线性关系，否则回归系数的值就不能准确反映该自变量对因变量的影响。有时部分回归

系数通不过 t 检验，可能是因为自变量之间有较强的线性关系。

第三节　复相关系数和偏相关系数

在多元线性相关与回归分析中，也需要计算复相关系数和偏相关系数指标，以从另一角度说明并验证相关变量之间关系的密切程度和回归方程的拟合程度。

一、复相关系数

复相关系数是用来测定两个及以上变量对某一特定变量之间关系的密切程度的指标。如果测定的是两个自变量与一个因变量的关系密切程度，复相关系数可用下列公式计算：

$$R_{y.12}=\sqrt{\frac{U}{L_{yy}}}=\sqrt{1-\frac{Q}{L_{yy}}} \tag{4-21}$$

同理，如果测定三个自变量和一个因变量的关系密切程度，复相关系数则用 $R_{y.123}$ 表示，多个自变量则依次类推。在 R 的下标中，“·”前面表示因变量，“·”后面表示自变量。

从式（4-21）可以看出，复相关系数的实际意义在于反映回归变差在总变差中所占的比重。R 的取值范围在 $0\leq R\leq 1$。R 越接近于零，说明线性关系越不密切；R 越接近于 1，说明线性关系越密切。以 $R_{y.12}$ 为例：当 $R_{y.12}=0$ 时，说明 y 与 x_1，x_2 之间无线性关系；当 $0<R_{y.12}<1$ 时，说明 y 与 x_1，x_2 之间存在复相关关系；当 $R_{y.12}=1$ 时，则说明 y 与 x_1，x_2 之间为函数关系。

【例 4-4】以表 4-1 资料为例，计算复相关系数。

【解】已知 $L_{yy}=\sum(y-\overline{y})^2=923.59$，$U=\sum(y_c-\overline{y})^2=885.90$

代入式（4-21）可得：

$$R_{y.12}=\sqrt{\frac{U}{L_{yy}}}=\sqrt{\frac{885.90}{923.59}}=0.979$$

复相关系数的作用不仅在于反映多个自变量和一个因变量相关关系的密切程度，还可以反映多元线性回归方程的拟合程度。在测定多元线性回归方程的拟合程度时，常用的指标称为多元判定系数，它实际上是复相关系数的平方，即：

$$R^2_{y.12}=\frac{U}{L_{yy}} \tag{4-22}$$

从多元判定系数的计算公式可以更清楚地看出其重要意义。由于其分子是回归变差，分母是总变差，两者相比就可反映在多元相关分析中，所选择的自变量 x_1 和 x_2 对因变量 y 的影响在全部自变量（已知和未知的）对因变量的影响中所占的比重。因此，其数值大小具有重要意义，它可以用于判断回归模型中是否包含了对因变量产生影响的主要的自变量。判定系数越大，则说明所包含的对因变量影响的自变量越全；判定系数较小，则说明还存在对因变量影响的其他重要因素。

为检验根据样本资料计算的复相关系数能否代表总体变量之间的相关关系，可以利用 F 检验进行显著性检验，其计算公式为：

$$F=\frac{R^2/p}{(1-R^2)\ /\ (n-p-1)} \tag{4-23}$$

再根据给定的显著性水平 α，自由度 $df_1=p$，$df_2=n-p-1$，查 F 分布表临界值。若 $F>F_\alpha$，说明自变量之间线性关系显著；若 $F\leq F_\alpha$，则说明变量之间线性关系不显著。

经过以下变换可以看出，式（4-23）对复相关系数的显著性检验与式（4-19）对多元线性回归方程的显著性检验实质意义相同，因此可以认为复相关系数的 F 检验与多元线性回归方程的 F 检验是等价的。

证明：$\because U=R^2L_{yy}$

$$Q=L_{yy}-R^2L_{yy}=L_{yy}(1-R^2)$$

$$\therefore F=\frac{U/p}{Q/(n-p-1)}=\frac{R^2L_{yy}/p}{L_{yy}(1-R^2)/(n-p-1)}$$

$$=\frac{R^2/p}{(1-R^2)/(n-p-1)}$$

可以看出，式（4-23）与式（4-19）完全是等价的，而式（4-23）可直接用 R^2 值计算 F 值。

二、偏相关系数

复相关系数可以反映两个及以上自变量与一个因变量之间关系的密切程度，但在多元线性相关分析中，变量之间的关系是很复杂的，各个自变量与因变量之

间关系的密切程度不相同。为了测定某一个自变量与因变量之间关系的密切程度，则需要计算偏相关系数。

偏相关系数也称净相关系数，它与复相关系数的不同在于：复相关系数反映参与回归的所有自变量与因变量之间关系的密切程度，而偏相关系数可逐一反映每个自变量与因变量之间关系的密切程度；复相关系数在测定时，所有自变量都在变化着，而偏相关系数在测定某一自变量与因变量之间关系的密切程度时，要假定其他自变量固定不变，只反映该自变量与因变量之间关系的密切程度。因此，通过测定偏相关系数，可以使人们对各个自变量与因变量之间的关系密切程度的大小和各自变量对因变量影响程度的不同做出定量分析。

在偏相关系数的测定中，当保持固定的变量为一个时，称为一级偏相关系数，当保持固定的变量为两个时，称为二级偏相关系数，以此类推。偏相关系数的计算通常不是直接根据定义进行的，而是通过逐级计算偏相关系数的方法来解决的。

现以一级偏相关系数为例，其计算公式为：

$$r_{yi.j}=\frac{r_{yi}-r_{yj}\cdot r_{ij}}{\sqrt{(1-r_{yj}^2)(1-r_{ij}^2)}} \tag{4-24}$$

当测定的是 y 与 x_1、x_2 之间的偏相关系数时，两个偏相关系数分别记为 $r_{y1\cdot2}$ 和 $r_{y2\cdot1}$。“·”后面的符号表示与其相应的自变量固定不变，如 $r_{y1\cdot2}$ 表示 x_2 固定不变，单纯反映 y 与 x_1 之间的相关程度，$r_{y2\cdot1}$ 则表示 x_1 固定不变，单纯反映 y 与 x_2 之间的相关程度。根据式（4-24）可得两个偏相关系数计算公式如下：

$$r_{y1.2}=\frac{r_{y1}-r_{y2.}r_{12}}{\sqrt{(1-r_{y2}^2)(1-r_{12}^2)}} \tag{4-25}$$

$$r_{y2.1}=\frac{r_{y2}-r_{y1}\cdot r_{21}}{\sqrt{(1-r_{y1}^2)(1-r_{21}^2)}} \tag{4-26}$$

式（4-26）中，r_{y1}、r_{y2} 分别为 y 与 x_1、y 与 x_2 的单相关系数，而 $r_{12}=r_{21}$，为 x_1 与 x_2 的单相关系数。

单相关系数是指，在线性相关形态下，两个变量相关关系密切程度的相对指标，一般简称为相关系数。为了与复相关系数、偏相关系数相区别，称之为单相关系数，其计算公式为：

$$r_{yx}=\frac{L_{xy}}{\sqrt{L_{xx}L_{yy}}} \tag{4-27}$$

从偏相关系数的角度来看，单相关系数在测定时，保持固定的变量为零个，因而单相关系数即为零级偏相关系数。

【例 4-5】以表 4-1 资料为例，计算利润总额与固定资产净值的偏相关系数 $r_{y1.2}$、利润总额与应付职工薪酬的偏相关系数 $r_{y2.1}$。

【解】先计算三个单相关系数：

$$r_{y1}=\frac{L_{1y}}{\sqrt{L_{11}L_{yy}}}=\frac{1046.13}{\sqrt{1273.24\times923.59}}=0.9647$$

$$r_{y2}=\frac{L_{2y}}{\sqrt{L_{22}L_{yy}}}=\frac{42.25}{\sqrt{3.48\times923.59}}=0.7452$$

$$r_{12}=r_{21}=\frac{L_{12}}{\sqrt{L_{11}L_{22}}}=\frac{57.35}{\sqrt{1273.24\times3.48}}=0.8616$$

再计算两个偏相关系数：

$$r_{y1\cdot2}=\frac{0.9647-0.7452\times0.8616}{\sqrt{(1-0.7452^2)(1-0.8616^2)}}=0.9531$$

$$r_{y2\cdot1}=\frac{0.7452-0.9674\times0.8616}{\sqrt{(1-0.9674^2)(1-0.8616^2)}}=-0.6426$$

第四节　变量选择

在建立多元线性回归模型时，为了充分说明因变量的变动情况，需要考虑所有对因变量有影响的自变量。但是，如果模型中所包含的自变量个数比较多，部分自变量不仅对于建立模型没有贡献，还可能会导致复杂的、难以解释的模型。因此，需要对变量进行选择，从可供选的所有自变量中选出对因变量有显著影响的变量建立回归模型，对因变量没有显著影响的自变量不进入模型。本节内容将介绍向前选择法、向后剔除法、逐步回归法等变量选择方法，涉及变量显著、残差平方和最小、AIC 值最小等多种变量选择标准。

一、向前选择法

向前选择法可以理解成从零开始选择，模型最开始的时候没有自变量，然后

依次引入一个 F 统计量值最大的（或者 P 值最小的）自变量，由少到多，直到再无具有统计意义的自变量可以引入为止。具体的步骤如下：

步骤一，分别拟合因变量 y 对 p 个自变量（x_1，x_2，…，x_p）的一元线性回归模型，共有 p 个。找出 F 统计量值最大的（或者 P 值最小的）模型及其自变量 x_i，并将自变量引入模型；如果所有模型均不显著，则运算过程终止。

步骤二，在模型已经引入 x_i 的基础上，再分别拟合引入模型外的 p−1 个自变量（x_1，…，x_{i-1}，x_{i+1}，…，x_p）的回归模型，即自变量组合为（x_i+x_1，…，x_i+x_{i-1}，x_i+x_{i+1}，…，x_i+x_p）的 p−1 个回归模型。再分别考察这 p−1 个模型，挑选出 F 统计量值最大的（或者 P 值最小的）含有两个自变量的模型，并将 F 统计量值最大的（或者 P 值最小的）那个自变量 x_j 引入模型。如果除 x_i 之外的 p−1 个自变量均不显著，则运算终止。

步骤三，如此反复进行，直到模型外的自变量均不显著为止。

向前选择法的特点是，只要某个自变量被增加到模型中，这个变量就一定会保留在模型中。

二、向后剔除法

向后剔除法是与向前选择相对应的方法，是向前选择的逆方法。该方法首先在回归模型中加入所有自变量，然后依次剔除使模型的残差平方和减少最少的自变量，直到不能再剔除时为止。具体的步骤如下：

步骤一，拟合因变量对所有 p 个自变量的线性回归模型。然后考察 m（$m<p$）个去掉一个自变量的模型（这些模型中的每一个都有 p−1 个自变量），使模型的残差平方和减少最少的自变量（F 统计量值最小或者 P 值最大）被挑选出来并从模型中剔除。

步骤二，考察 m−1 个去掉一个自变量的模型（这些模型中每一个都有 p−2 个自变量），使模型的残差平方和减少最少的自变量被挑选出来并从模型中剔除。

步骤三，如此反复进行，直到剔除一个自变量不会使残差平方和显著减少为止。

向后剔除法的特点是，只要某个自变量被从模型中剔除，这个变量就不会再进入模型中。

三、逐步回归法

逐步回归法是将向前选择法、向后剔除法结合起来筛选自变量。逐步回归法与向前选择法的前面步骤一样，首先将合适的自变量引入模型。但是，在新增一个自变量后，逐步回归法会对模型中的所有自变量重新进行检查，以评价是否需要剔除某个自变量。即当原来引入的自变量由于新增自变量变得不再显著时，则将其删除，以确保每次引入新的自变量之前回归方程中只包含显著的变量。引入和剔除变量交替进行，直到没有显著的新变量可以引入，同时也没有不显著的自变量可以剔除为止。这是一个反复的过程，以确保得到最优的多元线性回归模型。逐步回归基本步骤如 4-1 所示。

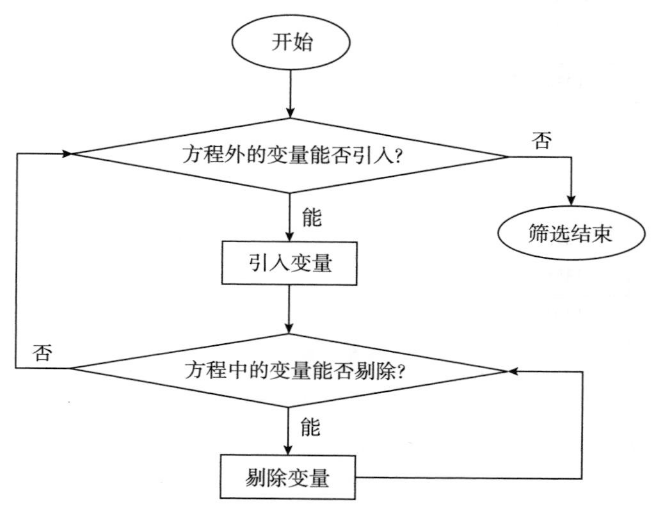

图 4-1　逐步回归步骤

第五节　多元线性回归模型的上机实现

货物运输量是指交通运输部门在一定时期内实际运送货物的数量，它是反映运输业务量大小的主要指标，也是反映交通运输部门同国民经济其他部门相互联系的主要指标。为了了解货物运输量的影响因素，选取相关指标，分别运用 SPSS 软件和 R 软件，建立多元线性回归模型。

一、建立多元线性回归模型——基于 SPSS 软件

（一）原始数据与指标解释

表 4-4 是 1995—2018 年货物运输量及其相关指标数据，包括货物运输量（万吨）、社会固定资产投资（亿元）、货物进出口总额（亿元）和公路里程（万千米）。以货物运输量为因变量 Y，社会固定资产投资、货物进出口总额、公路里程为自变量 X_1、X_2、X_3，建立多元线性回归模型。

表 4-4　1995—2018 年货物运输量及相关指标数据

年份	Y	X_1	X_2	X_3
1995	1234938.00	20019.00	23499.90	115.70
1996	1298421.00	22974.00	24133.90	118.58
1997	1278218.00	24941.00	26967.20	122.64
1998	1267427.00	28406.00	26849.70	127.85
1999	1293008.00	29855.00	29896.20	135.17
2000	1358682.00	32918.00	39273.30	167.98
2001	1401786.00	37214.00	42183.60	169.80
2002	1483447.00	43500.00	51378.20	176.52
2003	1564492.00	55567.00	70483.50	180.98
2004	1706412.00	70477.00	95539.10	187.07
2005	1862066.00	88774.00	116921.80	334.52
2006	2037060.00	109998.00	140974.70	345.70
2007	2275822.00	137324.00	166924.10	358.37
2008	2585937.32	172828.00	179921.50	373.02
2009	2825221.94	224599.00	150648.10	386.08
2010	3241806.69	278122.00	201722.30	400.82
2011	3696961.09	311485.00	236402.00	410.64
2012	4099400.31	374695.00	244160.20	423.75
2013	4098900.03	446294.00	258168.90	435.62
2014	4167296.00	512021.00	264241.80	446.39
2015	4175886.29	562000.00	245502.90	457.73
2016	4386762.63	606466.00	243386.50	469.63
2017	4804850.36	641238.00	278099.20	477.35
2018	5152731.56	645675.00	305008.10	484.65

注：数据来源于《中国统计年鉴》和《中国第三产业统计年鉴》。

（二）建立多元线性回归模型

1. 导入数据

在 SPSS 软件中定义变量视图，将表 4-4 中的数据导入 SPSS 软件中。

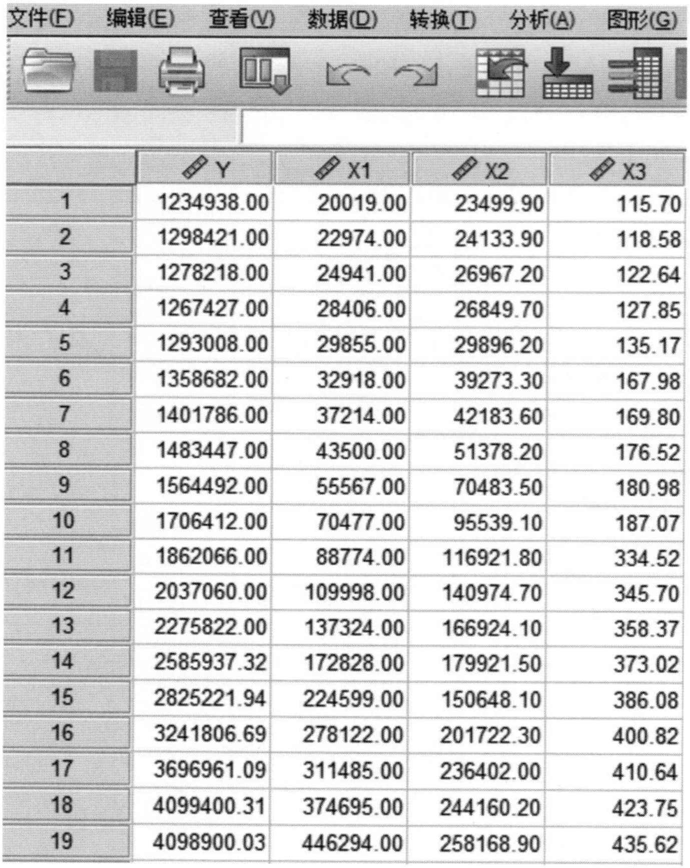

文件(F)　编辑(E)　查看(V)　数据(D)　转换(T)　分析(A)　图形(G)

	Y	X1	X2	X3
1	1234938.00	20019.00	23499.90	115.70
2	1298421.00	22974.00	24133.90	118.58
3	1278218.00	24941.00	26967.20	122.64
4	1267427.00	28406.00	26849.70	127.85
5	1293008.00	29855.00	29896.20	135.17
6	1358682.00	32918.00	39273.30	167.98
7	1401786.00	37214.00	42183.60	169.80
8	1483447.00	43500.00	51378.20	176.52
9	1564492.00	55567.00	70483.50	180.98
10	1706412.00	70477.00	95539.10	187.07
11	1862066.00	88774.00	116921.80	334.52
12	2037060.00	109998.00	140974.70	345.70
13	2275822.00	137324.00	166924.10	358.37
14	2585937.32	172828.00	179921.50	373.02
15	2825221.94	224599.00	150648.10	386.08
16	3241806.69	278122.00	201722.30	400.82
17	3696961.09	311485.00	236402.00	410.64
18	4099400.31	374695.00	244160.20	423.75
19	4098900.03	446294.00	258168.90	435.62

图 4-2　SPSS 软件货物运输量相关数据截图

2. 建立模型

（1）依次点击【分析】→【回归】→【线性】，进入【线性回归】对话框，将 Y 选入【因变量】中，将 X_1、X_2、X_3 选入【自变量】中（见图 4-3）。

图 4-3　SPSS 软件多元线性回归：【线性回归】对话框

（2）点击【确定】，执行操作。

表 4-5 是将自变量 X_1、X_2、X_3 全部选入模型后得到多元线性回归模型。从表 4-5 可以看出，X_1、X_2 的回归系数通过了显著性检验，X_3 的回归系数未通过显著性检验。

表 4-5　SPSS 软件多元线性模型回归结果

变量	未标准化系数	标准误差	标准化系数	t	显著性
常数项	1112846. 092	110720. 316	—	10. 051	0. 000
X_1	3. 144	0. 361	0. 529	8. 718	0. 000
X_2	8. 450	1. 703	0. 620	4. 963	0. 000
X_3	-1353. 422	956. 108	-0. 141	-1. 416	0. 172

（三）逐步回归

将自变量 X_1、X_2、X_3 全部选入模型后，X_3 的回归系数未通过显著性检验，因此利用逐步回归法建立多元线性回归模型。步骤如下：

（1）与之前建立回归模型的步骤一样，依次点击【分析】→【回归】→【线性】，并选择因变量和自变量，但是此次【方法】选择【步进】。

（2）点击【线性回归】对话框中的【统计】选项，勾选【共线性诊断】和【德宾-沃森】选项，以输出共线性诊断和残差结果（见图 4-4）。

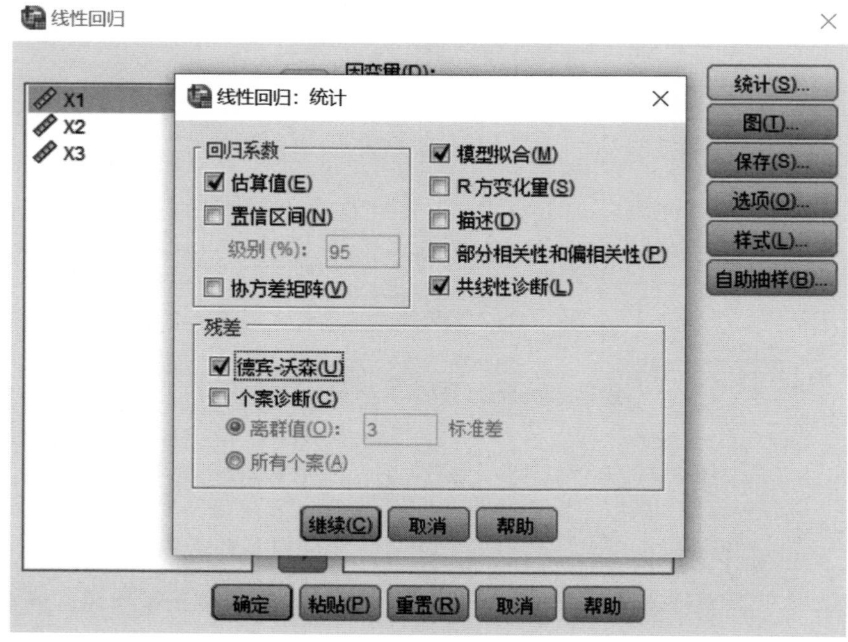

图 4-4　SPSS 软件逐步回归：【统计】对话框

（3）点击【继续】返回【线性回归】对话框。再点击【确定】，执行操作。

表 4-6 是 SPSS 软件利用逐步回归法得到的多元线性回归模型，表中列出了两个模型参数的估计值。根据回归结果，可以考虑使用加入自变量 X_1、X_2 的二元线性回归模型，其估计方程为：

$$y_c = 979766.201 + 3.265X_1 + 6.325X_2$$

表 4-6　SPSS 软件逐步回归后的多元线性模型

模型	变量	未标准化系数	标准误差	标准化系数	t	显著性	共线性统计	
							容差	VIF
1	常数项	1307166.412	80378.706	—	16.263	0.000	—	—
	X_1	5.829	0.253	0.980	23.039	0.000	1.000	1.000

续表

模型	变量	未标准化系数	标准误差	标准化系数	t	显著性	共线性统计	
							容差	VIF
2	常数项	979766.201	59867.523	—	16.366	0.000	—	—
	X_1	3.265	0.359	0.549	9.105	0.000	0.137	7.323
	X_2	6.325	0.822	0.464	7.693	0.000	0.137	7.323

二、建立多元线性回归模型——基于 R 软件

（一）建立多元线性回归模型

在 RStudio 中，函数 lm（）可以实现多元线性回归，使用格式为：

```
lm(formula,data,subset,weights,na.action,method="qr",model=TRUE,x=FALSE,y = FALSE, qr = TRUE, singular.ok = TRUE, contrasts = NULL,offset,...)
```

其中，常用的参数为：formula、data。formula 用于设定需要拟合模型的具体形式，包括因变量、自变量、截距项、交互项的设定。形式为 $Y\sim X_1+X_2+\cdots+X_p$，“~”左边为因变量，右边为自变量，自变量之间用“+”分隔。data 是数据框，包含了用于拟合模型的数据，详细内容可以利用函数 help（）进行查询。此外，函数 summary（）可以展示拟合模型的详细结果。

将货物运输量及相关指标数据存储为 Excel 格式，命名为 data3。在 RStudio 中导入 Excel 数据，并利用 lm（）函数建立多元线性回归模型，操作如下。

```
library(readxl)
data3<-read_excel("C:/Users/admin/Desktop/data3.xlsx")
model1<-lm(Y~X1+X2+X3,data=data3)
summary(model1)
```

图 4-5 是 RStudio 多元线性模型回归结果。

```
> model1<-lm(Y~X1+X2+X3,data=data3)
> summary(model1)

Call:
lm(formula = Y ~ X1 + X2 + X3, data = data3)

Residuals:
    Min      1Q  Median      3Q     Max 
-194299  -76743   14015   51439  318812 

Coefficients:
              Estimate Std. Error t value Pr(>|t|)    
(Intercept)  1.113e+06  1.107e+05  10.051 2.90e-09 ***
X1           3.144e+00  3.606e-01   8.718 3.02e-08 ***
X2           8.450e+00  1.703e+00   4.963 7.49e-05 ***
X3          -1.353e+03  9.561e+02  -1.416    0.172    
---
Signif. codes:  0 '***' 0.001 '**' 0.01 '*' 0.05 '.' 0.1 ' ' 

Residual standard error: 140200 on 20 degrees of freedom
Multiple R-squared:  0.9905,	Adjusted R-squared:  0.9891 
F-statistic:   697 on 3 and 20 DF,  p-value: < 2.2e-16
```

图 4-5 RStudio 多元线性模型回归结果

（二）逐步回归

与 SPSS 软件的多元线性回归模型输出结果一样，RStudio 中 X_3 的回归系数也未通过显著性检验，因此利用逐步回归法建立多元线性回归模型。Rstudio 可以利用函数 step（）实现逐步回归，使用格式为：

```
step(object,scope,scale = 0,direction = c("both","backward","forward"),
trace = 1,keep = NULL,steps = 1000,k = 2,...)
```

其中，object 是由拟合模型构成的对象，scope 确定逐步搜索的范围，direction 有“both”“backward”“forward”三种类型，默认是“both”。

除函数 step（）以外，R 软件中函数 add1（）、drop1（）也可以实现逐步回归，使用格式为：

```
add1(object, scope, scale = 0, test = c("none","Chisq"), k = 2, trace =
FALSE,...)
drop1(object, scope, scale = 0, test = c("none","Chisq"), k = 2, trace =
FALSE,...)
```

图 4-6 是利用函数 step（）得到的逐步回归结果。从图 4-6 可以看出，剔除自变量 X_3 后，AIC 值稍有增加；剔除自变量 X_1、X_2 变量后，AIC 值明显增加。由于函数 step（）默认按照 AIC 值最小的准则筛选，所以未剔除任何自变量。但是，变量选择要综合显著性、残差平方和最小、AIC 值最小等多个标准进行选择。考虑到自变量 X_3 在回归模型中不显著，因此考虑利用函数 drop1（）进一步进行逐步回归。

```
> model2<-step(model1)
Start:  AIC=572.46
Y ~ X1 + X2 + X3

       Df  Sum of Sq        RSS    AIC
<none>                3.9307e+11 572.46
- X3    1 3.9381e+10 4.3245e+11 572.75
- X2    1 4.8402e+11 8.7709e+11 589.72
- X1    1 1.4936e+12 1.8866e+12 608.11
```

图 4-6　RStudio 函数 step（）逐步回归输出结果

图 4-7 是利用函数 drop1（）得到的逐步回归结果。从图 4-7 可以看出，剔除自变量 X_3 以后，残差平方和、AIC 都增加最少。因此，考虑剔除自变量 X_3，建立多元线性回归模型。

```
> drop1(model2)
Single term deletions

Model:
Y ~ X1 + X2 + X3
       Df  Sum of Sq        RSS    AIC
<none>                3.9307e+11 572.46
X1      1 1.4936e+12 1.8866e+12 608.11
X2      1 4.8402e+11 8.7709e+11 589.72
X3      1 3.9381e+10 4.3245e+11 572.75
```

图 4-7　RStudio 函数 drop1（）逐步回归输出结果

图 4-8 是剔除自变量 X_3 后建立的多元线性回归模型。

```
> model3<-lm(Y~X1+X2,data=data3)
> summary(model3)

Call:
lm(formula = Y ~ X1 + X2, data = data3)

Residuals:
    Min      1Q  Median      3Q     Max
-208111 -108962   25879   54351  351908

Coefficients:
             Estimate Std. Error t value Pr(>|t|)
(Intercept) 9.798e+05  5.987e+04  16.366 1.98e-13 ***
X1          3.265e+00  3.586e-01   9.105 9.75e-09 ***
X2          6.325e+00  8.222e-01   7.693 1.53e-07 ***
---
Signif. codes:  0 '***' 0.001 '**' 0.01 '*' 0.05 '.' 0.1 ' ' 1

Residual standard error: 143500 on 21 degrees of freedom
Multiple R-squared:  0.9896,	Adjusted R-squared:  0.9886
F-statistic: 996.8 on 2 and 21 DF,  p-value: < 2.2e-16
```

图 4-8　RStudio 逐步回归后的多元线性模型

习题

【4-1】多元线性回归模型与一元线性回归模型有哪些区别？

【4-2】在多元线性回归分析中，F 检验和 t 检验各有什么作用？

【4-3】在变量选择方法中，向前选择法、向后剔除法、逐步回归法有哪些区别？

【4-4】根据两个自变量得到的二元线性回归方程为 $y_c=-18.4+2.01X_1+4.74X_2$，并且已知 n=10，总平方和为 6724.125，残差平方和为 6216.375，$S_{\beta_1}=0.0813$，$S_{\beta_2}=0.0567$。

（1）在 α=0.05 的显著性水平下，x_1、x_2 与 y 线性关系是否显著？

（2）在 $\alpha = 0.05$ 的显著性水平下，β_1 是否显著？

【4-5】现有十家工业企业生产同种产品，某月份总成本、劳动量及钢材消耗量数据如表 4-7 所示。以总成本为因变量 Y（万元），劳动量为自变量 X_1（千时），钢材消耗量为自变量 X_2（吨），建立二元线性回归方程。

表 4-7　十家工业企业生产总成本、劳动量和钢材消耗量数据

企业编号	1	2	3	4	5	6	7	8	9	10
Y	10.2	11.0	9.6	9.3	10.4	10.0	8.6	9.8	11.3	9.1
X_1	8.2	9.0	7.5	7.2	8.8	8.1	6.5	7.8	9.0	7.2
X_2	15.2	16.0	14.3	13.2	15.2	14.8	12.0	14.8	16.7	14.1

【4-6】表 4-8 是某种商品的需求量、价格和消费者收入 10 年的时间序列数据，以商品需求量为因变量 Y（件），价格为自变量 X_1（元），消费者收入为自变量 X_2（元），建立二元回归模型。

表 4-8　某商品的需求量、价格和消费者收入数据

年份	2010	2011	2012	2013	2014	2015	2016	2017	2018	2019
Y	59190	65450	62360	64700	67440	64440	68000	72400	75150	70680
X_1	23.56	24.44	32.07	32.46	31.15	34.14	35.30	38.70	39.63	46.68
X_2	76200	91200	106700	111600	119000	129200	143400	159600	180000	193000

第五章　聚类分析

第一节　聚类分析的基本思想

假设收集到若干上市物流企业的经营数据，包括营业收入、营业成本、利润总额、流动资产、固定资产、每股收益、资产负债率、净资产收益率等，想利用上述信息对企业进行分组，这样就可以对上市物流企业进行更深入的研究。在多元统计中，根据已知信息对变量或样本进行聚类的方法，叫作聚类分析。“物以类聚，人以群分”，对事物进行分类，是人们认识事物的出发点，也是人们认识世界的一种重要方法。

多元统计分析中的聚类分析就是分析如何对样品（或变量）进行量化分类的问题。其主要思想是：因为所研究的样品（或者变量）之间有着不同程度的相似性，那么可以根据样品的若干个观测指标，找出能够度量样品（或者变量）之间相似程度的统计量，把这些统计量作为分类的依据，把一些相似程度高的样品（或者变量）聚成一类，相似程度低的聚合到另一个类中，直到所有的样品（或变量）都聚合完毕。把不同的类型一一划分出来，形成一个分类系统，最后再把整个分类系统画成一张分类图（又称为谱系图），把所有样品或者变量间的亲疏关系表示出来。

通常聚类分析分为 Q 型聚类和 R 型聚类。Q 型聚类是对样品进行分类处理，R 型聚类是对变量进行分类处理。通常来说，使用比较多的是 Q 型聚类，也就是对样品进行聚类。

第二节　距离与相似系数

进行聚类分析，首先需要定义衡量不同变量或样本间亲疏程度的指标，该指标主要包括两种，一种叫相似系数：性质越接近的变量或样品，它们的相似系数越接近于 1 或-1，而彼此无关的变量或样品它们的相似系数则越接近于 0，相似的归为一类，不相似的归为不同类；另一种叫距离：它是将每一个样品看作 p 维空间的一个点，并用某种度量测量点与点之间的距离，距离较近的归为一类，距离较远的点应属于不同的类。

样品之间的聚类即 Q 型聚类分析，则常用距离来测度样品之间的亲疏程度，而变量之间的聚类即 R 型聚类分析，常用相似系数来测度变量之间的亲疏程度。

一、距离

在聚类之前，要首先分析样品间的相似性。每个样品有 p 个指标（变量）从不同方面描述其性质，形成一个 p 维的向量。如果把 n 个样品看成 p 维空间中的 n 个点，则两个样品间相似程度就可用 p 维空间中的两点距离公式来度量。两点距离公式可以从不同角度进行定义，令 d_{ij} 表示样品 x_i 与 x_j 的距离，存在以下的距离公式：

（一）明考夫斯基（Minkowski）距离

设 $x_i=(x_{i1}, x_{i2}, \cdots, x_{ip})$ 与 $x_j=(x_{j1}, x_{j2}, \cdots, x_{jp})$ 为两个样品，则样品 x_i 与 x_j 之间的明考夫斯基距离（以下简称“明氏距离”）定义为：

$$d_{ij}(q)=\left(\sum_{k=1}^{p}|X_{ik}-X_{jk}|^{q}\right)^{1/q} \tag{5-1}$$

按 q 的取值不同又可分成三种特殊的形式：

1. 绝对值距离（q=1）

$$d_{ij}(1)=\sum_{k=1}^{p}|X_{ik}-X_{jk}| \tag{5-2}$$

上述距离又被称为“城市街区距离”或“曼哈顿距离”，源于城市街区中位置点之间的距离。

2. 欧氏距离（q=2）

$$d_{ij}(2)=(\sum_{k=1}^{p}|X_{ik}-X_{jk}|^{2})^{1/2} \tag{5-3}$$

欧氏距离是聚类分析中最常用的一种距离。若坐标系上两点 A（x_{j1}，x_{j2}）与 B（x_{i1}，x_{i2}），绝对值距离以实线“——”表示，欧式距离以虚线“------”表示。AB 两点之间的绝对值距离为 AC+BC，欧式距离为 AB，如图 5-1 所示：

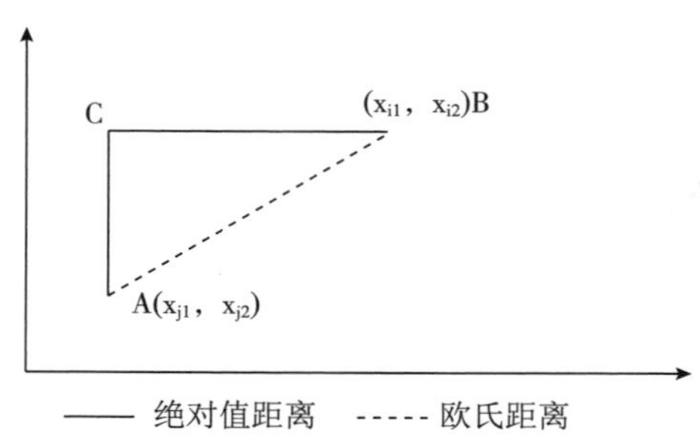

图 5-1　绝对值距离与欧式距离比较图

3. 切比雪夫距离（q=∞）

$$d_{ij}(\infty)=\max_{1\leqslant k\leqslant p}|X_{ik}-X_{jk}| \tag{5-4}$$

切比雪夫距离也会用在仓储物流中，两个点之间的距离定义为其各坐标数值差的最大值。

在各种明氏距离中，欧式距离对异常值较为敏感，绝对值距离对异常值相对不太敏感。一般来说，选择的 q 越大，差值大的变量在距离计算中所起的作用越大，异常值作用越明显。当各变量的单位不同或数值相差很大时，不应直接采用明氏距离，应该先对数据进行标准化处理，然后用标准化的数据计算距离。标准化的公式为：

$$x_i^{*}=\frac{x_i-\overline{X}_i}{\sqrt{\sigma_i}}\ (i=1,\ 2,\ \cdots,\ p) \tag{5-5}$$

式（5-5）中，$\overline{X}_i$ 和 σ_i 分别为 x_i 的样本均值与样本方差。

明考夫斯基距离较为简单，在应用中使用较多，但主要有以下两个缺点：

（1）明氏距离的值与各指标的量纲有关，而各指标计量单位的选择有一定的人为性和随意性，各变量计量单位的不同不仅使此距离的实际意义难以说清，而且任何一个变量计量单位的改变都会使此距离的数值改变，从而使该距离的数值依赖于各变量计量单位的选择。

（2）明氏距离的定义没有考虑各个变量之间的相关性和重要性。实际上，明考夫斯基距离是把各个变量都同等看待，将两个样品在各个变量上的离差简单地进行了综合。

（二）兰氏距离

这是兰斯和威廉姆斯（Lance & Williams）所给定的一种距离，其计算公式为：

$$d_{ij}(L)=\frac{1}{p}\sum_{k=1}^{p}\frac{|X_{ik}-X_{jk}|}{X_{ik}+X_{jk}} \tag{5-6}$$

它仅适用于一切 $x_{ij}>0$ 的情况，这个距离也可以克服各个指标之间量纲的影响。这是一个自身标准化的量，由于它对大的奇异值不敏感，所以特别适合于高度偏倚的数据。虽然这个距离有助于克服明氏距离的第一个缺点，但它也没有考虑指标之间的相关性。

（三）马氏距离

设 x_i 与 x_j 是来自均值向量为 μ，协方差矩阵为 $\Sigma>0$ 的总体 G 中的 p 维样品，则两个样品间的马氏距离为：

$$d_{ij}^2(M)=(X_i-X_j)'\Sigma^{-1}(X_i-X_j) \tag{5-7}$$

马氏距离又称为广义欧氏距离。显然，马氏距离与明氏距离、兰氏距离的主要不同就是它考虑了观测变量之间的相关性。如果各变量之间相互独立，即观测变量的协方差阵是对角矩阵，则马氏距离就退化为用各个观测指标标准差的倒数作为权数的加权欧氏距离。马氏距离还考虑了观测变量之间的变异性，不再受各指标量纲的影响。将原始数据作线性变换后，马氏距离不变。但是马氏距离中的 Σ 难以确定，当 Σ 随聚类过程而变化时，那么同样的两个样品之间的距离也会发生变化。

下面总结一下上述几种距离：明氏、兰氏和马氏距离的特点。明氏距离最常用，最直观，但不能排除单位和量纲对结果的影响，且没有考虑变量间的相关性；兰氏距离考虑单位和量纲对结果的影响，但没有考虑变量间的相关性；马氏距离剔除了量纲和单位对距离的影响，同时考虑到指标间的相关性对距离的影响，但计算较为烦琐。

二、相似系数

变量之间的相似性除了用距离，也可以用相似系数来度量。聚类时，比较相似的变量倾向于归为一类，不太相似的变量归属于不同的类，常用的相似系数如下：

（一）夹角余弦

两变量 X_i 与 X_j 看作 p 维空间的两个向量，这两个向量间的夹角余弦可用下式进行计算：

$$\cos\theta_{ij}=\frac{\sum_{k=1}^{p}X_{ik}X_{jk}}{\sqrt{\left(\sum_{k=1}^{p}X_{ik}^2\right)\left(\sum_{k=1}^{p}X_{jk}^2\right)}}\quad (i,\ j=1,\ 2,\ \cdots,\ p) \tag{5-8}$$

显然，$|\cos\theta_{ij}|\leqslant 1$。

（二）相关系数

相关系数经常用来度量变量间的相似性。变量 X_i 与 X_j 的相关系数定义为：

$$r_{ij}=\frac{\sum_{k=1}^{p}(X_{ik}-\bar{X}_i)(X_{jk}-\bar{X}_j)}{\sqrt{\sum_{k=1}^{p}(X_{ik}-\bar{X}_i)^2\sum_{k=1}^{p}(X_{jk}-\bar{X}_j)^2}} \tag{5-9}$$

显然也有 $|r_{ij}|\leqslant 1$。

如果数据已经标准化了，则变量之间的相关系数就是夹角余弦。无论是夹角余弦还是相关系数，一般情况下，它们的绝对值都小于 1，作为变量近似性的度量工具把它们统记为 c_{ij}。

（1）当 $|c_{ij}|=1$ 时，说明变量 X_i 与 X_j 完全相似；

（2）当 $|c_{ij}|$ 近似于 1 时，说明变量 X_i 与 X_j 非常密切；

（3）当 $|c_{ij}|=0$ 时，说明变量 X_i 与 X_j 完全不一样；

（4）当 $|c_{ij}|$ 近似于 0 时，说明变量 X_i 与 X_j 差别很大。

据此，把比较相似的变量聚为一类，把不太相似的变量归到不同的类。实际上，距离和相似系数可以相互转化，如果 c_{ij} 为相似系数，那么 $d_{ij}=1-|c_{ij}|$ 可以看成是距离。

第三节 系统聚类法

系统聚类法的基本思想是：距离较近的样品（或变量）先聚成类，距离较远的后聚成类，此过程一直进行下去，最后每个样品（或变量）总能聚到合适的类中。

系统聚类过程是：假设总共有 n 个样品（或变量），第一步将每个样品（或变量）独自聚成一类，共有 n 类；第二步根据所确定的样品（或变量）“距离”公式，把距离较近的两个样品（或变量）聚成一类，其他的样品（或变量）仍各自聚成一类，共聚成 n-1 类；第三步将“距离”最近的两个类进一步聚成一类，共聚成 n-2 类；……，以上步骤一直进行下去，最后将所有的样品（或变量）全聚成一类。为了直观地反映以上的系统聚类过程，可以把整个分类系统画成一张谱系图。

在进行系统聚类分析之前，首先要定义类与类之间的距离，由类间距离定义的不同产生了不同的系统聚类法。常用的类间距离定义有 8 种，与之相应的系统聚类法也有 8 种，分别为最短距离法、最长距离法、中间距离法、重心法、类平均法、离差平方和法、可变类平均法、可变法。它们的归类步骤基本上是一致的，主要差异是类间距离的计算方法不同。以下用 d_{ij} 表示样品 x_i 与 x_j 之间距离，用 D_{ij} 表示类 G_i 与 G_j 之间的距离。

一、最短距离法

定义类 G_p 与 G_q 之间的距离为一个类的所有样品与另一个类的所有样品之间的距离最近者，即为：

$$D_{pq}=\min_{X_i\in G_p,X_j\in G_q} d_{ij} \tag{5-10}$$

按照最短距离法，若 G_p 与 G_q 类合并为类 G_r，则新类 G_r 与其他类 G_k 之间的距离定义为其中样品 3 与样品 5 之间的距离，即 $D_{kr}=d_{35}$，如图 5-2 所示：

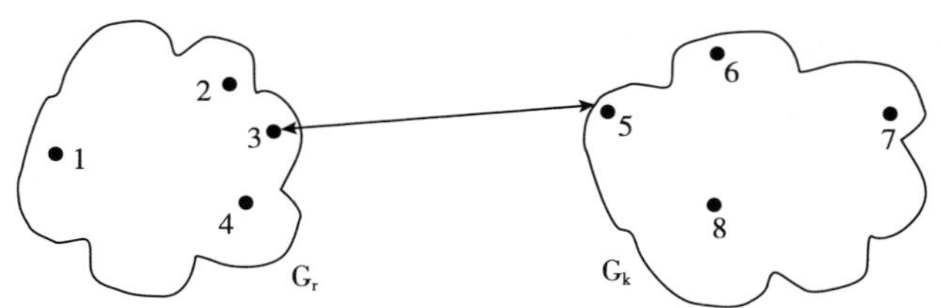

图 5-2 最短距离法示意图

最短距离法聚类的具体步骤如下：

第一步，规定样品之间距离的计算方法，计算所有样品点中两两之间的距离 d_{ij}，得到距离矩阵 D（0），即 $D_{ij}=d_{ij}$。

第二步，找出距离最小元素，设为 D_{pq}，则将 G_p 和 G_q 合并成一个新类，记为 G_r，即 $G_r=\{G_p, G_q\}$。

第三步，计算新合并类 G_r 与任一类 G_k 之间的距离，G_k（$k\neq p, q$）与 G_r 的距离公式为：

$$D_{kr}=\min_{X_i\in G_k,X_j\in G_r} d_{ij}=\min\left\{\min_{X_i\in G_k,X_j\in G_p} d_{ij}, \min_{x_i\in G_k,x_j\in G_q} d_{ij}\right\}=\min\{D_{kp}, D_{kq}\}$$

第四步，重复上述第二步和第三步的做法，直到所有元素并成一类为止。如果某一步距离最小的元素不止一个，则对应这些最小元素的类同时合并。下面使用最短距离法对样品进行聚类分析。

【例 5-1】假设某月 5 个物流快递点的综合评分已知，其样品指标分别为 1，2，3.5，7，9，试用最短距离法对 5 个样品进行分类。

【解】具体步骤如下：

（1）定义样品间的距离为绝对值距离，首先计算样品间的距离矩阵 D（0），如表 5-1 所示。

表 5-1 D（0）

	G_1	G_2	G_3	G_4	G_5
G_1	0				
G_2	1	0			
G_3	2.5	1.5	0		
G_4	6	5	3.5	0	
G_5	8	7	5.5	2	0

（2）可以看出，G_1 和 G_2 距离最短，可以将两类合并为 G_6。

（3）计算 G_6 和其他类之间的距离，得到距离矩阵 D（1）（见表 5-2）。

表 5-2　D（1）

	G_6	G_3	G_4	G_5
G_6	0			
G_3	1.5	0		
G_4	5	3.5	0	
G_5	7	5.5	2	0

（4）D（1）中 G_6 与 G_3 距离最短为 1.5，所以将两类合并成 G_7，然后计算 G_7 与其他类之间的距离，得到 D（2）（见表 5-3）。

表 5-3　D（2）

	G_7	G_4	G_5
G_7	0		
G_4	3.5	0	
G_5	5.5	2	0

（5）D（2）中非对角线最小元素为 2，将相应的 G_4 和 G_5 合并成 G_8，然后计算 G_8 和其他类之间的距离，得到 D（3）（见表 5-4）。

表 5-4　D（3）

	G_7	G_8
G_7	0	
G_8	3.5	0

（6）最后将 G_7 和 G_8 合并为 G_9，结束聚类（见图 5-3）。

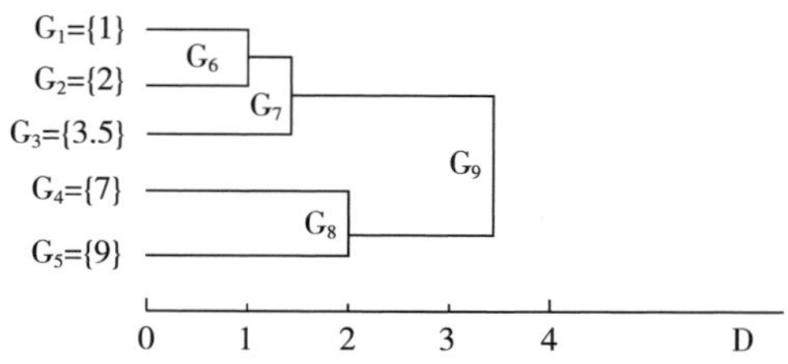

图 5-3 最短距离法聚类树形图

由图 5-3 可知，5 个快递点可以分为两类，第一类包括样品｛1，2，3｝第二类包括样品｛4，5｝。

二、最长距离法

定义类 G_p 与 G_q 之间的距离为两类最远样品的距离，即为：

$$D_{pq}=\max_{X_i\in G_p,X_j\in G_q} d_{ij} \tag{5-11}$$

按照最长距离法，G_p 与 G_q 之间的距离定义为其中样品 1 与样品 7 之间的距离，即 $D_{pq}=d_{17}$（见图 5-4）。

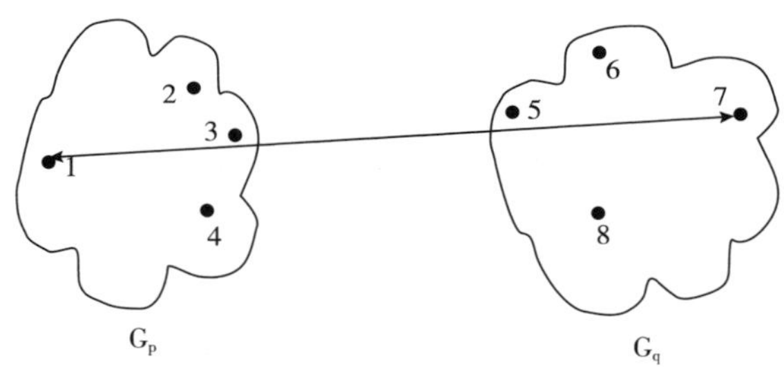

图 5-4 最长距离法示意图

最长距离法与最短距离法的并类步骤完全一样，也是将各样品先自成一类，然后将距离最小的两类合并，但是在计算新合并类与其他类之间距离时有所差别，主要方法是将类 G_p 与 G_q 合并为 G_r，则任一类 G_k 与 G_r 的类间距离公式为：

$$D_{kr}=\max_{X_i\in G_k,X_j\in G_r} d_{ij}=\max\left\{\max_{X_i\in G_k,X_j\in G_{pj}} d_{ij},\ \max_{x_i\in G_k,x_j\in G_q} d_{ij}\right\}=\max\{D_{kp},\ D_{kq}\}$$

【例 5-2】以例 5-1 数据为例，试用最长距离法对 5 个样品进行聚类。

【解】具体步骤如下所示：

（1）定义样品间的距离为绝对值距离，计算样品间的距离矩阵 D（0），如表 5-5 所示。

表 5-5　D（0）

	G_1	G_2	G_3	G_4	G_5
G_1	0				
G_2	1	0			
G_3	2.5	1.5	0		
G_4	6	5	3.5	0	
G_5	8	7	5.5	2	0

（2）可以看出，G_1 和 G_2 距离最短，可以将两类合并为 G_6。

（3）以 G_1 和 G_2 与其他类的最大距离计算 G_6 和其他类之间的距离，如 G_1、G_2 与 G_3 的最大距离为 2.5，则 G_1 和 G_2 合成的新类 G_6 与 G_3 的距离为 2.5，如此重复，得到距离矩阵 D（1）（见表 5-6）。

表 5-6　D（1）

	G_6	G_3	G_4	G_5
G_6	0			
G_3	2.5	0		
G_4	6	3.5	0	
G_5	8	5.5	2	0

（4）D（1）中 G_4 与 G_5 距离最短为 2，所以将两类合并成 G_7，然后计算 G_7 与其他类之间的距离，得到 D（2）（见表 5-7）。

表 5-7　D（2）

	G_6	G_3	G_7
G_6	0		
G_3	2.5	0	
G_7	8	5.5	0

（5）D（2）中非对角线最小元素为2.5，将相应的 G_3 和 G_6 合并成 G_8，然后计算 G_8 和其他类之间的距离，得到D（3）（见表5-8）。

表5-8　D（3）

	G_7	G_8
G_7	0	0
G_8	8	0

（6）最后将 G_7 和 G_8 合并为 G_9，结束聚类（见图5-5）。

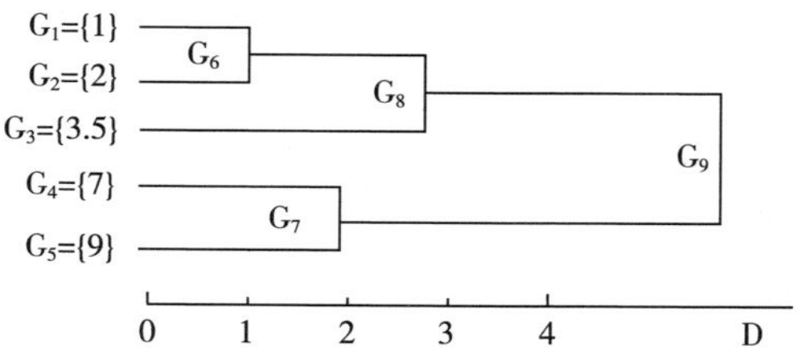

图5-5　最长距离法聚类树形图

三、中间距离法

当类与类之间的距离既不采用两类最近样品间的距离，也不取两类最远样品间的距离，而是取介于两者之间的距离，称为中间距离法（见图5-6）。中间距离将类 G_p 与类 G_q 合并为类 G_r，则任意的类 G_k 和 G_r 的距离公式为：

$$D_{kr}^2=\frac{1}{2}D_{kp}^2+\frac{1}{2}D_{kq}^2+\beta D_{pq}^2\ (-1/4\leqslant\beta\leqslant 0) \tag{5-12}$$

特别当 $\beta=-1/4$，它表示取中间点算距离，公式为：

$$D_{kr}=\sqrt{\frac{1}{2}D_{kp}^2+\frac{1}{2}D_{kq}^2-\frac{1}{4}D_{pq}^2} \tag{5-13}$$

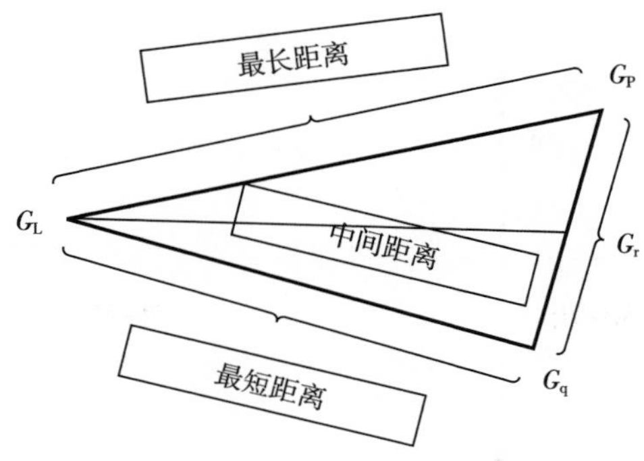

图 5-6　中间距离法示意图

四、重心法

将类与类之间的距离定义为两类重心（各类样品的均值）的距离。重心指标对类有很好的代表性，但不能充分利用各样本的信息。

如图 5-7 所示，G_p 与 G_q 分别有样品 n_p 与 n_q 个，其重心分别为 $\bar{x}_p$ 和 $\bar{x}_q$，则 G_p 与 G_q 之间的距离定义为 $\bar{x}_p$ 和 $\bar{x}_q$ 之间的距离，这里用欧氏距离来表示，即：

$$D_{pq}^2=(\bar{X}_p-\bar{X}_q)'(\bar{X}_p-\bar{X}_q) \tag{5-14}$$

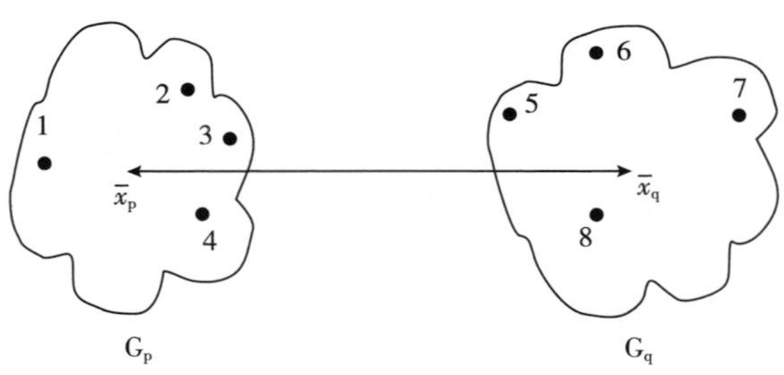

图 5-7　重心法（Centroid Clustering）：均值点的距离

设将 G_p 和 G_q 合并为 G_r，则 G_r 内样品个数为 $n_r=n_p+n_q$，它的重心是 $\bar{X}_r=\frac{1}{n_r}(n_p\bar{X}_p+n_q\bar{X}_q)$，类 G_k 的重心是 $\bar{X}_k$，那么依据式（5-14），G_k 与新类 G_r 的距离为：

$$D_{kr}^2=\frac{n_p}{n_r}D_{kp}^2+\frac{n_q}{n_r}D_{kq}^2-\frac{n_p n_q}{n_r^2}D_{pq}^2 \tag{5-15}$$

【例 5-3】以例 5-1 数据为例，试用重心法对 5 个样品进行聚类。

【解】具体步骤如下所示：

（1）样品采用欧氏距离，计算样品间的平方距离阵 D^2（0），如表 5-9 所示。

表 5-9　D^2（0）

	G_1	G_2	G_3	G_4	G_5
G_1	0				
G_2	1	0			
G_3	6.25	2.25	0		
G_4	36	25	12.25	0	
G_5	64	49	30.25	4	0

（2）可以看出，G_1 和 G_2 距离最短，可以将两类合并为 G_6。

（3）计算 G_6 和其他类之间的距离，得到距离矩阵 D^2（1）。G_6 包括样品{1，2}，其均值为 1.5，则重心法就是计算 G_6 均值与其他组均值间的距离，由于其他组仅有一个样品，组内均值分别为{3.5，7，9}，则 G_6 与其他组聚类为：

$$G_{63}=\left(\frac{1+2}{2}-3.5\right)^2=2^2=4;$$

$$G_{64}=\left(\frac{1+2}{2}-7\right)^2=5.5^2=30.25;$$

$$G_{63}=\left(\frac{1+2}{2}-9\right)^2=56.25$$

套用式（5-14）得出结果一致。具体结果如表 5-10 所示。

表 5-10　D^2（1）

	G_6	G_3	G_4	G_5
G_6	0			
G_3	4	0		
G_4	30.25	12.25	0	
G_5	56.25	30.25	4	0

（4）D^2（1）中 G_4 与 G_5 距离最短为 4，所以将两类合并成 G_7；G_3 与 G_6 距离同样为 4，将其合并为 G_8，然后计算 G_7 与 G_8 之间的距离。已知 G_7 包括元素 {1，2，3.5}，G_8 包括元素 {7，9}，则 $G_{78}=\left(\frac{1+2+3.5}{3}-\frac{7+9}{2}\right)^2\approx5.832\approx34.03$。

表 5-11 D^2（3）

	G_7	G_8
G_7	0	0
G_8	34.03	0

（5）最后将 G_7 和 G_8 合并为 G_9，结束聚类（见图 5-8）。

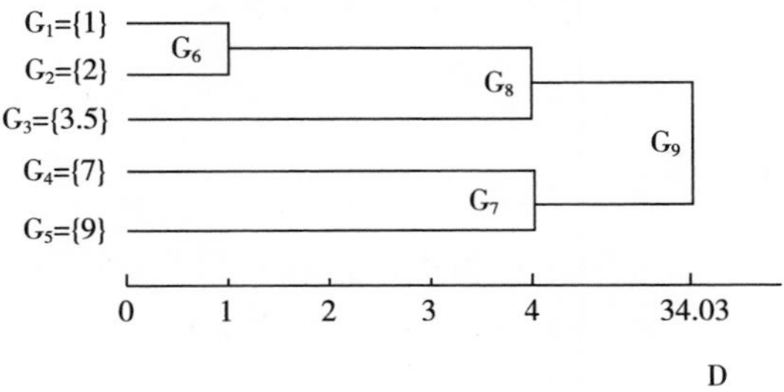

图 5-8 重心法聚类树形图

五、类平均法

把类与类之间的平方距离定义为这两类元素两两之间距离平方的平均数，即：

$$D_{pq}^2=\frac{1}{n_p n_q}\sum_{X_i\in G_p}\sum_{X_j\in G_j}d_{ij}^2 \tag{5-16}$$

如图 5-9 所示，若 G_p 内样品 1 与 G_q 样品 5、样品 6、样品 7 和样品 8 的距离分别定义为 d_{15}、d_{16}、d_{17}、d_{18}，同理 G_p 内其他样品，则 G_p 与 G_q 类平均距离：

$$D_{pq}^2=\frac{d_{15}^2+d_{16}^2+d_{17}^2+d_{18}^2+d_{25}^2+\cdots+d_{48}^2}{16} \tag{5-17}$$

设聚类的某一步将 G_p 和 G_q 合并为 G_r，则任一类 G_k 与 G_r 的距离为：

$$D_{kr}^2 = \frac{1}{n_k n_r}\sum_{X_i \in G_k}\sum_{X_j \in G_r} d_{ij}^2 = \frac{1}{n_k n_r}\left(\sum_{X_i \in G_k}\sum_{X_j \in G_p} d_{ij}^2 + \sum_{X_i \in G_k}\sum_{X_j \in G_q} d_{ij}^2\right) = \frac{n_p}{n_r}D_{kp}^2 + \frac{n_q}{n_r}D_{kq}^2 \tag{5-18}$$

类平均法示意如图 5-9 所示。

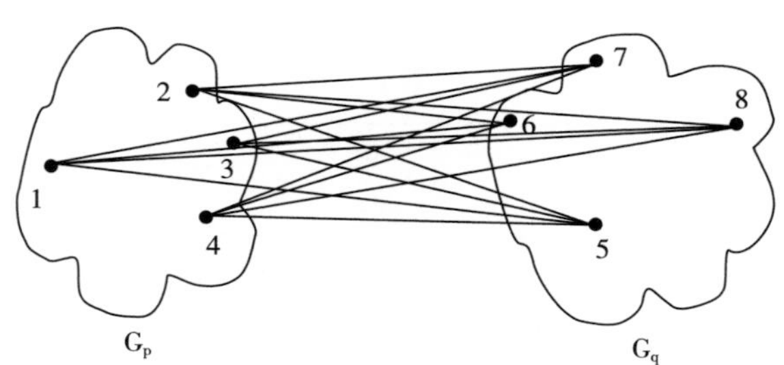

图 5-9　类平均法示意图

六、离差平方和法

离差平方和法是沃德（Ward）提出的，故又称 Ward 法。该方法的基本思路来源于方差分析，如果分类正确，同类样品点的离差平方和应当较小，类与类之间的离差平方应当较大。主要思想是先将 n 个样品各自成一类，然后每次缩小一类，每缩小一类，类内的离差平方和就要增大，选择使离差平方和增加最小的两类合并，直到所有的样品归为一类为止。

设将 n 个样品分成 k 类 G_1，G_2，…，G_k，用 X_{it} 表示 G_t 中的第 i 个样品，n_t 表示 G_t 中样品的个数，$\bar{X}_t$ 是 G_t 的重心，则 G_t 的样品离差平方和为：

$$S_t = \sum_{t=1}^{n_t}(X_{it} - \bar{X}_t)'(X_{it} - \bar{X}_t) \tag{5-19}$$

设 G_p 和 G_q 合并为新类 G_r，那么类内离差平方和分别为：

$$S_p = \sum_{i=1}^{n_p}(X_{ip} - \bar{X}_p)'(X_{ip} - \bar{X}_p)$$

$$S_p = \sum_{i=1}^{n_q}(X_{ip} - \bar{X}_q)'(X_{iq} - \bar{X}_q)$$

$$S_r = \sum_{i=1}^{n_r}(X_{ir} - \bar{X}_r)'(X_{ir} - \bar{X}_r)$$

它们反映了各自类内样品的分散程度，如果 G_p 和 G_q 这两类相距较近，则合并后所增加的离差平方和 $S_r-S_p-S_q$ 应较小；否则，应较大。于是定义 G_p 和 G_q 之间的平方距离为：

$$D_{pq}^2=S_r-S_p-S_q \tag{5-20}$$

其中，$G_r=G_p\cup G_q$，可以证明类间距离的递推公式为：

$$D_{kr}^2=\frac{n_r n_k}{n_r+n_k}(\bar{X}_r-\bar{X}_k)'(\bar{X}_r-\bar{X}_k)=\frac{n_k+n_p}{n_k+n_k}D_{kp}^2+\frac{n_k+n_q}{n_r+n_k}D_{kq}^2-\frac{n_k}{n_r+n_k}D_{qp}^2 \tag{5-21}$$

以例 5-4 来说明离差平方和法的主要思想。

【例 5-4】若有三个组，红组包括元素｛2，4｝；黄组包括元素｛1，5｝；绿组包括元素｛6，5｝；试用离差平方和法进行聚类。

【解】红组的组内离差平方和为：$(2-3)^2+(4-3)^2=2$

黄组的组内离差平方和为：$(1-3)^2+(5-3)^2=8$

绿组的组内离差平方和为：$(6-5.5)^2+(5-5.5)^2=0.5$

若红绿组结合，包括元素｛2，4，5，6｝的均值为 4.75，则组内误差平方和为 $(2-4.75)^2+(4-4.75)^2+(5-4.75)^2+(6-4.75)^2=8.75$，由于红组、绿组结合导致的离差平方和的增加，具体为：8.75-（2+0.5）= 6.25。

若黄绿组结合，包括元素｛1，5，6，5｝，同理组内误差平方和为 14.75，由于黄组、绿组结合导致的离差平方和的增加，具体为：14.75-（8+0.5）= 6.25。

若红黄组结合，包括元素｛2，4，1，5｝，同理组内误差平方和为 10，由于红组、黄组结合导致的离差平方和增加，具体为：10-（8+2）= 0。因此，按照组合后离差平方和增加最小的原则，应该是红组和黄组结合，离差平方和增加为 0。

七、可变类平均法

将类平均法进一步推广便可得到可变类平均法，具体做法是，将 G_p 和 G_q 合并为新类 G_r，类 G_k 与新并类 G_r 的距离公式为（其中 $\beta<1$）：

$$D_{kr}^2=(1-\beta)\left(\frac{n_p}{n_r}D_{kp}^2+\frac{n_q}{n_r}D_{kq}^2\right)+\beta D_{pq}^2 \tag{5-22}$$

八、可变法

针对中间法而言，如果将中间法的前两项的系数也依赖于 β，将 G_p 和 G_q 合

并为新类 G_r，那么类 G_k 与新并类 G_r 的距离公式为：

$$D_{kr}^2=\frac{1-\beta}{2}(D_{kp}^2+D_{kq}^2)+\beta D_{pq}^2 \tag{5-23}$$

其中，β 是可变的，且 β<1。显然在可变类平均法中取 $\frac{n_p}{n_r}=\frac{n_q}{n_r}=\frac{1}{2}$，即为可变法。可变类平均法与可变法的分类效果与 β 的选择关系很大，并且在实际应用中 β 常取负值。

九、系统聚类法准则

在系统聚类中，使用不同的距离会得到不同的结果，具体采用哪种聚类结果呢？

（一）杰米尔曼准则

杰米尔曼（Demirimen）在 1972 年提出了应根据研究的目的来确定适当的分类方法，并提出了一些根据谱系图来分类的准则。

准则 1：任何类都必须在邻近各类中是突出的，即各类重心之间距离必须大。

准则 2：确定的类中，各类所包含的单位都不应过多。

准则 3：分类的数目应该符合实用目的。

准则 4：若采用几种不同的聚类方法处理，则在各自的聚类图中应发现相同的类。

（二）使用统计量

1. R^2 统计量

$$R^2=\frac{\sum_{i=1}^{k} n_i(\bar{X}_i-\bar{X})'-(\bar{X}_i-\bar{X})}{w} \tag{5-24}$$

若样品总数为 n，聚类时把所有样品合并成 k 个类，G_1，…，G_k，G_i 的样品数和均值分别是 n_i 和 $\bar{X}_i$，所有样品的总重心为 $\bar{X}$，w 为所有样品的总的离差平方和。R^2 越大，表明类内离差平方和在总的离差平方和中所占比重越小，表明 k 个类分得越开。因此，R^2 统计量可用于评价合并成 k 个类时的聚类效果。一般来说，人们希望类的个数尽可能地少，同时 R^2 又保持较大。此外，还有半偏 R^2 统计量、伪 F 统计量及伪统计量进行判断。

2. 半偏 R^2 统计量

$$半偏\ R^2 = \frac{D_{pq}^2}{w} \tag{5-25}$$

其中，$D_{pq}^2 = w_r - w_p - w_q$，半偏 R^2 越大越好。

3. 伪 F 统计量

$$伪\ F = \frac{n-k}{k-1}\frac{k^2}{1-R^2} \tag{5-26}$$

一般来说，伪 F 值越大，表明分类的效果越好。

4. 伪 t^2 统计量

$$伪\ t^2 = \frac{D_{pq}^2}{(w_p+w_q)(n_p+n_q-2)} \tag{5-27}$$

伪 t^2 越大，表明 G_p 和 G_q 合并成新类 G_r 后，类内离差平方和的增量 D_{pq}^2 相对于原 G_p 和 $G_{q两}$ 类的类内离差平方和是大的，说明被合并的两个类 G_p 和 G_q 是很分开的，也就是上一次的聚类效果是好的。

十、系统聚类过程总结

（一）选择变量

在进行样品聚类时，需要对聚类变量进行选择，其标准为：①和聚类分析的目的密切相关；②反映要分类变量的特征；③在不同研究对象上的值有明显的差异；④变量之间不能高度相关。

（二）计算相似性

相似性是聚类分析中的基本概念，它反映了研究对象之间的亲疏程度，聚类分析就是根据对象之间的相似性来分类的。当然有很多刻画相似性的测度。

（三）聚类

选定了聚类的变量，计算出样品或指标之间的相似程度后，构成了一个相似程度的矩阵。这时主要涉及两个问题：①选择聚类的方法；②确定形成的类数。

（四）聚类结果的解释和证实

对聚类结果进行解释是希望对各个类的特征进行准确的描述，给每类起一个合适的名称。这一步可以借助各种描述性统计量进行分析，通常的做法是计算各类在各聚类变量上的均值，对均值进行比较，还可以解释各类产生的原因。主要步骤如图 5-10 所示。

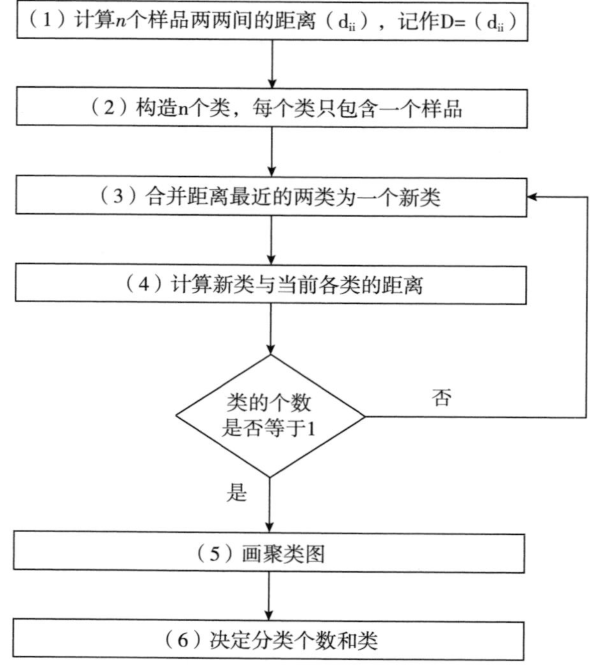

图 5-10　系统聚类法的过程

第四节　K-means 聚类法

Q 型系统聚类法是在样品间距离矩阵的基础上进行的，但当样品的个数 n 很大时，系统聚类法的计算工作量就非常大，这将占去大量的计算机内存空间和较多的计算时间，甚至会因计算机内存的限制而无法进行计算。因此当 n 很大时，需要一种相对系统聚类而言，计算量少且计算机运行时间较短的聚类方法，而 K-means 法是一种快速聚类法，采用该方法得到的结果比较简单易懂，对计算机的性能要求不高，因此应用也比较广泛。

K-means 聚类是麦克奎因（Macqueen）于 1967 年提出并命名的一种聚类方法，这种聚类方法的主要过程如下：

第一步，指定聚类数目 K；

第二步，确定 K 个初始类中心；

第三步，通过计算欧几里得距离将某一样品划入离中心最近的类中，并对获得样品与失去样品的类重新计算中心坐标；

第四步，重复第三步，直到所有的样品都不能分配为止。

可以看出，快速聚类是一个反复迭代的分类过程。在聚类过程中，观测所属的类会不断调整，直至最终达到稳定为止（见图 5-11）。

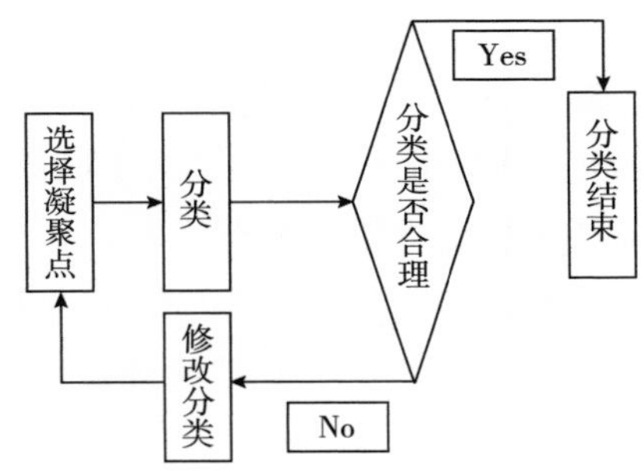

图 5-11 K-means 聚类法的过程

【例 5-5】对例 5-1 数据 {1，2，3.5，7，9} 采用快速聚类法进行聚类分析，事先给定分类个数 K=2，具体步骤如下：

（1）首先将样品随意分成两类：G_1={1，2，9} 和 G_2={3.5，7}，那么这两个类的均值分别为(1+2+9)/3=4 和(3.5+7)/2=5.25。

（2）分别计算样本到各类中心的欧氏距离：

d(1，G_1)=3，d(1，G_2)=4.25，因为 d(1，G_1)<d(1，G_2)，所以 1 不用重新分配；

然后计算 2 到 G_1 和 G_2 的距离，d(2，G_1)=2，d(2，G_2)=3.25，可以看出 2 也不用重新分配；

计算 9 到 G_1 和 G_2 的距离，d(9，G_1)=5，d(9，G_2)=3.75，所以 9 应该分配给 G_2；

所以新的两类为 G_1={1，2} 和 G_2={3.5，7，9}，新类 G_1 和 G_2 的均值分别为 1.5 和 6.5；

（3）重复上述步骤，直到没有样品重新分类为止。最终得到以下结果，将样品分为两类，并得到各样品与类均值的距离（见表 5-12）。

表 5-12 K-means 聚类图

类	样品				
	1	2	3.5	7	9
$G_1=\{1, 2, 3.5\}$	$1\frac{1}{6}$	$\frac{1}{6}$	$\frac{1}{3}$	$4\frac{1}{6}$	$6\frac{5}{6}$
$G_2=\{7, 9\}$	7	6	4.5	1	1

K-means 聚类和系统聚类法一样，都是以距离的远近亲疏为标准进行聚类的，但是两者的不同之处也是明显的：系统聚类对不同的类数产生一系列的聚类结果，而 K-means 法只能产生指定类数的聚类结果。

具体类数的确定，离不开实践经验的积累；有时也可以借助系统聚类法以一部分样品为对象进行聚类，其结果作为 K-均值法确定类数的参考。

第五节 聚类分析的上机实现

一、聚类分析实现——基于 SPSS 软件

（一）系统聚类法

1. 原始数据与指标解释

【例 5-6】区域物流主要指一个国家范围内的物流，或者是一个经济区域的物流，或者是一个城市的物流。利用 2019 年安徽省 11 个城市有关物流的数据，用系统聚类法对 11 个城市进行物流需求竞争力分类分析。物流需求竞争力分别为：X_1：客运量（万人）；X_2：旅客周转量（万人/千米）；X_3：货运量（万吨）；X_4：货物周转量（万吨/千米）；X_5：邮政业务总量（万元）。其中，个体距离采用平方欧式距离，聚类方法采用组间联接法，由于数据存在数量级上的差异，聚类过程中选择对数据进行标准化处理，如表 5-13 所示。

表 5-13　2019 年安徽地级市主要物流指标数据

城市	X_1	X_2	X_3	X_4	X_5
合肥	6652	573348.6	37801.2	3470965.7	1497996.04
淮北	993.8	92853.6	9005.6	1698509.9	78218.97
亳州	3194.1	276864.9	19395	4224329.3	263232.71
宿州	2776	173318.4	14488.9	2704462.4	215200.12
蚌埠	2058.1	173690.6	22052.3	4262653.1	223970.48
阜阳	4984.4	372697.4	32624.4	5984943.3	296915.76
淮南	2689.3	196449.1	12792.3	862819.3	103339.95
滁州	3658.9	207136.6	15868.3	2752482.9	210824.22
六安	3652.6	310972.5	18680.5	2458359.6	220170.27
马鞍山	1737.3	85546.7	11201	525519.8	97571.62
芜湖	2060.9	107974.9	6359.1	692393.2	463732.06

注：数据来源于《安徽统计年鉴 2020》。

2. 运行操作步骤

（1）打开 SPSS 软件，依次点击【分析】→【分类】→【系统聚类】（见图 5-12），即可进入系统聚类主对话框。将变量 $X_1 \sim X_5$ 放入【变量】，由于是对样品进行聚类分析，将变量“城市”放入【个案标注依据】，勾选【个案】（见图 5-13）。

图 5-12　SPSS 软件系统聚类模块调用

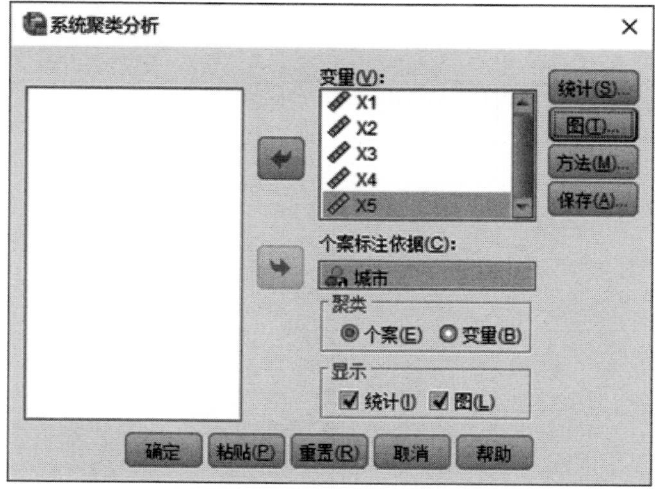

图 5-13　SPSS 软件系统聚类模块

（2）点击【统计】选项，勾选“近似值矩阵”，聚类成员选项中可以设置聚类的个数。其中，“无”表示不指定聚类个数；单个解表示指定聚类的个数；解的范围表示指定聚类的个数的范围（见图 5-14）。

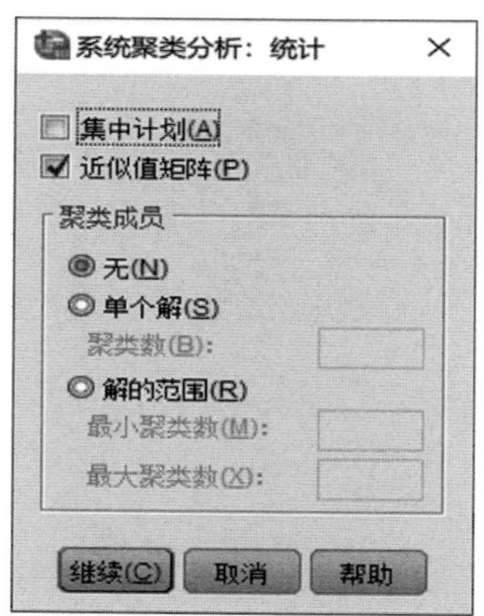

图 5-14　SPSS 软件系统聚类【统计】对话框设置

（3）点击【图】选项，勾选“谱系图”，其余默认（见图 5-15）。

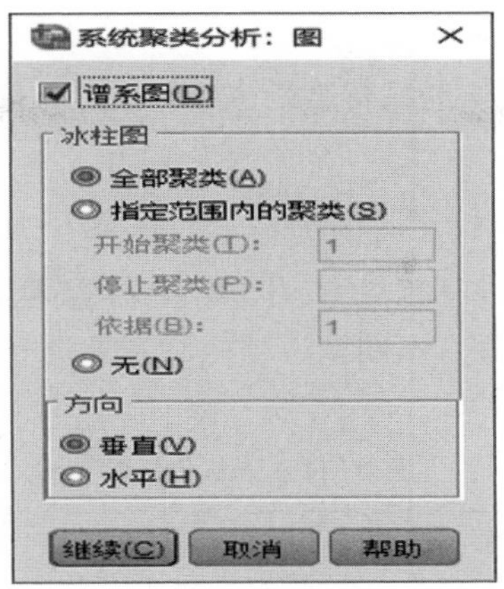

图 5-15　SPSS 软件系统聚类【图】对话框设置

（4）最后选择聚类方法，点击【方法】选项，聚类方法选择“组间联接”，测量中选择区间的“平方欧氏距离”，由于变量间存在数量级差异，可以选择标准化中的“Z 得分”，最后输出结果（见图 5-16）。

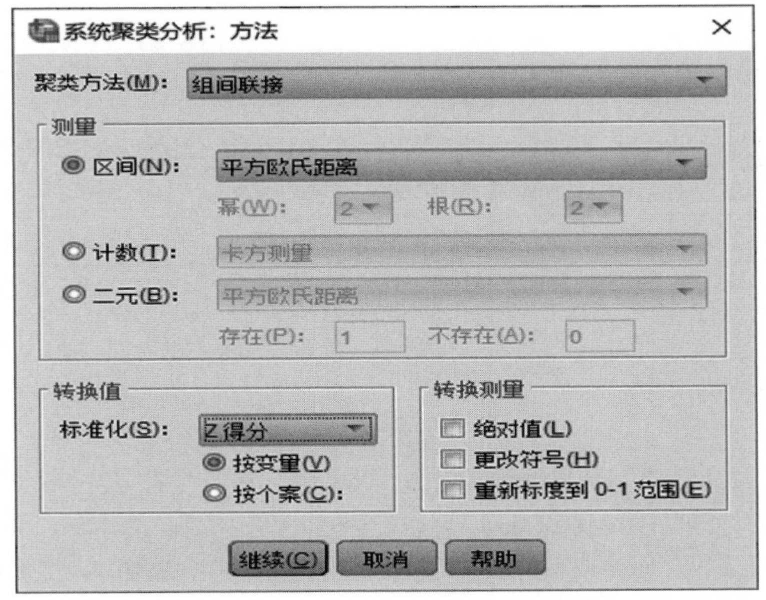

图 5-16　SPSS 软件系统聚类【方法】对话框设置

3. 运行结果分析

SPSS 软件系统聚类模块的运行结果主要包括近似值矩阵、平均链接（组间）聚类表和谱系图。

表 5-14 为样品的近似值矩阵，也就是反映 2019 年安徽省 11 个城市物流需求竞争力相似性的矩阵。计算距离采用的是平方欧式距离，样品间距离越大，样品差异性越大，也就是安徽省不同城市的物流需求竞争力差别越大。

表 5-14　近似值矩阵

近似值矩阵											
个案	平方欧氏距离										
	1：合肥	2：淮北	3：亳州	4：宿州	5：蚌埠	6：阜阳	7：淮南	8：滁州	9：六安	10：马鞍山	11：芜湖
1：合肥	0.000	46.092	22.203	29.806	28.876	14.431	34.077	25.568	21.250	43.588	38.508
2：淮北	46.092	0.000	7.060	2.339	4.957	22.531	2.035	4.401	6.370	0.742	1.802
3：亳州	22.203	7.060	0.000	1.640	1.100	4.638	4.886	1.206	1.218	8.133	8.191
4：宿州	29.806	2.339	1.640	0.000	1.644	11.051	1.293	0.381	1.415	2.611	2.878
5：蚌埠	28.876	4.957	1.100	1.644	0.000	7.491	5.131	2.247	3.128	6.534	7.553
6：阜阳	14.431	22.531	4.638	11.051	7.491	0.000	16.945	8.620	7.240	23.402	23.823
7：淮南	34.077	2.035	4.886	1.293	5.131	16.945	0.000	1.764	2.315	1.009	1.791
8：滁州	25.568	4.401	1.206	0.381	2.247	8.620	1.764	0.000	0.630	4.157	4.286
9：六安	21.250	6.370	1.218	1.415	3.128	7.240	2.315	0.630	0.000	5.831	6.023
10：马鞍山	43.588	0.742	8.133	2.611	6.534	23.402	1.009	4.157	5.831	0.000	1.161
11：芜湖	38.508	1.802	8.191	2.878	7.553	23.823	1.791	4.286	6.023	1.161	0.000

注：这是非相似性矩阵。

表 5-15 为样本的平均链接（组间）聚类表，第 1 列表示聚类分析的阶段，本例中，SPSS 软件系统聚类共对 11 个城市进行 10 步聚类；第 2 列、第 3 列表示本步聚类中哪两个个体或小类聚成类，本例中，在第 1 步聚类时，宿州和滁州被聚为一类；第 4 列表示聚合系数，即距离测定值，本例中，在第 1 步聚类时，宿州和滁州的距离测定值为 0.381。第 5 列、第 6 列表示合并的两项第一步出现的

聚类步序号，本例中，在第 1 步聚类时，合并的两项第一步出现的聚类步序号为 0，说明第 1 步聚类合并的两项均为原始样品，也是 11 个城市中的其中 2 个城市，在第 3 步聚类时，合并的两项第一步出现的聚类步序号分别为 1 和 0，说明第 3 步聚类合并的两项，一项是第 1 步聚类得到的小类，另一项是原始样品；第 7 列表示本步聚类的结果在接下来第几步聚类中会用到，在本例中，第 1 步聚类的结果在第 3 步聚类被用到。

表 5-15　平均链接（组间）聚类表

集中计划						
阶段	组合聚类		系数	首次出现聚类的阶段		下一个阶段
	聚类 1	聚类 2		聚类 1	聚类 2	
1	4	8	0.381	0	0	3
2	2	10	0.742	0	0	5
3	4	9	1.023	1	0	7
4	3	5	1.100	0	0	7
5	2	11	1.481	2	0	6
6	2	7	1.612	5	0	8
7	3	4	1.847	4	3	8
8	2	3	4.836	6	7	9
9	2	6	13.971	8	0	10
10	1	2	30.440	0	9	0

图 5-17 为谱系图，以躺倒树的形式展现了聚类分析每一次类合并的情况。从图 5-17 中可以看出，安徽省 11 个城市按照物流需求竞争力进行分类的话，分为四类比较合适。其中，合肥为第一类；阜阳为第二类；淮北、马鞍山、芜湖和淮南为第三类；宿州、滁州、六安、亳州和蚌埠为第四类。

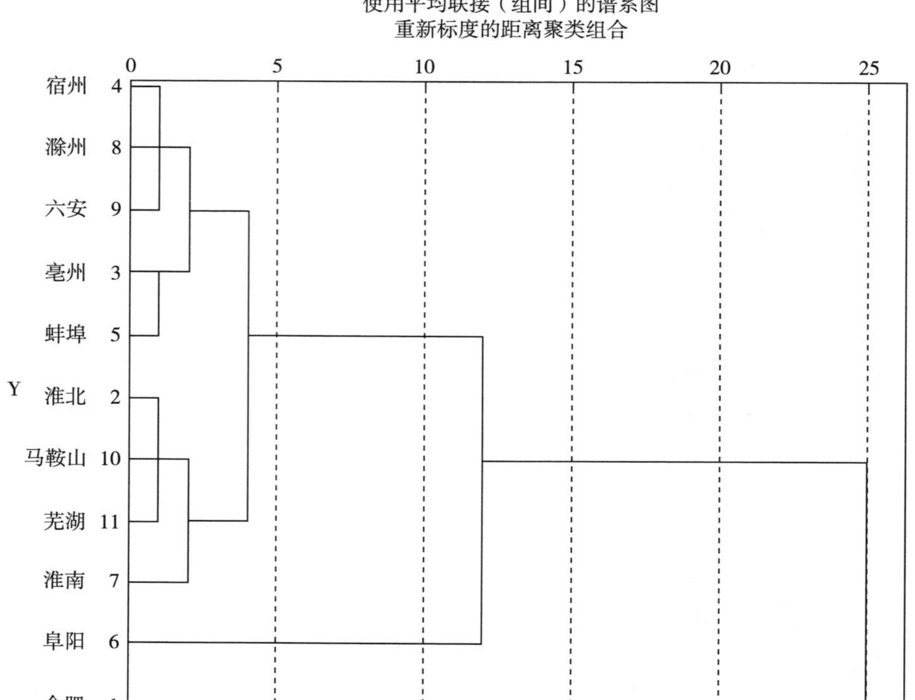

图 5-17　聚类分析谱系图

（二）K-means 聚类法

1. 原始数据与指标解释

【例 5-7】物流基础设施是一个城市的核心竞争力之一，良好的物流基础设施不仅有助于促进物流业降本增效，而且有利于支撑实体经济健康发展，物流基础设施与物流货运能力相辅相成，都是城市物流发展水平的重要体现。现利用快速聚类法对北京、上海、深圳以及中国省会城市来研究物流运输发展，指标包括 X_1：快递业务量（万件）；X_2：城市公路密度（公里/平方千米）；X_3：铁路货运站数（站）；X_4：港口货物吞吐量（万吨）；X_5：公路货运量（万吨）。数据主要来源于 2020 年各省市统计年鉴和政府官方网站报告，除少数城市的公路货运量为 2018 年数据，其余各变量均为 2019 年数据，具体如表 5-16 所示。

表 5-16　2019 年中国主要城市物流相关指标数据

城市	X_1	X_2	X_3	X_4	X_5
北京	228716	1. 4	100	0	22325
成都	125968	2. 0	24	0	30540. 4
福州	47581	1. 0	7	21255	19759
广州	634680	1. 3	14	60616	88352
贵阳	13154	1. 3	21	0	60082
哈尔滨	24441	0. 5	42	92	7531
海口	5687	1. 9	0	12447	5334
杭州	265666	1. 0	15	13881	31732
合肥	65195	1. 7	14	5292	35858
呼和浩特	5547	0. 5	8	0	11313. 4
济南	51606	1. 7	12	0	34392
昆明	27931	0. 8	17	0	33377
拉萨	732	0. 1	2	0	1079. 4
兰州	5256	0. 1	21	0	13280. 54
南昌	32735	1. 6	9	3827	15350
南京	88279	1. 7	14	25689	16886
南宁	29817	0. 5	11	796	36880
上海	313326	2. 1	36	71677	38750
深圳	421670	0. 8	6	25785	25403
沈阳	35436	0. 9	18	0	18958
石家庄	68540	1. 2	23	0	52000
太原	14256	1. 1	13	0	15043
乌鲁木齐	5992	0. 2	14	0	19500
武汉	112991	1. 9	26	9166	41778. 2
西安	53876	1. 3	15	0	26901
西宁	1540	0. 6	11	0	6547. 4
银川	3652	0. 2	5	0	7006
长春	16200	1. 1	25	0	11948
长沙	64123	1. 4	5	1263	46497
郑州	82329	1. 5	23	0	29039

2. 运行操作步骤

（1）由于各变量数据在数量级上存在较大差异，因此在聚类分析前可对数据进行标准化处理。依次点击【分析】→【描述统计】→【描述】（见图 5-18），然后将选中变量移入分析框中，勾选【将标准化值另存为变量】，点击【确定】输出结果（见图 5-19）。标准化数据如表 5-17 所示。

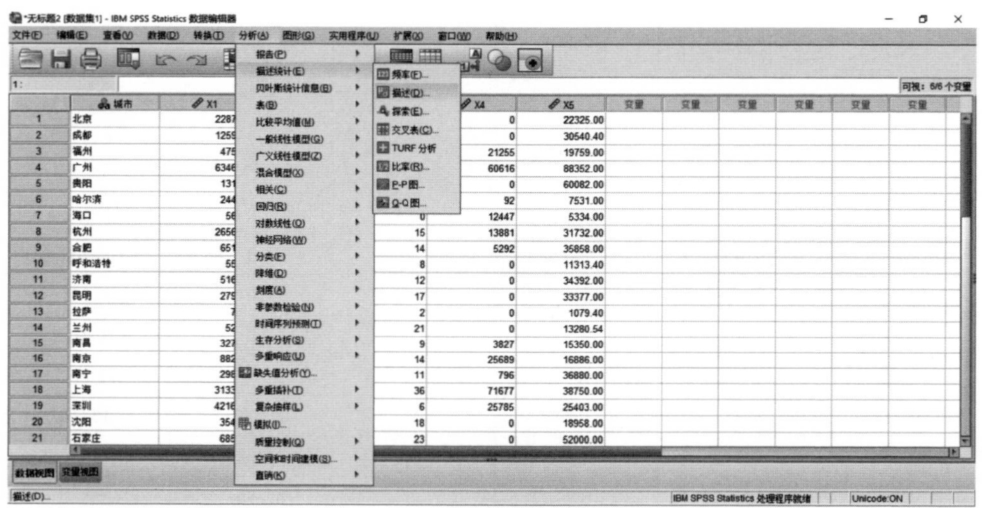

图 5-18　SPSS 软件描述统计模块调用

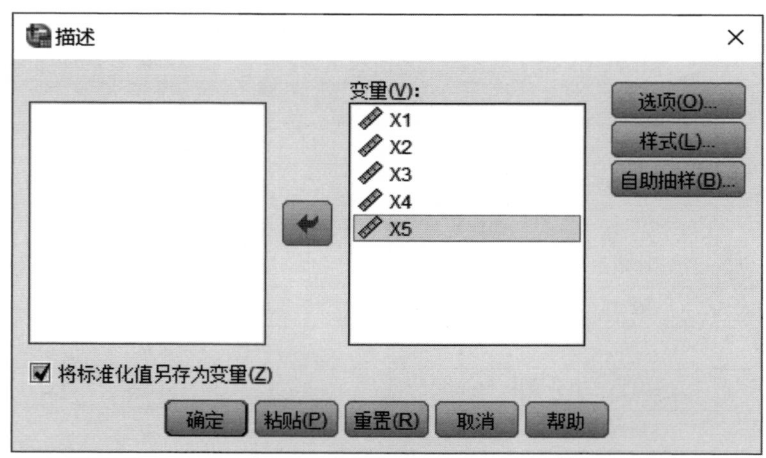

图 5-19　SPSS 软件变量数据标准化

表 5-17 2019 年中国主要城市物流相关指标标准化数据

城市	X_1	X_2	X_3	X_4	X_5
北京	0.929567	0.486363	4.523893	-0.4777	-0.23871
成都	0.215831	1.504333	0.312184	-0.4777	0.201352
福州	-0.32868	-0.19228	-0.62991	0.732079	-0.37616
广州	3.749586	0.316702	-0.24199	2.972402	3.298059
贵阳	-0.56783	0.316702	0.145932	-0.4777	1.783762
哈尔滨	-0.48942	-1.04059	1.309694	-0.47246	-1.03116
海口	-0.6197	1.334672	-1.01783	0.230751	-1.14884
杭州	1.18624	-0.19228	-0.18657	0.31237	0.265181
合肥	-0.20633	0.995348	-0.24199	-0.17649	0.486192
呼和浩特	-0.62067	-1.04059	-0.57449	-0.4777	-0.82855
济南	-0.30072	0.995348	-0.35282	-0.4777	0.407665
昆明	-0.46518	-0.53161	-0.07574	-0.4777	0.353296
拉萨	-0.65412	-1.71924	-0.907	-0.4777	-1.37674
兰州	-0.62269	-1.71924	0.145932	-0.4777	-0.72318
南昌	-0.43181	0.825687	-0.51907	-0.25988	-0.61233
南京	-0.04597	0.995348	-0.24199	0.98445	-0.53005
南宁	-0.45208	-1.04059	-0.40824	-0.43239	0.540936
上海	1.517309	1.673995	0.97719	3.601965	0.641103
深圳	2.269917	-0.53161	-0.68533	0.989914	-0.07384
沈阳	-0.41305	-0.36194	-0.02032	-0.4777	-0.41906
石家庄	-0.18309	0.14704	0.256766	-0.4777	1.350846
太原	-0.56017	-0.02262	-0.29741	-0.4777	-0.62877
乌鲁木齐	-0.61758	-1.54958	-0.24199	-0.4777	-0.39003
武汉	0.125687	1.334672	0.423018	0.044005	0.80331
西安	-0.28495	0.316702	-0.18657	-0.4777	0.006406
西宁	-0.6485	-0.87093	-0.40824	-0.4777	-1.08384
银川	-0.63383	-1.54958	-0.74074	-0.4777	-1.05928
长春	-0.54667	-0.02262	0.367601	-0.4777	-0.79456
长沙	-0.21377	0.486363	-0.74074	-0.40581	1.056075
郑州	-0.08731	0.656025	0.256766	-0.4777	0.120929

（2）依次点击【分析】→【分类】→【K-均值聚类】（见图 5-20），即可进入系统聚类主对话框。将变量 $X_1 \sim X_5$ 的标准化数据放入【变量】，由于是对样

品进行聚类分析，将变量“城市”放入【个案标注依据】，勾选【迭代与分类】，聚类数根据实际情况选择，本例选择 3 类（见图 5-21）。

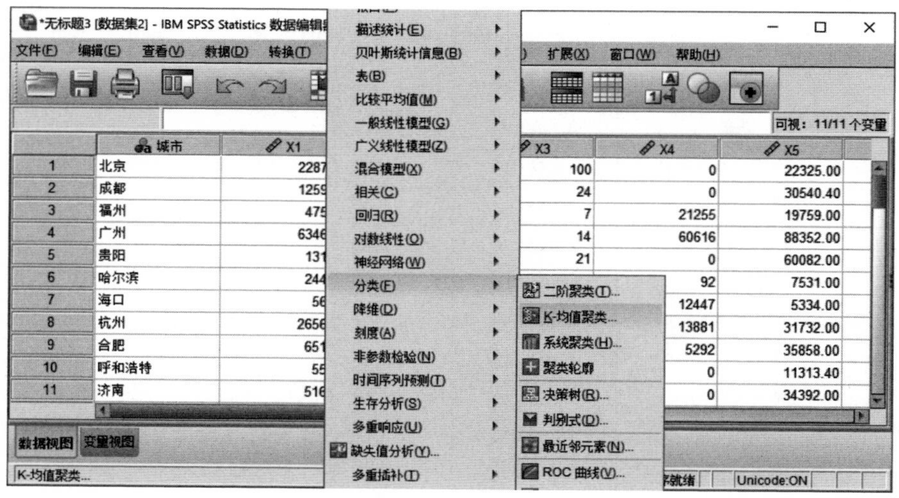

图 5-20　SPSS 软件 K-means 聚类模块调用

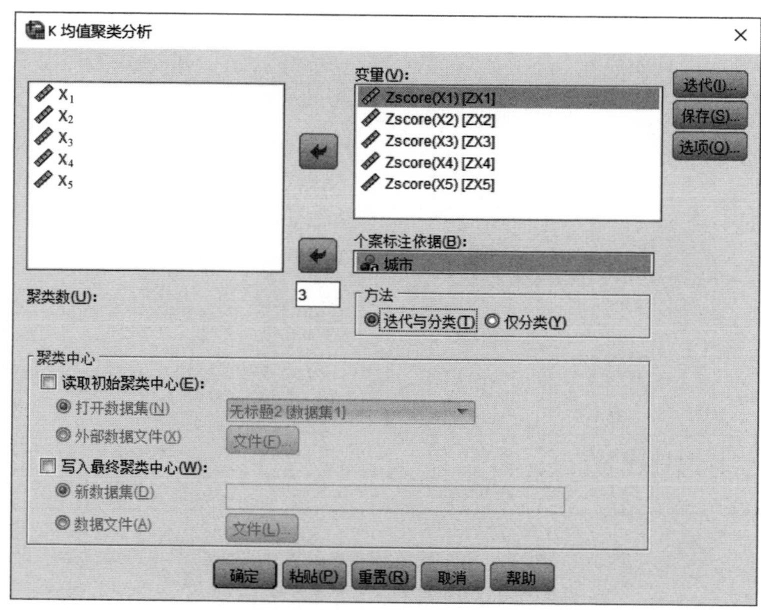

图 5-21　SPSS 软件 K-means 聚类模块

（3）点击【迭代】，可在对话框设置最大迭代次数和收敛准则，本例将最大迭代次数设置为 10，收敛准则使用默认的 0（见图 5-22）。

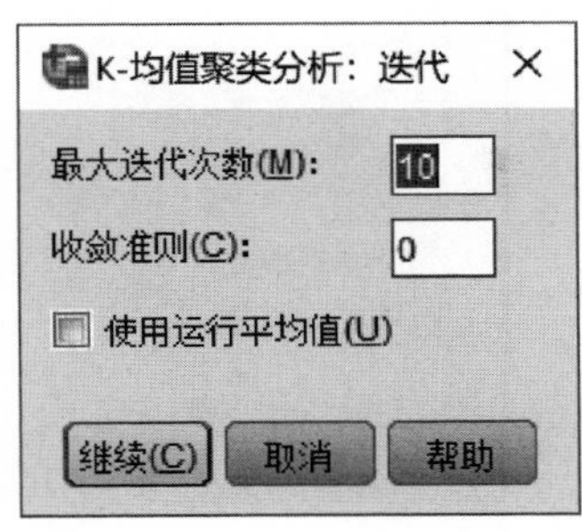

图 5-22 SPSS 软件 K-means 聚类【迭代】对话框设置

（4）点击【保存】，可在对话框设置保存哪些聚类结果的数据，其中，【聚类成员】表示保存观测所属类的序号，【与聚类中心的距离】表示保存距离各类中心点的距离（见图 5-23）。

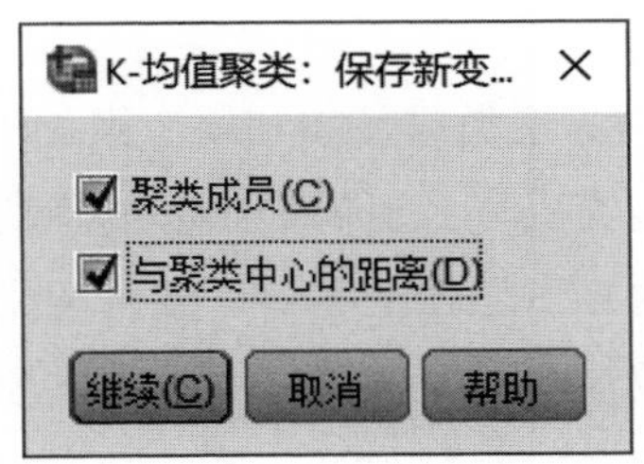

图 5-23 SPSS 软件 K-means 聚类【保存】对话框设置

（5）点击【选项】，可在对话框设置输出哪些相关分析结果，包括【初始聚类中心】、【ANOVA 表】和【每个个案聚类信息】（见图 5-24）。

（6）所有选项设置好后，最后点击【确定】输出运行结果。

3. 运行结果分析

表 5-18 为迭代历史记录，可以看出本次聚类过程进行 2 次迭代之后即收敛。

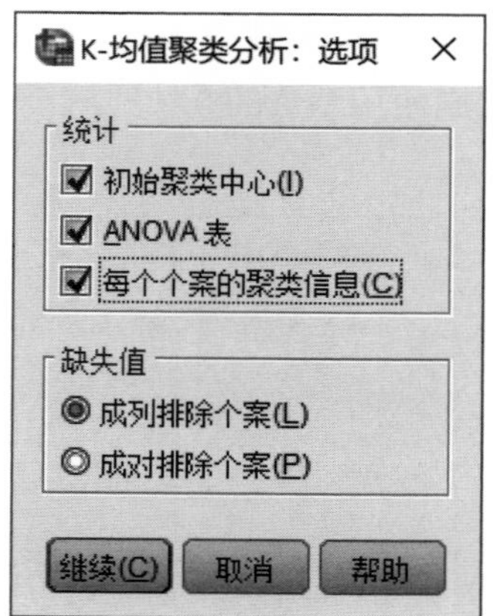

图 5-24　SPSS 软件 K-means 聚类【选项】对话框设置

表 5-18　迭代历史记录

迭代	聚类中心的变动		
	1	2	3
1	0.000	2.222	1.985
2	0.000	0.000	0.000

表 5-19 和表 5-20 分别为聚类成员表和每个聚类中的个案数目表。由聚类成员表可以看出样本城市所属类别以及所属类中心的距离，而每个聚类中的个案数目表直接总结了各类中包含样本城市的数目。结合两张表可以发现，基于物流基础设施和物流货运能力等物流运输发展指标，国内主要的 30 个城市被分为 3 类：北京单独归为第 1 类，上海和广州归为第 3 类，剩下 27 个城市归为第 2 类。

表 5-19　聚类成员表

聚类成员			
个案号	城市	聚类	距离
1	北京	1	0.000
2	成都	2	1.783
3	福州	2	1.088
4	广州	3	1.985
5	贵阳	2	2.037
6	哈尔滨	2	2.023

续表

聚类成员			
个案号	城市	聚类	距离
7	海口	2	2.024
8	杭州	2	1.570
9	合肥	2	1.255
10	呼和浩特	2	1.319
11	济南	2	1.254
12	昆明	2	0.753
13	拉萨	2	2.222
14	兰州	2	1.824
15	南昌	2	1.102
16	南京	2	1.684
17	南宁	2	1.224
18	上海	3	1.985
19	深圳	2	2.857
20	沈阳	2	0.529
21	石家庄	2	1.594
22	太原	2	0.656
23	乌鲁木齐	2	1.551
24	武汉	2	1.871
25	西安	2	0.504
26	西宁	2	1.337
27	银川	2	1.871
28	长春	2	0.958
29	长沙	2	1.445
30	郑州	2	0.956

表 5-20　每个聚类中的个案数目

聚类序号	个案数目
1	1.000
2	27.000
3	2.000

表 5-21 展示了 3 个最终聚类中心在快递业务量（X_1）、城市公路密度（X_2）、铁路货运站数（X_3）、港口货物吞吐量（X_4）和公路货运量（X_5）方面的表现。可以发现第 1 类城市，也就是北京的铁路货运站数最多，第 2 类城市各项指标基本都处于三类中的低水平，第 3 类城市，也就是上海和广州的各项指标都居于适中水平。

表 5-21　最终聚类中心

	聚类		
	1	2	3
Zscore（X_1）	0. 92957	−0. 22950	2. 63345
Zscore（X_2）	0. 48636	−0. 09174	0. 99535
Zscore（X_3）	4. 52389	−0. 19478	0. 36760
Zscore（X_4）	−0. 47770	−0. 22580	3. 28718
Zscore（X_5）	−0. 23871	−0. 13705	1. 96958

表 5-22 为方差分析表，可以发现，除城市公路密度外，快递业务量、铁路货运站数、港口货物吞吐量和公路货运量对应的 F 值均很大，显著性检验的 P 值均不超过 0. 01，意味着这些变量取值在组内的差异较小，组间的差异较大，总体均值在 3 类中有显著差异，说明数据聚类的结果较为合理。

表 5-22　方差分析表

ANOVA						
	聚类		误差		F	显著性
	均方	自由度	均方	自由度		
Zscore（X_1）	8. 078	2	0. 476	27	16. 982	0. 000
Zscore（X_2）	1. 223	2	0. 984	27	1. 243	0. 304
Zscore（X_3）	10. 880	2	0. 268	27	40. 576	0. 000
Zscore（X_4）	11. 608	2	0. 214	27	54. 187	0. 000
Zscore（X_5）	4. 161	2	0. 766	27	5. 434	0. 010

二、聚类分析实现——基于 R 软件

（一）系统聚类法

【例 5-8】利用例 5-6 的数据在 R 软件中使用系统聚类法实现聚类分析。

1. 读取并预处理数据

将例 5-6 的数据录入为“case1. csv”，并将该 csv 文件存放在“D：/多元统计”文件夹中。读取数据时，首先使用 setwd（）函数设置工作目录为数据存放的文件夹，然后将数据导入并赋值给 data1，并从 data1 提取用于聚类分析的变量数据，利用 scale（）函数将数据标准化以消除量纲影响，最后将标准化后的数据赋值给新的数据框，方便后续使用。

```
#读取数据
setwd("D:/多元统计")
data1<-read.csv("D:/多元统计/case1.csv",header=TRUE)
data2<-data1[,2:6]
#预处理数据
data1<-scale(data2)
data2<-data.frame(data3)
```

2. 系统聚类

使用 dist（x，method=" "）函数计算样品的距离矩阵，其中 x 为函数作用对象，参数 method 用来指定距离计算方法，包括“euclidean”（欧氏距离），“manhattan”（绝对距离），“maximum”（切氏距离），“minkowski”（明氏距离），“canberra”（兰氏距离）等，本例采用欧氏距离。

使用 hclust（x，method=" "）函数对样品进行系统聚类，其中 x 为函数作用对象，参数 method 用来指定系统聚类方法，包括“single”（最小距离法），“complete”（最大距离法），“average”（类平均法），“median”（中间距离法），“centroid”（重心法），“Ward. D2”（Ward 法）等，本例采用最小距离法聚类。

```
#计算距离矩阵
d<-dist(data4,method="euclidean")
#系统聚类
HC<-hclust(d,method="single")
#绘制聚类树状图
plot(HC)
```

3. 聚类树状图

图 5-25 为使用 R 软件得到的聚类树状图，可以发现和 SPSS 软件系统聚类结果相同，安徽省 11 个城市按照物流需求竞争力最终分为四类。其中，合肥为第一类，序号为 1；阜阳为第二类，序号为 6；芜湖、淮南、淮北和马鞍为第三类，序号分别为 11、7、2 和 10；六安、宿州、滁州、亳州和蚌埠为第四类，序号分别为 9、4、8、3 和 5。

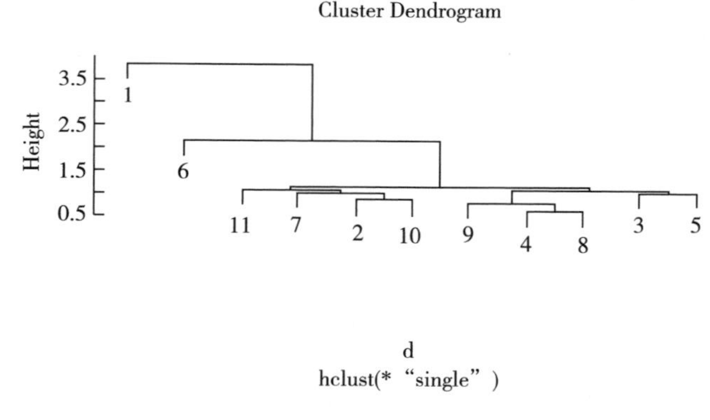

图 5-25　聚类树状图

（二）K-means 聚类法

【例 5-9】利用例 5-7 的数据在 R 中使用 K-means 聚类法实现聚类分析。

1. 读取并预处理数据

将例 5-7 的数据录入为"case2. csv"，并将该 csv 文件存放在"D：/多元统计"文件夹中。读取数据时，首先使用 setwd（）函数设置工作目录为数据存放的文件夹，然后将数据导入并赋值给 data5，并从 data5 提取用于聚类分析的变量数据，利用 scale（）函数将数据标准化以消除量纲影响，最后将标准化后的数据赋值给新的数据框，方便后续使用。

```
#读取数据
setwd("D:/多元统计")
data5<-read.csv("D:/多元统计/case2.csv",header=TRUE,encoding=
'UTF-8')
data6<-data5[,2:6]
#预处理数据
data7<-scale(data6)
data8<-data.frame(data7)
```

2. K-means 聚类

使用 kmeans（x，centers，iter. max，nstart，algorithm，trace）函数对样品进行 K-means 聚类。其中，x 为函数作用对象，参数 centers 用来指定最终聚成的类别数目，参数 iter. max 用来指定算法最大迭代次数，参数 nstart 用来指定随机初始矩阵的尝试次数，参数 algorithm 用来指定聚类算法，包括“Hartigan-Wong”“Lloyd”“Forgy”和“MacQueen”，本例使用“Hartigan-Wong”，参数 trace 用来指定是否记录关于算法进程的跟踪信息，如果为 TRUE 则记录，如果为 FALSE 则不记录，本例不记录跟踪信息。

使用 plot（）函数得到基于快递业务量（X_1）、城市公路密度（X_2）、铁路货运站数（X_3）、港口货物吞吐量（X_4）和公路货运量（X_5）任意两个变量的聚类分析图，本例选取快递业务量和城市公路密度两个指标，得到聚类分析图。

```
#K-means 聚类
KM<-kmeans(data8,centers=3,iter.max=10,nstart=20,algorithm='Harti-
gan-Wong',trace=FALSE)
#输出聚类分析图
plot(data8[c("X1","X2")],col=KM$cluster,pch=as.integer(data8$
class))
points(KM$centers,col=1:3,pch=16,cex=2)
```

3. 聚类结果

图 5-26 为 K-means 聚类结果图,从图中可以看出,当样品数据被分为 3 类时,各类数目分别为 13、15 和 2。各城市所属类别可以从图中 Clustering vector 看出,如广州和上海被归为第 3 类城市。组间的距离平方和占了整体距离平方和的 51.5%。最终具体分成几类可以根据实际情况在代码中修改。

```
K-means clustering with 3 clusters of sizes 13, 15, 2

Cluster means:
          X1         X2         X3         X4         X5
1 -0.5425117 -0.8970315 -0.1908342 -0.3807520 -0.6013163
2  0.1190505  0.6447142  0.1163762 -0.1083061  0.2585300
3  2.6334473  0.9953483  0.3676009  3.2871836  1.9695809

Clustering vector:
 [1] 2 2 1 3 2 1 2 2 2 1 2 1 1 1 2 2 1 3 2 1 2 1 1 2 2 1 1 1 2 2

Within cluster sum of squares by cluster:
[1] 13.846056 48.604239  7.883732
 (between_SS / total_SS =  51.5 %)
```

图 5-26　K-means 聚类结果图

图 5-27 为 30 个城市有关快递业务量和城市公路密度两个指标的聚类图,可以发现 30 个城市被分成了 3 类,各类包含城市数为 13、15 和 2。

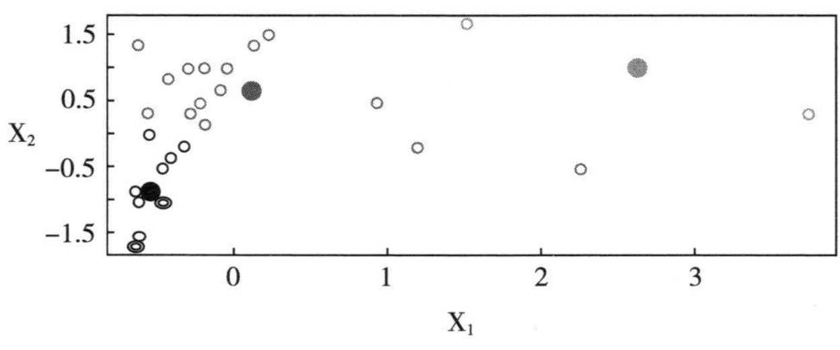

图 5-27　聚类分析图

习题

【5-1】试阐述聚类分析的基本思想和作用。

【5-2】试述系统聚类法和 K-means 聚类法的原理和具体步骤。

【5-3】已知 5 个样本两两间的距离矩阵如下所示，试用各种系统聚类法对样本聚类，并画出对应的谱系图。

$$D=\begin{bmatrix} 0 & 4 & 6 & 1 & 6 \\ 4 & 0 & 9 & 7 & 3 \\ 6 & 9 & 0 & 10 & 5 \\ 1 & 7 & 10 & 0 & 8 \\ 6 & 3 & 5 & 8 & 0 \end{bmatrix}$$

【5-4】试推导重心法的距离公式（5-15）。

【5-5】基于例 5-6 中 2019 年安徽省地级市的物流需求竞争力指标数据，试用 K-means 聚类法对安徽省 11 个城市进行物流需求竞争力分类分析。

【5-6】基于例 5-7 中 2019 年中国主要城市的物流基础设施与物流货运能力等物流相关指标数据，试用系统聚类法对中国主要城市的物流发展水平进行分类分析。

第六章　判别分析

第一节　判别分析的基本思想

在人们的日常学习生活和科研实践中，常常会遇到对观测到的样本数据判别其所属类型的问题，在多元统计分析中，称之为判别分析（Discriminate Analysis）。例如，在物流统计中，当已知企业有六类物流需求（均匀需求、周期需求、加速需求、S形生产函数需求、一次需求、随机需求），可以从客户信用度、客户忠诚度和企业资产三个指标出发，判断客户的物流需求类型。再者，当已知物流企业的三种主要类型（运输型、仓储型和综合服务型）时，可以根据物流企业的经营范围、经营方式、投资规模等基本情况，判断物流企业的类型。同样地，在生物统计、医学统计、经济统计、社会统计中都有类似的判别问题。值得注意的是，在对新的样本进行分类之前，各个"类"是已知的，如物流需求的六类、物流运营模式的三类等。由此，可以得到判别分析的概念。

判别分析，就是在已知样本分类的前提下，将新样本按照某种判别规则，判定其属于某个类。判别规则通常是以历史数据作为"训练样本"建立起来的，用来对未知类别的新样本进行判别，在机器学习中属于"监督学习"。

如果把判别分析问题用数学语言来表达，可以叙述如下：假设有 n 个样本，每个样本都测量了相同的 p 个指标，且这 n 个样本属于 k 个类别（或总体）G_1，G_2，…，G_k，判别分析就是利用这 n 个样本的数据建立某种判别规则，把属于不同类别的样本点尽可能地区分开来，并对 p 维新样本判定其归属于哪类。

判别分析的方法很多，本章主要介绍常用的三种，即距离判别，Fisher 判别和 Bayes 判别。判别分析的方法可以分为两类，一类是确定性的，即确定新样本所属类别时只考虑判别函数的大小；另一类是概率性的（或统计性的），即确定新样本所属类别时用到概率性质。根据判别准则的不同，在判别分析中距离判别和 Fisher 判别属于确定性判别，而 Bayes 判别属于概率性判别。

第二节　距离判别

一、马氏距离

距离是判别分析中最基本的概念，可以根据一个样本距离各个类的距离远近对该样本的归属进行判定。设 p 维欧式空间 R^p 中的两个随机变量 $X=(X_1, X_2, \cdots, X_p)'$ 和 $Y=(Y_1, Y_2, \cdots, Y_p)'$，一般情况下，定义的距离都是欧式距离（欧几里得距离），表示为：

$$d^2(X, Y) = (X_1-Y_1)^2+\cdots+(X_p-Y_p)^2 \tag{6-1}$$

在处理实际问题，特别多元数据的统计分析时，欧氏距离存在一定的缺陷，并不是特别适用。首先，欧式距离对每一个样本同等对待，变量单位的变化会影响计算结果。例如，在分析物流产业增加值（亿元）和公路货物运输量（亿吨）关系时，搜集了 4 个数据，分别为 A（165，50）、B（165，60）、C（170，65）、D（160，65），则 $d^2(A, B)=d^2(C, D)=100$。当物流产业增加值的单位由亿元变为万元时，数据分别变为 A（1650000，50）、B（1650000，60）、C（1700000，65）、D（1600000，65），此时 $d^2(A, B)<d^2(C, D)$。其次，欧式距离在处理多维数据时，没有充分考虑变量间的信息，结果可能不合理。例如，在二维空间，设有两个正态总体，$X\sim N(\mu_1, \sigma^2)$ 和 $Y\sim N(\mu_2, 4\sigma^2)$，如图 6-1 所示，A 点是 X 和 Y 的交界点，按欧氏距离来度量，A 点离总体 X 要比离总体 Y 更近一些。但是，从概率的角度来度量，A 点位于 μ_1 右侧的 $2\sigma_x$ 处，而位于 μ_2 左侧的 $1.5\sigma_y$ 处，应该认为 A 点离总体 Y 更近一些。显然，后一种度量更合理。

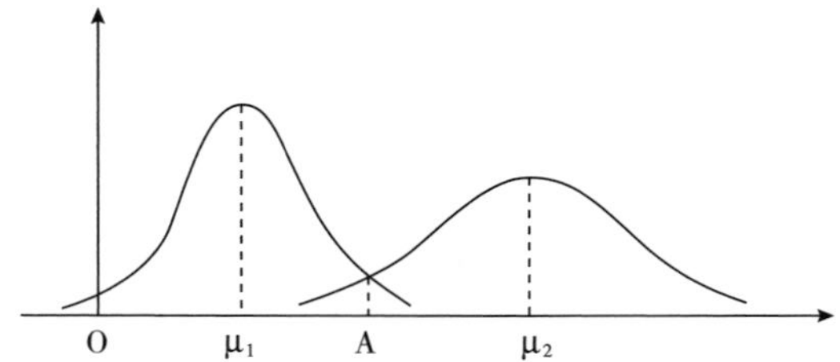

图 6-1　不同参数的正态总体间的距离分析

因此，这里引入一种由印度统计学家马哈拉诺比斯（Mahalanobis，1936）提出的"马氏距离"的概念。

设总体 G 的均值向量为 μ，协方差阵为 Σ（>0），则总体 G 中两个样本点 X 与 Y 之间的马氏距离定义为：

$$D^2(X,\ Y)=(X-Y)'\Sigma^{-1}(X-Y) \tag{6-2}$$

点 X 到总体 G 的马氏距离定义为：

$$D^2(X,\ G)=(X-\mu)'\Sigma^{-1}(X-\mu) \tag{6-3}$$

特别的，当 $\Sigma=I$ 时，马氏距离等价于欧式距离。

二、两总体距离判别

设 G_1 和 G_2 是 p 维空间内的两个总体，从总体 G_1 中抽取 n_1 个样本，从总体 G_2 中抽取 n_2 个样本。对于一个新的 p 维样本 X，要判断它来自哪个总体。

一般情况下，分别计算新样本 X 到两个总体 G_1 和 G_2 的马氏距离 D^2（X，G_1）和 D^2（X，G_2），按照距离最近原则判断新样本 X 的归属。判别规则为：若样本 X 到总体 G_1 的距离小于到总体 G_2 的距离，则认为样本 X 属于总体 G_1，反之，则认为样本 X 属于总体 G_2；若样本 X 到总体 G_1 和 G_2 的距离相等，则需要进行更进一步的判断，其数学模型描述如下：

$$\begin{cases} X\in G_1,\ \text{如果}\ D^2(X,\ G_1)<D^2(X,\ G_2) \\ X\in G_2,\ \text{如果}\ D^2(X,\ G_1)>D^2(X,\ G_2) \\ \text{待判},\ \text{如果}\ D^2(X,\ G_1)=D^2(X,\ G_2) \end{cases} \tag{6-4}$$

设总体 G_1 和 G_2 的均值和协方差阵分别是 μ_1，μ_2，Σ_1，Σ_2，则新样本 X 到总体 G_1 和 G_2 的马氏距离分别为：

$$D^2(X, G_1) = (X - \mu_1)' \sum_1^{-1} (X - \mu_1) \tag{6-5}$$

$$D^2(X, G_2) = (X - \mu_2)' \sum_2^{-1} (X - \mu_2) \tag{6-6}$$

在做判别分析时，一般要求各判别变量之间服从多元正态分布，在这种条件下可以精确计算显著性检验值和分组归属的概率。下面根据总体 G_1 和 G_2 的均值和协方差阵的不同类型展开讨论。

（一）$\Sigma_1 = \Sigma_2 = \Sigma$

当总体 G_1 和 G_2 的均值不等、协方差阵相等时，新样本 X 到总体 G_1 和 G_2 的马氏距离之差为：

$$\begin{aligned} D^2(X, G_1) - D^2(X, G_2) &= (X-\mu_1)' \sum^{-1} (X-\mu_1) - (X-\mu_2)' \sum^{-1} (X-\mu_2) \\ &= X' \sum^{-1} X' - 2X' \sum^{-1} \mu_1 + \mu'_1 \sum^{-1} \mu_1 - \\ &\quad (X' \sum^{-1} X' - 2X' \sum^{-1} \mu_2 + \mu'_2 \sum^{-1} \mu_2) \\ &= 2X' \sum^{-1} (\mu_2 - \mu_1) + \mu'_1 \sum^{-1} \mu_1 - \mu'_2 \sum^{-1} \mu_2 \\ &= 2X' \sum^{-1} (\mu_2 - \mu_1) + (\mu_1 + \mu_2)' \sum^{-1} (\mu_1 - \mu_2) \\ &= -2\left(X - \frac{\mu_1 + \mu_2}{2}\right)' \sum^{-1} (\mu_1 - \mu_2) \end{aligned} \tag{6-7}$$

令 $\bar{\mu} = \frac{\mu_1+\mu_2}{2}$，$\alpha = \Sigma^{-1}$（$\mu_1-\mu_2$），记

$$W(X) = \left(X - \frac{\mu_1 + \mu_2}{2}\right)' \sum^{-1} (\mu_1 - \mu_2) = (X - \bar{\mu})'\alpha = \alpha'(X - \bar{\mu}) \tag{6-8}$$

其中，W（X）为判别函数，由于它是 X 的线性函数，又称为线性判别函数，α 称为判别系数。线性判别函数使用起来最方便，在实际应用中也最广泛。此时，判别规则可以表示为：

$$\begin{cases} X \in G_1, \text{ 如果 } W(X) > 0 \\ X \in G_2, \text{ 如果 } W(X) < 0 \\ \text{待判, 如果 } W(X) = 0 \end{cases} \tag{6-9}$$

特别地，当 p=1 时，总体 G_1 和 G_2 的分布分别为 N（μ_1，σ^2）和 N（μ_2，σ^2），μ_1，μ_2，σ^2 为已知变量，假设 $\mu_1<\mu_2$，则判别系数为 $\alpha = \frac{\mu_1-\mu_2}{\sigma^2} < 0$，判别

函数为 $W(X)=\alpha(X-\bar{\mu})$。判别准则等价于：

$$\begin{cases} X\in G_1, & 如果\ X<\bar{\mu} \\ X\in G_2, & 如果\ X>\bar{\mu} \\ 待判, & 如果\ X=\bar{\mu} \end{cases} \tag{6-10}$$

在实际应用中，总体的均值和协方差阵 μ_1、μ_2、Σ 一般情况下是未知的，可通过样本的均值和协方差阵进行估计。设 $X_1^{(1)}$，…，$X_{n_1}^{(1)}$ 是来自总体 G_1 的样本，$X_1^{(2)}$，…，$X_{n_2}^{(2)}$ 是来自总体 G_2 的样本，则 μ_1、μ_2 和 Σ 的估计值分别为：

$$\hat{\mu}_1=\frac{1}{n_1}\sum_{i=1}^{n_1}X_i^{(1)}=\bar{X}^{(1)} \tag{6-11}$$

$$\hat{\mu}_2=\frac{1}{n_2}\sum_{i=1}^{n_2}X_i^{(2)}=\bar{X}^{(2)} \tag{6-12}$$

$$\hat{\Sigma}=\frac{1}{n_1+n_2-2}(S_1+S_2) \tag{6-13}$$

其中，

$$S_i=\sum_{j=1}^{n_i}(X_j^{(i)}-\bar{X}^{(i)})(X_j^{(i)}-\bar{X}^{(i)})',\ i=1,\ 2 \tag{6-14}$$

此时，两总体距离判别的判别函数为：

$$\hat{W}(X)=\hat{\alpha}'(X-\bar{X}) \tag{6-15}$$

其中，$\bar{X}=\frac{\bar{X}^{(1)}+\bar{X}^{(2)}}{2}$，$\hat{\alpha}=\hat{\Sigma}^{-1}(\bar{X}^{(1)}-\bar{X}^{(2)})$，其判别规则为：

$$\begin{cases} X\in G_1, & 如果\ \hat{W}(X)>0 \\ X\in G_2, & 如果\ \hat{W}(X)<0 \\ 待判, & 如果\ \hat{W}(X)=0 \end{cases} \tag{6-16}$$

（二）$\Sigma_1\neq\Sigma_2$

当两个总体 G_1 和 G_2 的均值不等，协方差阵也不等时，仍可用式（6-4）的形式来判断新样本 X 的归属，判别函数为：

$$\begin{aligned} W^*(X)&=D^2(X,\ G_2)-D^2(X,\ G_1) \\ &=(X-\mu_2)'\Sigma_2^{-1}(X-\mu_2)-(X-\mu_1)'\Sigma_1^{-1}(X-\mu_1) \end{aligned} \tag{6-17}$$

此时，$W^*(X)$ 是新样本 X 的二次函数，而不是线性函数。相应的判别规则为：

$$\begin{cases} X \in G_1, \text{如果 } W^*(X)>0 \\ X \in G_2, \text{如果 } W^*(X)<0 \\ \text{待判, 如果 } W^*(X)=0 \end{cases} \tag{6-18}$$

同理，在实际应用中，总体的均值和协方差阵 μ_1、μ_2、Σ_1、Σ_2 在一般情况下是未知的，可通过样本的均值和协方差阵进行估计。μ_1、μ_2 的估计值见式（6-11）和式（6-12），Σ_1，Σ_2 估计分别为：

$$\hat{\Sigma}_1 = \frac{1}{n_1 - 1} S_1 \tag{6-19}$$

$$\hat{\Sigma}_2 = \frac{1}{n_2 - 1} S_2 \tag{6-20}$$

其中，

$$S_i = \sum_{j=1}^{n_i} (X_j^{(i)} - \overline{X}^{(i)})(X_j^{(i)} - \overline{X}^{(i)})', \ i = 1, 2 \tag{6-21}$$

值得注意的是，作距离判别时，总体的均值 μ_1 和 μ_2 要有显著的差异才行，否则判别的误差较大，判别结果没有多大意义。

三、多总体距离判别

设 G_1，…，G_k 是 p 维空间内的 k 个总体，从总体 G_i（i=1，…，k）中抽取 n_i 个样本，对于一个新的 p 维样本 X，要判断它来自哪个总体。这个问题与两总体距离判别的思路基本一致，即计算样本 X 到各个总体的马氏距离 $D^2(X, G_i)$（i=1，…，k），判别规则是 X 属于距离最小的总体。

设总体 G_i（i=1，…，k）的均值和协方差阵分别是 μ_i，Σ_i（i=1，…，k），则新样本 X 到总体 G_i 的马氏距离分别为：

$$D^2(X, G_i) = (X - \mu_i)' \Sigma_i^{-1} (X - \mu_i) \tag{6-22}$$

下面根据总体 G_i（i=1，…，k）的均值和协方差阵的不同类型展开讨论。

（一）$\Sigma_1 = \cdots = \Sigma_k = \Sigma$

当总体 G_i（i=1，…，k）的均值不等，协方差阵相等时，新样本 X 到各个总体的马氏距离分别为：

$$D^2(X, G_i) = (X - \mu_i)' \Sigma^{-1} (X - \mu_i) = X' \Sigma^{-1} X - 2\mu'_i \Sigma^{-1} X + \mu'_i \Sigma^{-1} \mu_i \tag{6-23}$$

由于 $X'\Sigma^{-1}X$ 是常数，令 $I'_i=\mu'_i\Sigma^{-1}$，$C_i=-\frac{1}{2}\mu'_i\Sigma^{-1}\mu_i$，记

$$W_i(X)=\mu'_i\sum{}^{-1}X-\frac{1}{2}\mu'_i\sum{}^{-1}\mu_i=I'_iX+C_i \tag{6-24}$$

W_i（X）（i=1，…，k）为判别函数，由于它是 X 的线性函数，又称为线性判别函数。此时，判别规则可以表示为：

$$\begin{cases}X\in G_i，如果\ W_i(X)=\max\limits_{1\leqslant i\leqslant k}(I'_iX+C_i)\\ 待判，如果\ i\neq j,\max\limits_{1\leqslant i\leqslant k}(I'_iX+C_i)=\max\limits_{1\leqslant i\leqslant k}(I'_iX+C_j)\end{cases} \tag{6-25}$$

在实际应用中，总体的均值 μ_i（i=1，…，k）和方差 Σ 一般情况下是未知的，可通过样本的均值和协方差阵进行估计。设 $X_1^{(1)}$，…，$X_{n_i}^{(1)}$ 是来自总体 G_i（i=1，…，k）的样本，则 μ_i 和 Σ 可估计为：

$$\hat{\mu}_i=\frac{1}{n_i}\sum_{j=1}^{n_i}X_j^{(1)}=\overline{X}^{(i)}，i=1，\cdots，k \tag{6-26}$$

$$\hat{\sum}=\frac{1}{n-k}(S_1+\cdots+S_k) \tag{6-27}$$

其中，

$$S_i=\sum_{j=1}^{n_i}(X_j^{(i)}-\overline{X}^{(i)})(X_j^{(i)}-\overline{X}^{(i)})'，i=1，\cdots，k \tag{6-28}$$

$$n=n_1+\cdots+n_k \tag{6-29}$$

此时，多总体距离判别的判别函数为：

$$\hat{W}_i(X)=\overline{X}'_iS_i^{-1}X+\frac{1}{2}\overline{X}'_iS_i^{-1}\overline{X}_i=I'_iX+C_i \tag{6-30}$$

判别规则同式（6-25）。

（二）协方差阵不完全相同

当总体 G_1，…，G_k 的协方差阵 Σ_i（i=1，…，k）不完全相同时，判别分析的规则同样为新样本 X 到总体 G_i 的马氏距离：

$$D^2(X，G_i)=(X-\mu_i)'\sum{}_i^{-1}(X-\mu_i)，i=1，\cdots，k \tag{6-31}$$

由于 Σ_i（i=1，…，k）不完全相等，因此由式（6-31）导出的判别函数不是线性函数，而是二次函数。相应的判别规则可以表示为：

$$\begin{cases}X\in G_i，如果\ D_i^2(X)=\min\limits_{1\leqslant j\leqslant k}D_j^2(X)\\ 待判，如果\ i\neq j,\min\limits_{1\leqslant i\leqslant k}D_i^2(X)=\min\limits_{1\leqslant j\leqslant k}D_j^2(X)\end{cases} \tag{6-32}$$

在实际应用中，总体的均值 μ_i（i=1，…，k）和方差 Σ_i（i=1，…，k）一般情况下是未知的，可通过样本的均值和协方差阵进行估计。设 $X_1^{(1)}$，…，$X_{n_i}^{(1)}$ 是来自总体 G_i（i=1，…，k）的样本，μ_i（i=1，…，k）的估计与式（6-26）相同，Σ_i（i=1，…，k）的估计为：

$$\hat{\sum}_i = \frac{1}{n_i - 1} S_i,\ i = 1,\ \cdots,\ k \tag{6-33}$$

其中，S_i 的估计如式（6-28）所示。

在日常工作中，线性判别函数容易计算，二次判别函数计算起来比较复杂。由于 Σ_i（i=1，…，k）是对称的正定矩阵，由 Cholesky 分解可知，存在唯一的下三角阵 V_i，使得

$$\sum_i = V_i V'_i \tag{6-34}$$

其中，V_i 的对角线元素均为正数。因此，

$$(\sum_i)^{-1} = (V_i V'_i)^{-1} = (V'_i)^{-1}(V_i)^{-1} = L'_i L_i \tag{6-35}$$

L_i 仍为下三角阵。因此，新样本 X 到总体 G_i 的马氏距离等价于：

$$D^2(X,\ G_i) = (X-\mu_i)'L'_iL_i(X-\mu_i) = [L_i(X-\mu_i)]'[L_i(X-\mu_i)],\ i=1,\ \cdots,\ k \tag{6-36}$$

在提前计算 L_i 的前提下，判别函数的计算就变得比较方便了。

由于两总体距离判别和多总体距离判别在计算思路上基本一致，下面以协方差矩阵相等的两总体判别分析为例，介绍距离判别的计算过程。

【例 6-1】若我国各省份的物流发展水平分为Ⅰ类和Ⅱ类，表 6-1 对我国部分省份 2018 年物流发展水平的 5 个影响指标进行了搜集，这些指标分别为 X_1：社会物流总额（万亿元）；X_2：物流增加值（万亿元）；X_3：社会物流总费用（万亿元）；X_4：快递业务量累计（亿件）；X_5：快递收入累计（亿元）。表 6-2 中给出了部分未定级的物流数据。利用两总体距离分析法，对物流水平进行判别分析。

表 6-1　我国部分省份 2018 年物流发展水平数据

编号	类别	X_1	X_2	X_3	X_4	X_5
1	Ⅰ类	8.49	0.28	0.59	17.41	180.78
2	Ⅰ类	6.60	0.27	0.64	14.60	167.16

续表

编号	类别	X_1	X_2	X_3	X_4	X_5
3	Ⅰ类	30. 21	0. 56	1. 29	43. 89	480. 89
4	Ⅰ类	169. 30	0. 54	0. 81	101. 11	779. 30
5	Ⅰ类	6. 57	0. 22	0. 47	11. 23	111. 01
6	Ⅰ类	6. 93	0. 24	0. 57	21. 16	206. 68
7	Ⅰ类	13. 09	0. 30	0. 74	15. 26	152. 94
8	Ⅱ类	10. 86	0. 30	0. 56	7. 89	80. 47
9	Ⅱ类	0. 75	0. 02	0. 07	0. 71	16. 31
10	Ⅱ类	5. 07	0. 10	0. 37	5. 69	67. 31
11	Ⅱ类	0. 63	0. 04	0. 06	0. 68	8. 13
12	Ⅱ类	3. 51	0. 16	0. 31	1. 52	29. 91

表 6-2　未定级物流发展水平数据

编号	X_1	X_2	X_3	X_4	X_5
A	4. 88	0. 10	0. 35	5. 28	52. 81
B	7. 18	0. 26	0. 59	23. 13	210. 82
C	10. 15	0. 28	0. 59	7. 53	74. 23

【解】由式（6-11）至式（6-14）可知：

$$\hat{\mu}_1 = \frac{1}{n_1}\sum_{i=1}^{7} X_i^{(1)} = \overline{X}^{(1)} = \begin{pmatrix} 34.46 \\ 0.34 \\ 0.73 \\ 32.10 \\ 296.97 \end{pmatrix} \tag{6-37}$$

$$\hat{\mu}_2 = \frac{1}{n_2}\sum_{i=1}^{5} X_i^{(2)} = \overline{X}^{(2)} = \begin{pmatrix} 4.16 \\ 0.12 \\ 0.27 \\ 3.30 \\ 40.43 \end{pmatrix} \tag{6-38}$$

则，

$$\bar{X}=\frac{\bar{X}^{(1)}+\bar{X}^{(2)}}{2}=\begin{pmatrix}19.31\\0.23\\0.50\\17.70\\168.70\end{pmatrix}$$

$$\bar{X}^{(1)}-\bar{X}^{(2)}=\begin{pmatrix}30.29\\0.22\\0.46\\28.80\\256.54\end{pmatrix}$$

$$S_1=\sum_{j=1}^{7}(X_j^{(1)}-\bar{X}^{(1)})(X_j^{(1)}-\bar{X}^{(1)})'$$

$$=\begin{pmatrix}21641.19 & 37.03 & 25.99 & 11365.92 & 81636.95\\37.03 & 0.13 & 0.20 & 23.10 & 192.55\\25.99 & 0.20 & 0.44 & 22.76 & 230.89\\11365.92 & 23.10 & 22.76 & 6261.23 & 46723.05\\81636.95 & 192.55 & 230.89 & 46723.05 & 360296.59\end{pmatrix}$$

$$S_2=\sum_{j=1}^{5}(X_j^{(2)}-\bar{X}^{(2)})(X_j^{(2)}-\bar{X}^{(2)})'$$

$$=\begin{pmatrix}70.30 & 1.79 & 3.37 & 52.26 & 496.04\\1.79 & 0.05 & 0.09 & 1.18 & 11.41\\3.37 & 0.09 & 0.17 & 2.54 & 25.19\\52.26 & 1.18 & 2.54 & 43.61 & 414.22\\496.04 & 11.41 & 25.19 & 414.22 & 4060.99\end{pmatrix}$$

假定$\Sigma_1=\Sigma_2=\Sigma$，则Σ可估计为：

$$\hat{\Sigma}=\frac{1}{n_1+n_2-2}(S_1+S_2)=\begin{pmatrix}2171.15 & 3.88 & 2.94 & 1141.82 & 8213.30\\3.88 & 0.02 & 0.03 & 2.43 & 20.40\\2.94 & 0.03 & 0.06 & 2.53 & 25.61\\1141.82 & 2.43 & 2.53 & 630.48 & 4713.73\\8213.30 & 20.40 & 25.61 & 4713.73 & 36435.76\end{pmatrix} \quad (6-39)$$

$$\hat{\Sigma}^{-1}=\begin{pmatrix} 0.07 & -1.12 & -0.33 & -0.31 & 0.02 \\ -1.12 & 1250.29 & -597.85 & -5.59 & 0.70 \\ -0.33 & -597.85 & 368.60 & 9.13 & -1.03 \\ -0.31 & -5.59 & 9.13 & 1.51 & -0.13 \\ 0.02 & 0.70 & -1.03 & -0.13 & 0.01 \end{pmatrix} \tag{6-40}$$

则判别系数为：

$$\hat{\alpha}=\hat{\Sigma}^{-1}(\overline{X}^{(1)}-\overline{X}^{(2)})=\begin{pmatrix} -0.86 \\ -10.70 \\ 23.41 \\ 3.87 \\ -0.31 \end{pmatrix} \tag{6-41}$$

判别函数为：

$$W(X)=\alpha'(X-\overline{\mu})=\begin{pmatrix} -0.86 \\ -10.70 \\ 23.41 \\ 3.87 \\ -0.31 \end{pmatrix}'\left(X-\begin{pmatrix} 19.31 \\ 0.23 \\ 0.50 \\ 17.70 \\ 168.70 \end{pmatrix}\right) \tag{6-42}$$

判别规则为：

$$\begin{cases} X\in \text{Ⅰ类，如果 } W(X)>0 \\ X\in \text{Ⅱ类，如果 } W(X)<0 \\ \text{待判，如果 } W(X)=0 \end{cases} \tag{6-43}$$

对于表 6-1 中的数据，代入判别函数，可得判别结果，具体如表 6-3 所示。

表 6-3 原始数据的距离判别

编号	类别	W（X）	判别结论	是否错判
1	Ⅰ类	6.01	Ⅰ类	否
2	Ⅰ类	2.39	Ⅰ类	否
3	Ⅰ类	10.12	Ⅰ类	否
4	Ⅰ类	8.31	Ⅰ类	否
5	Ⅰ类	3.24	Ⅰ类	否
6	Ⅰ类	13.82	Ⅰ类	否

续表

编号	类别	W（X）	判别结论	是否错判
7	Ⅰ类	5.59	Ⅰ类	否
8	Ⅱ类	-2.75	Ⅱ类	否
9	Ⅱ类	-10.25	Ⅱ类	否
10	Ⅰ类	-4.43	Ⅰ类	否
11	Ⅱ类	-8.13	Ⅱ类	否
12	Ⅱ类	-9.79	Ⅱ类	否

现有3个未定级的省份，需要根据 $X_1 \sim X_5$ 这五项指标对其进行分组，新样本距离判别的计算结果如表6-4所示。判别结果为：有1个省份属于Ⅰ类，2个省份属于Ⅱ类。

表6-4　未定级数据的距离判别

编号	W（X）	判别结论
A	-1.84	Ⅱ类
B	20.20	Ⅰ类
C	-0.62	Ⅱ类

第三节　Fisher 判别

一、Fisher 判别基本思想

费希尔（Fisher）1936年提出了判别分析，他将鸢尾花萼片（长、宽）和花瓣（长、宽）的四个维度的信息用线性组合的方法变成单变量值，再利用单值比较的方法来判别鸢尾花的类别，这是判别分析中奠基性的工作，将其命名为“Fisher 判别”。Fisher 判别方法的主要思想是通过将多维数据投影到某个方向上，使得同一类别中的数据尽可能地靠拢，不同类别的数据尽可能地分开，再选择合适的判别规则，将新的样本进行分类判别。

从方差分析的角度来说，同组数据尽可能地靠拢，不同组数据尽可能地分开（就是组内变量方差尽可能小，组间变量方差尽可能大）。按照这一思想，可以建立 Fisher 判别的判别准则。

二、两总体 Fisher 判别

设 G_1 和 G_2 是 p 维空间内的两个总体，Fisher 判别的思想是在将高维空间中的点投影到一维直线 u（X）= a′X 上，使得投影后的点 a′X 尽可能分开。如图 6-2 所示，二维平面上的两类点，小圆点属于总体 G_1，大圆点属于总体 G_2，按照原来的横坐标 x_1 和纵坐标 x_2，很难将它们区分开，但如果把他们都投影到直线 y=u（X）= a′X 上，它们的投影点明显的分为两组，同类的点聚集在一起。可见 Fisher 判别的关键点，就是寻找区分效果最好的投影直线 u（X）= a′X。

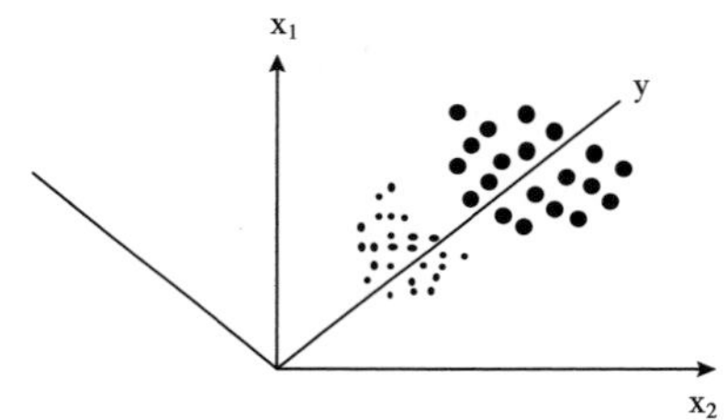

图 6-2　Fisher 投影示意图

设总体 G_1 和 G_2 的均值和协方差阵分别是 μ_1、μ_2、Σ_1、Σ_2，当 $X \in G_i$（i=1，2）时，u（X）= a′X 的均值和方差分别为：

$$E(a'X)=E(a'X|X\in G_i)=a'E(X|X\in G_i)=a'\mu_i\Delta u_i,\ i=1,2 \tag{6-44}$$

$$D(a'X)=D(a'X|X\in G_i)=a'D(X|X\in G_i)a=a'\sum{}_i a\Delta\sigma_i^2,\ i=1,2 \tag{6-45}$$

$$\bar{u}=\frac{1}{2}(u_1+u_2) \tag{6-46}$$

则组（类）间方差平方和为 $B=(\bar{u}_1-\bar{u})^2+(\bar{u}_2-\bar{u})^2$，组（类）内方差和为 $E=\sigma_1^2+\sigma_2^2$，按照方差分析的思想，Fisher 判别就是求函数 u（X）= a′X，使得 μ_1，μ_2 有显著差异的情况下，$\frac{B}{E}=\frac{(\bar{u}_1-\bar{u})^2+(\bar{u}_2-\bar{u})^2}{\sigma_1^2+\sigma_2^2}$ 达到最大。此时，判别规

则为：

$$\begin{cases} X \in G_1, \text{如果} |u(X)-u_1|<|u(X)-u_2| \\ X \in G_2, \text{如果} |u(X)-u_1|>|u(X)-u_2| \\ \text{待判，如果} |u(X)-u_1|=|u(X)-u_2| \end{cases} \tag{6-47}$$

从理论上讲，u（X）是任意函数，但对于任意函数，使得 $\frac{(\bar{u}_1-\bar{u})^2+(\bar{u}_2-\bar{u})^2}{\sigma_1^2+\sigma_2^2}$ 达到最大比较困难。在 Fisher 判别下，取 u（X）为线性判别函数，令

$$u(X) = a'X = a_1X_1+\cdots+a_pX_p \tag{6-48}$$

此时，问题就转化为求 u（X）的系数 a，使得目标函数 $\frac{B}{E}$ 达到最大值。

在实际应用中，总体的均值和方差 μ_1、μ_2、Σ 一般情况下是未知的，可通过样本的均值和协方差阵进行估计，估计公式与判别分析相同。设 $X_1^{(1)}$，…，$X_{n_1}^{(1)}$ 是来自总体 G_1 的样本，$X_1^{(2)}$，…，$X_{n_2}^{(2)}$ 是来自总体 G_2 的样本，根据样本的信息，同样可以获得 u_1、u_2、σ_1^2、σ_2^2 的估计值：

$$n=n_1+n_2 \tag{6-49}$$

$$\hat{u}_1 = \bar{u}_1 = \frac{1}{n_1}\sum_{i=1}^{n_1} u(X_i^{(1)}) = \frac{1}{n_1}\sum_{i=1}^{n_1} a'X_i^{(1)} = a'\frac{1}{n_1}\sum_{i=1}^{n_1} X_i^{(1)} = a'\bar{X}^{(1)} \tag{6-50}$$

$$\hat{u}_2 = \bar{u}_2 = \frac{1}{n_2}\sum_{i=1}^{n_2} u(X_i^{(2)}) = \frac{1}{n_2}\sum_{i=1}^{n_2} a'X_i^{(2)} = a'\frac{1}{n_2}\sum_{i=1}^{n_2} X_i^{(2)} = a'\bar{X}_2 \tag{6-51}$$

$$\hat{u} = \bar{u} = \frac{1}{n}\sum_{i=1}^{2}\sum_{j=1}^{n_i} u(X_j^{(i)}) = \frac{1}{n}\sum_{i=1}^{2}\sum_{j=1}^{n_i} a'X_j^{(i)} = a'\frac{1}{n}\sum_{i=1}^{2}\sum_{j=1}^{n_i} X_j^{(i)} = a'\bar{X} \tag{6-52}$$

$$\begin{aligned} \hat{\sigma}_1^2 &= \frac{1}{n_1-1}\sum_{i=1}^{n_1}[u(X_i^{(1)}) - \bar{u}_1]^2 \\ &= \frac{1}{n_i-1}\sum_{i=1}^{n_1}[a'X_i^{(1)} - a'\bar{X}^{(1)}]^2 \\ &= \frac{1}{n_1-1}a'\sum_{i=1}^{n_1}[X_i^{(1)} - \bar{X}^{(1)}]^2 a \\ &= \frac{1}{n_1-1}a'S_1a \end{aligned} \tag{6-53}$$

其中，$S_1=\sum_{i=1}^{n_1}[X_i^{(1)}-\overline{X}^{(1)}]^2$。

同理，

$$\hat{\sigma}_2^2=\frac{1}{n_2-1}a'S_2a,\ S_2=\sum_{i=1}^{n_2}[X_i^{(2)}-\overline{X}^{(2)}]^2$$

则组（类）内方差 E 的估计值为：

$$\hat{E}=(n_1-1)\hat{\sigma}_1^2+(n_2-1)\hat{\sigma}_2^2=a'S_1a+a'S_2a=a'(S_1+S_2)a=a'Sa \tag{6-54}$$

其中，$S=S_1+S_2$。

组（类）间方差 B 的估计值为：

$$\hat{B}=n_1(\hat{u}_1-\hat{u})^2+n_2(\hat{u}_2-\hat{u})^2=n_1(a'\overline{X}^{(1)}-a'\overline{X})^2+n_2(a'\overline{X}^{(2)}-a'\overline{X})^2$$

$$=a'[(\overline{X}^{(1)}-\overline{X})^2+(\overline{X}^{(2)}-\overline{X})^2]a=a'[\sum_{i=1}^{2}(\overline{X}^{(i)}-\overline{X})(\overline{X}^{(i)}-\overline{X})']a$$

$$=\frac{n_1n_2}{n}a'(dd')a \tag{6-55}$$

其中，$d=\overline{X}^{(2)}-\overline{X}^{(1)}$。

此时，求$\frac{B}{E}$最大，就转化为$\frac{a'(dd')a}{a'Sa}$最大化问题。由线性代数的知识可知，$\max\left\{\frac{a'(dd')a}{a'Sa}\right\}$的解并不唯一，因此增加一个约束条件 $a'Sa=1$，由约束问题的一阶必要条件可知：

$$a=S^{-1}d \tag{6-56}$$

对于新样本 X，令

$$W(X)=u(X)-\bar{u}=u(X)-\left(\frac{n_1}{n}\bar{u}_1+\frac{n_2}{n}\bar{u}_2\right)=a'\left(X-\frac{n_1}{n}X^{(1)}-\frac{n_2}{n}X^{(2)}\right)$$

$$=a'(X-\overline{X})$$

$$=(S^{-1}d)'(X-\overline{X}) \tag{6-57}$$

假定 $\bar{u}_1<\bar{u}_2$，则判别规则（6-57）变成

$$\begin{cases}X\in G_1,\ W(X)<0\\X\in G_2,\ W(X)>0\\\text{待判},\ W(X)=0\end{cases} \tag{6-58}$$

三、多总体 Fisher 判别

设 G_1，…，G_k 是 p 维空间内的 k 个总体，从总体 G_i（i=1，…，k）中抽取

n_i 个样本，

$$\begin{array}{l} G_1: X_1^{(1)}, \cdots, X_{n_1}^{(1)} \\ \vdots \quad \vdots \quad \ddots \quad \vdots \\ G_k: X_1^{(k)}, \cdots, X_{n_k}^{(k)} \\ n = n_1 + \cdots + n_k \end{array} \tag{6-59}$$

对于一个新的 p 维样本 X，要判断它来自哪个总体。

令 a 为 p 维欧式空间的任一向量，u（X）= a′X 是变量 X 向以 a 为法线方向的投影，这时，式（6-59）中的数据的投影为：

$$\begin{array}{l} G_1: a'X_1^{(1)}, \cdots, a'X_{n_1}^{(1)} \\ \vdots \quad \vdots \quad \ddots \quad \vdots \\ G_k: a'X_1^{(k)}, \cdots, a'X_{n_k}^{(k)} \end{array} \tag{6-60}$$

与两总体 Fisher 判别类似，其组（类）间平方和为：

$$\begin{aligned} SSG &= \sum_{i=1}^{k} n_i (a'\overline{X}^{(i)} - a'\overline{X})^2 \\ &= a'[\sum_{i=1}^{k} n_i (\overline{X}^{(i)} - \overline{X})(\overline{X}^{(i)} - \overline{X})'] a \\ &= a'Ba \end{aligned} \tag{6-61}$$

式（6-61）中，$B=\sum_{i=1}^{k} n_i (\overline{X}^{(i)}-\overline{X})(\overline{X}^{(i)}-\overline{X})'$，$\overline{X}^{(i)}$ 和 $\overline{X}$ 分别为总体 G_i 的均值向量和总的均值向量。

组内平方和为：

$$\begin{aligned} SSE &= \sum_{i=1}^{k} \sum_{j=1}^{n_i} (a'\overline{X}_j^{(i)} - a'\overline{X}^{(i)})^2 \\ &= a'[\sum_{i=1}^{k} \sum_{j=1}^{n_i} (\overline{X}_j^{(i)} - \overline{X}^{(i)})(\overline{X}_j^{(i)} - \overline{X}^{(i)})'] a \\ &= a'Ea \end{aligned} \tag{6-62}$$

式（6-62）中，$E=\sum_{i=1}^{k}\sum_{j=1}^{n_i}(\overline{X}_j^{(i)}-\overline{X}^{(i)})(\overline{X}_j^{(i)}-\overline{X}^{(i)})'$。

在各组均值 $\mu_i(i=1, \cdots, k)$ 有显著差异的情况下，$F=\frac{SSG/(k-1)}{SSE/(n-k)}=\frac{n-k}{k-1}\frac{a'Ba}{a'Ea}$ 应该充分大，或者 $\Delta(a)=\frac{a'Ba}{a'Ea}$ 应该充分大。因此，问题就转化为求 u(X) 的系数 a 使得 Δ(a) 达到最大。

由矩阵知识可知，$\Delta(a)=\frac{a'Ba}{a'Ea}$的极大值为$|B-\lambda E|=0$的最大特征根 λ_1，因此当 $a=l_1$（l_1 为最大特征根 λ_1 对应的特征向量）时，可使 $\Delta(a)=\frac{a'Ba}{a'Ea}$达到最大。由于 $\Delta(a)=\frac{a'Ba}{a'Ea}$的大小可以衡量投影函数 $u(X)=a'X$ 的效果，因此，$u(X)=a'X$ 为 Fisher 判别的判别函数，$\Delta(a)=\frac{a'Ba}{a'Ea}$为 Fisher 判别的判别效率。

定理 6.1 费歇准则下的线性判别函数 $u(X)=a'X$ 的解为方程 $|B-\lambda E|=0$的最大特征根 λ_1 对应的特征向量 l_1，且相应的判别效率为 $\Delta(l_1)=\lambda_1$。

在有些问题中，仅用一个线性判别函数不能很好地区别各个总体，可取方程 $|B-\lambda E|=0$的第二大特征根 λ_2 对应的特征向量 l_2，建立第二个判别函数 l_2X。如果还不够，还可以建立第三个线性判别函数 l_3X，以此类推。

【例 6-2】以例 6-1 中的数据为例，利用两总体 Fisher 判别，进行判别分析。

【解】由于 $n_1=7$，$n_2=5$，$n=n_1+n_2=12$，由例 6-1 的计算可知：

$$\overline{X}^{(1)}=\begin{pmatrix}34.46\\0.34\\0.73\\32.10\\296.97\end{pmatrix}$$

$$\overline{X}^{(2)}=\begin{pmatrix}4.16\\0.12\\0.27\\3.30\\40.43\end{pmatrix}$$

$$\overline{X}=\frac{\overline{X}^{(1)}+\overline{X}^{(2)}}{2}=\begin{pmatrix}19.31\\0.23\\0.50\\17.70\\168.70\end{pmatrix}$$

$$\overline{X}^{(1)}-\overline{X}^{(2)}=\begin{pmatrix}30.29\\0.22\\0.46\\28.80\\256.54\end{pmatrix}$$

$$S_1=\sum_{j=1}^{7}(X_j^{(1)}-\overline{X}^{(1)})(X_j^{(1)}-\overline{X}^{(1)})'$$

$$=\begin{pmatrix}21641.19 & 37.03 & 25.99 & 11365.92 & 81636.95\\37.03 & 0.13 & 0.20 & 23.10 & 192.55\\25.99 & 0.20 & 0.44 & 22.76 & 230.89\\11365.92 & 23.10 & 22.76 & 6261.23 & 46723.05\\81636.95 & 192.55 & 230.89 & 46723.05 & 360296.59\end{pmatrix}$$

$$S_2=\sum_{j=1}^{5}(X_j^{(2)}-\overline{X}^{(2)})(X_j^{(2)}-\overline{X}^{(2)})'$$

$$=\begin{pmatrix}70.30 & 1.79 & 3.37 & 52.26 & 496.04\\1.79 & 0.05 & 0.09 & 1.18 & 11.41\\3.37 & 0.09 & 0.17 & 2.54 & 25.19\\52.26 & 1.18 & 2.54 & 43.61 & 414.22\\496.04 & 11.41 & 25.19 & 414.22 & 4060.99\end{pmatrix}$$

由于，

$$B=\sum_{i=1}^{2}n_i(\overline{X}^{(i)}-\overline{X})(\overline{X}^{(i)}-\overline{X})'$$

$$=7(\overline{X}^{(1)}-\overline{X})(\overline{X}^{(1)}-\overline{X})'+5(\overline{X}^{(1)}-\overline{X})(\overline{X}^{(1)}-\overline{X})'$$

$$=\begin{pmatrix}2753.77 & 20.22 & 41.42 & 2617.74 & 23319.60\\19.99 & 0.15 & 0.30 & 19.01 & 169.32\\41.81 & 0.31 & 0.63 & 39.74 & 354.03\\2617.45 & 19.22 & 39.37 & 2488.15 & 22165.17\\23315.27 & 171.19 & 350.69 & 22163.56 & 197439.31\end{pmatrix}$$

$$E=\sum_{i=1}^{k}\sum_{j=1}^{n_i}(\overline{X}_j^{(i)}-\overline{X}^{(i)})(\overline{X}_j^{(i)}-\overline{X}^{(i)})'=S_1+S_2$$

$$
=\begin{pmatrix} 21711.49 & 38.82 & 29.37 & 11418.18 & 82133.00 \\ 38.82 & 0.18 & 0.29 & 24.28 & 203.96 \\ 29.37 & 0.29 & 0.61 & 25.30 & 256.08 \\ 11418.18 & 24.28 & 25.30 & 6304.84 & 47137.28 \\ 82133.00 & 203.96 & 256.08 & 47137.28 & 364357.57 \end{pmatrix}
$$

$$
E^{-1}B=\begin{pmatrix} -7.98 & -0.06 & -0.12 & -7.58 & -67.56 \\ -149.24 & -0.94 & -2.36 & -140.96 & -1258.86 \\ 252.15 & 1.80 & 3.86 & 239.20 & 2132.55 \\ 36.70 & 0.27 & 0.55 & 34.88 & 310.74 \\ -2.98 & -0.02 & -0.04 & -2.83 & -25.22 \end{pmatrix}
$$

则特征根为：$\lambda_1=4.38$，$\lambda_2=0.21$，$\lambda_3=0.02$，$\lambda_4=-7.34\times10^{-5}$，$\lambda_5=-7.26$

如果我们取最大特征根 $\lambda_1=4.38$，则其对应的特征向量为：

$$
l_1=\begin{pmatrix} 0.03 \\ 0.52 \\ -0.84 \\ -0.12 \\ 0.01 \end{pmatrix}
$$

则，判别函数为：

$$
\begin{aligned}
W(X)&=l'(X-\bar{X})\\
&=0.03\times(X_1-21.83)+0.52\times(X_2-0.25)-0.83\times(X_3-0.54)\\
&\quad-0.12\times(X_4-20.10)+0.01\times(X_5-190.08)
\end{aligned}
\qquad (6-63)
$$

又

$$\bar{u}_1=l'\bar{X}^{(1)}=-0.50$$

$$\bar{u}_2=l'\bar{X}^{(2)}=-0.06$$

由于 $\bar{u}_1<\bar{u}_2$，则判别规则为：

$$
\begin{cases} X\in \text{Ⅰ类}, & W(X)<0 \\ X\in \text{Ⅱ类}, & W(X)>0 \\ \text{待判}, & W(X)=0 \end{cases}
\qquad (6-64)
$$

根据式（6−63），将表 6−1 中的数据，进行 Fisher 判别，计算数据及判别结果如表 6−5 所示。

表 6-5　原始数据的 Fisher 判别

编号	类别	W（X）	判别结论	是否错判
1	Ⅰ类	-0.12	Ⅰ类	否
2	Ⅰ类	-0.01	Ⅰ类	否
3	Ⅰ类	-0.36	Ⅰ类	否
4	Ⅰ类	-0.30	Ⅰ类	否
5	Ⅰ类	-0.02	Ⅰ类	否
6	Ⅰ类	-0.35	Ⅰ类	否
7	Ⅰ类	-0.14	Ⅰ类	否
8	Ⅱ类	0.14	Ⅱ类	否
9	Ⅱ类	0.48	Ⅱ类	否
10	Ⅱ类	0.25	Ⅱ类	否
11	Ⅱ类	0.41	Ⅱ类	否
12	Ⅱ类	0.41	Ⅱ类	否

表 6-2 中有 3 个未定级的省份，需要根据 $X_1 \sim X_5$ 这五项指标对其进行分组，新样本 Fisher 判别的计算结果如表 6-6 所示。判别结果为：有 1 个省份属于Ⅰ类，2 个省份属于Ⅱ类，与距离判别相同。

表 6-6　未定级数据的 Fisher 判别

编号	W（X）	判别结论
A	0.17	Ⅱ类
B	-0.56	Ⅰ类
C	0.07	Ⅱ类

第四节　Bayes 判别

一、Bayes 判别基本思想

距离判别和 Fisher 判别属于确定性判别，虽然方法简单、便于使用，但是它也有明显的不足之处。首先确定性判别与总体各自出现的概率大小无关，其次确定性判别与错判之后所造成的损失无关。贝叶斯（Bayes）判别就是为了解决这些问题而提出的一种概率性判别方法。

Bayes 判别是根据 Bayes 统计思想衍生而来。Bayes 统计的思想是：假定对研究的对象有一定的认识（常用先验概率分布来描述这种认识），对于取得一个样本，用样本来修正已有的认识（即先验概率分布），得到其后验概率分布，各种统计推断都通过后验概率分布来进行。

设 G_1，…，G_k 是 p 维空间内的 k 个总体，其概率密度函数 f_1（X），…，f_k（X）互不相同，已知 k 个总体各自出现的先验概率分布为 p_1，…，p_k，则后验概率见式（6-65）。对于一个新的 p 维样本 X，我们希望根据上述分析建立判别函数和判别规则，判断它来自哪个总体。

$$p(X \in G_i | X) = \frac{p_i f_i}{\sum_{i=1}^{k} p_i f_i} \tag{6-65}$$

假设将 R^p 空间划分为 R_1，…，R_k，其中，R_1，…，R_k 互不相交，且 $R_1 \cup \cdots \cup R_k = R^p$。如果这个空间划分的适当，则 R_1，…，R_k 正好对应于 k 个总体 G_1，…，G_k，这时判别规则可以采用如下方法。

令 c（j|i）表示样本属于总体 G_i 而误判为总体 G_j 的损失，则 c（i|i）= 0，且 c（j|i）≥0。如果 $X \in G_i$，但是 X 落入 D_j，我们将 X 误判为总体 G_j，则用 p（j|i）表示这一误判的概率：

$$p(j|i) = \int_{D_j} f_i(X)dX, \ i, \ j = 1, \ \cdots, \ k, \ i \neq j \tag{6-66}$$

从描述平均损失的角度，由此带来的平均损失 ECM（Expected Cost of Mis-class-fication）为：

$$ECM(D_1, \ \cdots, \ D_k) = \sum_{i=1}^{k} p_i \sum_{j=1}^{k} c(j|i)p(j|i) \tag{6-67}$$

式（6-67）中，$p_i \geqslant 0$，$\sum_{i=1}^{k} p_i = 1$。所谓 Bayes 判别，就是选择合适的空间划分为 D_1，…，D_k，使 ECM 达到最小。

二、两总体 Bayes 判别

设 G_1 和 G_2 是 p 维空间内的两个总体，概率密度函数分别 f_1（X）和 f_2（X）

且 $f_1(X) \neq f_2(X)$，先验概率分布为 p_1，p_2，X 是 p 维向量，Ω 是样本空间，R_1 是按照某种判别规则判做 G_1 的样本 X 的全体，R_2 是按照某种判别规则判做 G_2 的样本 X 的全体，则 $R_2 = \Omega - R_1$。

由式（6-66）可知，某样本 X 实际属于总体 G_1，但是被错判为总体 G_2 的概率为：

$$p(X \in G_2 | X \in G_1) = p(2|1) = \int_{R_2} f_1(X)\,dX \tag{6-68}$$

某样本 X 实际属于总体 G_2，但是被错判为总体 G_1 的概率为：

$$p(X \in G_1 | X \in G_2) = p(1|2) = \int_{R_1} f_2(X)\,dX \tag{6-69}$$

同理，某样本 X 实际属于总体 G_1，被判为总体 G_1 的概率为：

$$p(X \in G_1 | X \in G_1) = p(1|1) = \int_{R_1} f_1(X)\,dX \tag{6-70}$$

某样本 X 实际属于总体 G_2，被判为总体 G_2 的概率为：

$$p(X \in G_2 | X \in G_2) = p(2|2) = \int_{R_2} f_2(X)\,dX \tag{6-71}$$

由于总体 G_1 和 G_2 出现的先验概率分布为 p_1 和 p_2，于是：

$$\begin{aligned} p(X\text{ 被正确判入 }G_1) &= p(X \in G_1,\ X \in R_1) \\ &= p(X \in G_1 | X \in G_1)\,p(X \in G_1) \\ &= p(1|1)\,p_1 \end{aligned} \tag{6-72}$$

$$\begin{aligned} p(X\text{ 被误判入 }G_1) &= p(X \in G_2,\ X \in R_1) \\ &= p(X \in R_1 | X \in G_2)\,p(X \in G_2) \\ &= p(1|2)\,p_2 \end{aligned} \tag{6-73}$$

同理，

$$p(X\text{ 被正确判入 }G_2) = p(2|2)\,p_2 \tag{6-74}$$

$$p(X\text{ 被误判入 }G_2) = p(2|2)\,p_1 \tag{6-75}$$

由式（6-67）可知，平均误判损失为：

$$ECM(R_1,\ R_2) = \sum_{i=1}^{2} p_i \sum_{j=1}^{2} c(j|i)\,p(j|i) = c(2|1)\,p(2|1)\,p_1 + c(1|2)\,p(1|2)\,p_2 \tag{6-76}$$

一个合理的判别是选择极小化的 ECM。可以证明：极小化 ECM 所对应的样本空间 Ω 的划分为：

$$R_1=\left\{X\left|\frac{f_1(X)}{f_2(X)}\geqslant\frac{c(1|2)p_2}{c(2|1)p_1}\right.\right\},\ R_2=\left\{X\left|\frac{f_1(X)}{f_2(X)}<\frac{c(1|2)p_2}{c(2|1)p_1}\right.\right\} \tag{6-77}$$

因此，可以将式（6-77）作为 Bayes 判别的判别规则。

正态分布的情况下，设总体 G_1 和 G_2 的均值和协方差阵分别是 μ_1、μ_2、Σ_1、Σ_2，在实际应用中，总体的均值和方差一般情况下是未知的，可通过样本的均值和协方差阵进行估计，估计公式与判别分析相同。下面根据总体 G_1 和 G_2 的协方差阵的不同类型展开讨论。

（一）$\Sigma_1=\Sigma_2=\Sigma$

当总体 G_1 和 G_2 的均值不等，协方差阵相等时，两总体的概率密度函数为：

$$f_i(X)=(2\pi)^{\frac{-\pi}{2}}\left|\sum\right|^{\frac{-1}{2}}\exp\left\{-\frac{1}{2}(X-\mu_i)'\sum{}^{-1}(X-\mu_i)\right\},\quad i=1,\ 2 \tag{6-78}$$

$$\frac{f_1(X)}{f_2(X)}=\frac{(2\pi)^{\frac{-\pi}{2}}\left|\sum\right|^{\frac{-1}{2}}\exp\left\{-\frac{1}{2}(X-\mu_1)'\sum{}^{-1}(X-\mu_1)\right\}}{(2\pi)^{\frac{-\pi}{2}}\left|\sum\right|^{\frac{-1}{2}}\exp\left\{-\frac{1}{2}(X-\mu_2)'\sum{}^{-1}(X-\mu_2)\right\}}$$

$$=\exp\left\{\frac{1}{2}\left[(X-\mu_2)'\sum{}^{-1}(X-\mu_2)-(X-\mu_1)'\sum{}^{-1}(X-\mu_1)\right]\right\}$$

$$=\exp\{W(X)\} \tag{6-79}$$

令

$$\beta=\ln\frac{c(1|2)}{c(2|1)}\cdot\frac{p_2}{p_1} \tag{6-80}$$

则式（6-77）的判别规则等价于

$$R_1=\{X|W(X)\geqslant\beta\},\ R_2=\{X|W(X)<\beta\} \tag{6-81}$$

式（6-79）至式（6-81）不难看出，两正态分布总体的 Bayes 判别可以看作两总体距离判别的推广。特别地，当 $p_1=p_2$，$c(1|2)=c(2|1)$ 时，$\beta=ln1=0$，Bayes 判别就是距离判别。

（二）$\Sigma_1\neq\Sigma_2$

当两个总体 G_1 和 G_2 的均值不等，协方差阵也不等时，两总体的概率密度函数为：

$$f_i(X)=(2\pi)^{\frac{-\pi}{2}}\left|\sum\right|^{\frac{-1}{2}}\exp\left\{-\frac{1}{2}(X-\mu_i)'\sum{}_i^{-1}(X-\mu_i)\right\},\ i=1,\ 2 \tag{6-82}$$

则，

$$\frac{f_1(X)}{f_2(X)}=\frac{(2\pi)^{\frac{-\pi}{2}}\left|\sum_1\right|^{\frac{-1}{2}}\exp\left\{-\frac{1}{2}(X-\mu_1)'\sum_1^{-1}(X-\mu_1)\right\}}{(2\pi)^{\frac{-\pi}{2}}\left|\sum_2\right|^{\frac{-1}{2}}\exp\left\{-\frac{1}{2}(X-\mu_2)'\sum_2^{-1}(X-\mu_2)\right\}}$$

$$=\left(\frac{\left|\sum_1\right|}{\left|\sum_2\right|}\right)^{\frac{-1}{2}}\exp\left\{\frac{1}{2}\left[(X-\mu_2)'\sum_2^{-1}(X-\mu_2)-(X-\mu_1)'\sum_1^{-1}(X-\mu_1)\right]\right\}$$

$$=\left(\frac{\left|\sum_1\right|}{\left|\sum_2\right|}\right)^{\frac{-1}{2}}\exp\{W(X)\} \tag{6-83}$$

令

$$\beta=\ln\frac{c(1|2)}{c(2|1)}\times\frac{p_2}{p_1}+\frac{1}{2}\ln\left(\frac{\left|\sum_1\right|}{\left|\sum_2\right|}\right) \tag{6-84}$$

则式（6-77）的判别规则等价于

$$R_1=\{X|W(X)\geqslant\beta\},\ R_2=\{X|W(X)<\beta\} \tag{6-85}$$

三、多总体 Bayes 判别

由两总体 Bayes 判别可知，Bayes 判别本质上就是寻找一个合适的判别规则，使得平均误判损失 ECM 达到最小。

设 G_1，…，G_k 是 p 维空间内的 k 个总体，概率密度函数分别为 $f_1(X)$，…，$f_k(X)$，先验概率分布为 p_1，…，p_k，假设所有的错判损失 $c(j|i)$，$i\neq j=1$，…，k 相同。对于一个新的 p 维样本 X，要判断它来自哪个总体，相应的判别规则为：

$$R_i=\{X|p_if_i(X)=\max_{1\leqslant j\leqslant k}p_jf_j(X)\},\ i=1,\ \cdots,\ k \tag{6-86}$$

正态分布的情况下，设总体 G_i（i=1，…，k）的均值和协方差阵分别是 μ_i 和 $\sum_i$，在实际应用中，总体的均值和方差一般情况下是未知的，可通过样本的均值和协方差阵进行估计，估计公式与判别分析相同。下面根据总体 G_i 的协方差阵的不同类型展开讨论。

（一）$\sum_1=\cdots=\sum_k=\sum$

当总体 G_i（i=1，…，k）的均值不等，协方差阵相等时，总体 G_i 的概率密度函数为：

$$f_i(X)=(2\pi)^{\frac{-\pi}{2}}\left|\sum\right|^{\frac{-1}{2}}\exp\left\{-\frac{1}{2}(X-\mu_i)'\sum{}^{-1}(X-\mu_i)\right\},\quad i=1,\ \cdots,\ k \tag{6-87}$$

$$p_if_i(X)=p_i\cdot(2\pi)^{\frac{-\pi}{2}}\left|\sum\right|^{\frac{-1}{2}}\exp\left\{-\frac{1}{2}(X-\mu_i)'\sum{}^{-1}(X-\mu_i)\right\}$$
$$=(2\pi)^{\frac{-\pi}{2}}\cdot p_i\left|\sum\right|^{\frac{-1}{2}}\exp\left\{-\frac{1}{2}(X-\mu_i)'\sum{}^{-1}(X-\mu_i)\right\} \tag{6-88}$$

$$\ln(p_if_i(X))=\ln(2\pi)^{\frac{-\pi}{2}}+\ln(p_i)+\ln\left(\left|\sum\right|^{\frac{-1}{2}}\right)+\left\{-\frac{1}{2}(X-\mu_i)'\sum{}^{-1}(X-\mu_i)\right\}$$
$$=-\frac{\pi}{2}\ln(2\pi)+\ln p_i-\frac{1}{2}\ln\left(\left|\sum\right|\right)-\frac{1}{2}(X-\mu_i)'\sum{}^{-1}(X-\mu_i)$$
$$=-\frac{\pi}{2}\ln(2\pi)-\frac{1}{2}\ln\left(\left|\sum\right|\right)-\left[\frac{1}{2}(X-\mu_i)'\sum{}^{-1}(X-\mu_i)-\ln p_i\right] \tag{6-89}$$

由于$\frac{\pi}{2}\ln(2\pi)$和$\frac{1}{2}\ln\left(\left|\sum\right|\right)$是常数，令

$$d_i=\frac{1}{2}(X-\mu_i)'\sum{}^{-1}(X-\mu_i)-\ln p_i \tag{6-90}$$

判别规则式（6-86）等价于

$$R_i=\{X\mid d_i(X)=\max_{1\leqslant j\leqslant k}d_j(X)\},\ i=1,\ \cdots,\ k \tag{6-91}$$

（二）协方差阵不完全相同

当总体 G_i（i=1，…，k）的均值不等，协方差阵也不完全相等时，总体 G_i 的概率密度函数为：

$$f_i(X)=(2\pi)^{\frac{-\pi}{2}}\left|\sum{}_i\right|^{\frac{-1}{2}}\exp\left\{-\frac{1}{2}(X-\mu_i)'\sum{}_i^{-1}(X-\mu_i)\right\},\quad i=1,\ \cdots,\ k \tag{6-92}$$

则

$$p_if_i(X)=p_i\cdot(2\pi)^{\frac{-\pi}{2}}\left|\sum{}_i\right|^{\frac{-1}{2}}\exp\left\{-\frac{1}{2}(X-\mu_i)'\sum{}_i^{-1}(X-\mu_i)\right\}$$
$$=(2\pi)^{\frac{-\pi}{2}}\cdot p_i\cdot\left|\sum{}_i\right|^{\frac{-1}{2}}\cdot\exp\left\{-\frac{1}{2}(X-\mu_i)'\sum{}_i^{-1}(X-\mu_i)\right\} \tag{6-93}$$

$$\ln(p_i f_i(X)) = \ln(2\pi)^{\frac{-\pi}{2}} + \ln(p_i) + \ln\left(\left|\sum_i\right|^{\frac{-1}{2}}\right) + \left\{-\frac{1}{2}(X-\mu_i)'\sum_i^{-1}(X-\mu_i)\right\}$$

$$= -\frac{\pi}{2}\ln(2\pi) + \ln p_i - \frac{1}{2}\ln\left(\left|\sum_i\right|\right) - \frac{1}{2}(X-\mu_i)'\sum_i^{-1}(X-\mu_i)$$

$$= -\frac{\pi}{2}\ln(2\pi) - \left[\frac{1}{2}(X-\mu_i)'\sum_i^{-1}(X-\mu_i) - \ln p_i + \frac{1}{2}\ln\left(\left|\sum_i\right|\right)\right] \tag{6-94}$$

由于$\frac{\pi}{2}\ln(2\pi)$是常数，令

$$d_i = \frac{1}{2}(X-\mu_i)'\sum_i^{-1}(X-\mu_i) - \ln p_i + \frac{1}{2}\ln\left(\left|\sum_i\right|\right) \tag{6-95}$$

在计算过程中，式（6-90）中协方差Σ用估计值$\hat{\Sigma}$代替，判别规则同样为式（6-91）。

【例 6-3】以例 6-1 中的数据为例，利用两总体 Bayes 判别，进行判别分析。

【解】假设Ⅰ类和Ⅱ类出现的先验概率分布$p_1 = p_2 = 0.5$，由例 6-1 的计算可知，

$$\hat{\mu}_1 = \overline{X}^{(1)} = \begin{pmatrix} 34.46 \\ 0.34 \\ 0.73 \\ 32.10 \\ 296.97 \end{pmatrix}$$

$$\hat{\mu}_2 = \overline{X}^{(2)} = \begin{pmatrix} 4.16 \\ 0.12 \\ 0.27 \\ 3.30 \\ 40.43 \end{pmatrix}$$

$$f_i(X) = (2\pi)^{\frac{-\pi}{2}}\left|\sum\right|^{\frac{-1}{2}}\exp\left\{-\frac{1}{2}(X-\mu_i)'\sum^{-1}(X-\mu_i)\right\},\ i=1,\ 2 \tag{6-96}$$

则由式（6-72）至式（6-75）可知，

$$p(G_2|X)=\frac{p_2f_2}{p_1f_1+p_2f_2}$$

$$=\frac{\exp\left\{-\frac{1}{2}(X-\mu_2)'\sum^{-1}(X-\mu_2)\right\}}{\exp\left\{-\frac{1}{2}(X-\mu_1)'\sum^{-1}(X-\mu_1)\right\}+\exp\left\{-\frac{1}{2}(X-\mu_2)'\sum^{-1}(X-\mu_2)\right\}} \tag{6-97}$$

由于两正态分布总体的 Bayes 判别可以看作两总体距离判别的推广，则

$$D^2(X,\ G_1)=(X-\mu_1)'\sum\nolimits_1^{-1}(X-\mu_1)$$

$$D^2(X,\ G_2)=(X-\mu_2)'\sum\nolimits_2^{-1}(X-\mu_2)$$

其中，D^2（X，G_1）和 D^2（X，G_2）为样本 X 到总体 G_1 和 G_2 的马氏距离。则：

$$p(X\in G_2|X)=\frac{\exp\left\{-\frac{1}{2}D^2(X,\ G_2)\right\}}{\exp\left\{-\frac{1}{2}D^2(X,\ G_1)\right\}+\exp\left\{-\frac{1}{2}D^2(X,\ G_2)\right\}} \tag{6-98}$$

同理，

$$p(X\in G_1|X)=\frac{\exp\left\{-\frac{1}{2}D^2(X,\ G_1)\right\}}{\exp\left\{-\frac{1}{2}D^2(X,\ G_1)\right\}+\exp\left\{-\frac{1}{2}D^2(X,\ G_2)\right\}} \tag{6-99}$$

假定$\Sigma_1=\Sigma_2=\Sigma$，则Σ可估计为：

$$\hat{\sum}^{-1}=\begin{pmatrix} 0.07 & -1.12 & -0.33 & -0.31 & 0.02 \\ -1.12 & 1250.29 & -597.85 & -5.59 & 0.70 \\ -0.33 & -597.85 & 368.60 & 9.13 & -1.03 \\ -0.31 & -5.59 & 9.13 & 1.51 & -0.13 \\ 0.02 & 0.70 & -1.03 & -0.13 & 0.01 \end{pmatrix} \tag{6-100}$$

将 12 个已定级省份和 3 个未定级省份归属的后验概率分别列于表 6-7 和表 6-8 中，结果和距离判别、Fisher 距离判别完全相同。

表 6-7　原始数据的 Fisher 判别

编号	类别	p（G_2 | X）	p（G_1 | X）	判别结论	是否错判
1	Ⅰ类	0.09	0.91	Ⅰ类	否
2	Ⅰ类	0.13	0.87	Ⅰ类	否
3	Ⅰ类	0.02	0.98	Ⅰ类	否
4	Ⅰ类	0.06	0.94	Ⅰ类	否
5	Ⅰ类	0.49	0.51	Ⅰ类	否
6	Ⅰ类	0.04	0.96	Ⅰ类	否
7	Ⅰ类	0.19	0.81	Ⅰ类	否
8	Ⅱ类	0.80	0.20	Ⅱ类	否
9	Ⅱ类	0.95	0.05	Ⅱ类	否
10	Ⅱ类	0.91	0.09	Ⅱ类	否
11	Ⅱ类	0.92	0.08	Ⅱ类	否
12	Ⅱ类	0.99	0.01	Ⅱ类	否

表 6-8　未定级数据的距离判别

编号	p（G_2 | X）	p（G_1 | X）	判别结论
A	0.98	0.02	Ⅱ类
B	0.04	0.96	Ⅰ类
C	0.85	0.15	Ⅱ类

第五节　逐步判别

在多元回归中，变量选择的好坏直接影响回归的效果，而在判别分析也有类似的问题。如果在某个判别问题中将其最主要的指标忽略了，由此建立的判别函数其效果一定不好。但在许多问题中，事先并不十分清楚哪些指标是主要的，这时是否将有关的指标尽量收集加入计算才好呢？理论和实践证明，指标太多，不仅带来计算量的增大，而且许多对判别无用的指标反而会干扰人们的视线。因此，适当筛选变量就成为一个很重要的事情。凡具有筛选变量能力的判别方法统称为逐步判别法。逐步判别法的基本原则和步骤如下：

（1）在 m 个自变量 X_1，…，X_m 中先选出一个变量，它使 Willks 统计量 Λ_i（i=1，…，m）达到最小。为了叙述的方便，又不失一般性，假定挑选的变量次序是按自然的次序，即第 r 步正好选中 X_r，第一步选中 X_1，则令 $\Lambda_1=\min_{1\leq i\leq m}\{\Lambda_i\}$，判断 Λ_1 是否落入接受域，如不显著，则表明一个变量也选不中，不能用判别分析；如显著，则进入下一步。

（2）在未选中的变量中，计算它们与已选中的变量 X_1 配合的 Λ 值。选择使 Λ_{1i}（2≤i≤m）达到最小的作为第二个变量。以此类推，如已选入了 r 个变量，不妨设为 X_1，…，X_r，则在未选中的变量中逐次选一个与它们配合，计算 $\Lambda_{1,2,\cdots,r,l}$（r<l≤m），选择使上式达到极小的变量作为第 r+1 个变量，并检验新选的第 r+1 个变量能否提供附加信息，如不能则转入第（4）步，否则转入第（3）步。

（3）在已选入的 r 个变量中，要考虑较早选中的变量中其重要性有没有较大的变化，应及时把不能提供附加信息的变量剔除出去，剔除的原则等同于引进的原则。例如，在已选入的 r 个变量中要考察 X_l（1≤l≤r）是否需要剔除，就是计算 $\Lambda_{1,2,\cdots,l-1,l+1,\cdots,r}$，选择达到极小（大）的 l，判断其是否显著，如不显著，则将该变量剔除。重复第（3）步，继续考察余下的变量是否需要剔除，如显著则回到第（2）步。

（4）这时既不能选进新变量，也不能剔除已选进的变量，将已选中的变量建立判别函数。

第六节 判别分析的上机实现

【例 6-4】若我国各省份的物流发展水平分为 1 类和 2 类，现搜集影响物流发展的 5 个指标，这些指标分别为，X_1：社会物流总额（万亿元）；X_2：物流增加值（万亿元）；X_3：社会物流总费用（万亿元）；X_4：快递业务量累计（亿件）；X_5：快递收入累计（亿元）。数据如表 6-9 所示，利用 SPSS 和 R 两种语言，对数据进行上机实现。

表 6-9　我国部分省份的物流发展水平

G	X_1	X_2	X_3	X_4	X_5
1	169. 30	0. 54	0. 81	101. 11	779. 30
1	150. 75	0. 38	1. 01	113. 15	823. 50
1	132. 17	0. 38	0. 73	78. 92	712. 89
1	118. 09	0. 46	0. 71	70. 65	619. 72
1	105. 89	0. 42	0. 76	75. 60	638. 76
1	84. 32	0. 56	0. 89	68. 13	559. 96
1	76. 15	0. 48	0. 69	72. 08	606. 97
1	55. 96	0. 38	0. 86	59. 97	588. 19
1	52. 19	0. 24	0. 74	50. 13	526. 94
1	48. 71	0. 27	0. 66	52. 88	554. 19
1	38. 92	0. 32	0. 58	49. 72	474. 82
1	30. 21	0. 36	0. 92	43. 89	480. 89
2	13. 09	0. 30	0. 74	15. 26	152. 94
2	6. 57	0. 22	0. 47	11. 23	111. 01
2	6. 93	0. 24	0. 57	21. 16	206. 68
2	8. 49	0. 28	0. 59	17. 41	180. 78
2	6. 60	0. 27	0. 64	14. 60	167. 16
2	10. 86	0. 30	0. 56	7. 89	80. 47
2	0. 75	0. 02	0. 07	0. 71	16. 31
2	5. 07	0. 10	0. 37	5. 69	67. 31
2	0. 63	0. 04	0. 06	0. 68	8. 13
2	3. 51	0. 16	0. 31	1. 52	29. 91

一、判别分析的上机实现——基于 SPSS 软件

（一）运行操作步骤

将例 6-4 数据导入 SPSS 软件中，由于 SPSS 软件中判别分析没有“距离判别”这一方法，因此距离判别法无法在 SPSS 软件中直接实现，但可以通过 Excel、R 等软件来进行手工计算。在 SPSS 软件中进行 Fisher 判别、Bayes 判别是非常便捷的，具体的操作过程如下：

（1）依次点击【分析】→【分类】→【判别】（见图 6-3），即可进入判别

分析主对话框。判别分析主对话框中，【分组变量】表示已知的样本所属类别的变量列表框，【自变量】为表明样本特征的变量列表框。本例中，不同省份的物流发展水平的类别变量用 G 表示，在分析物流发展水平时选取 $X_1 \sim X_5$ 共 5 个自变量，故将 G 作为类别变量选入【分组变量】，将 $X_1 \sim X_5$ 作为判别分析的基础数据变量选入【自变量】（见图 6-4）。

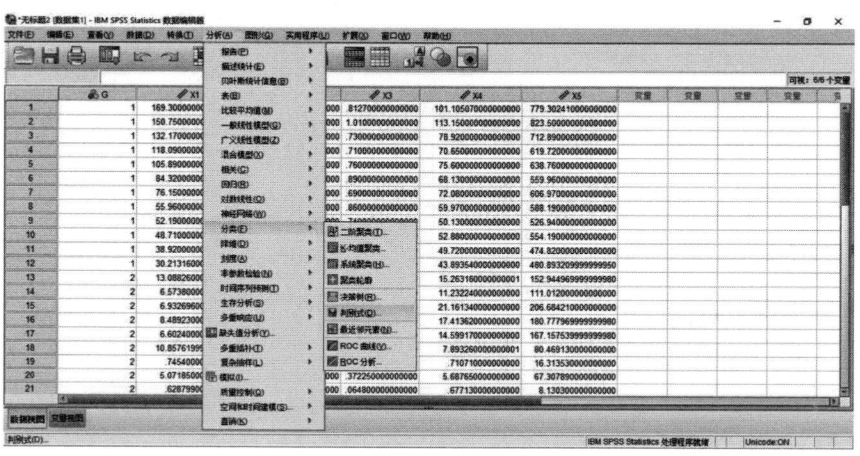

图 6-3　SPSS 软件判别分析模块调用

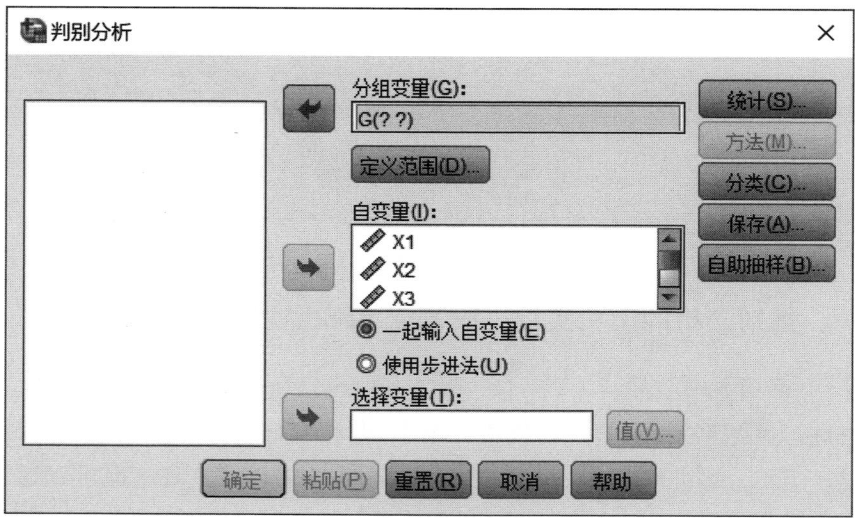

图 6-4　SPSS 软件判别分析模块

在【分组变量】下方有【定义范围】，用于确定分类变量的数值范围，定义原始数据的类别区间。本例中，物流发展水平分为两类，故在最小值处输入“1”，在最大处输入“2”，（见图 6-5），点击【继续】，返回判别分析主对话框。

判别分析：定义范围
最小值(N): 1
最大值(X): 2
继续(C)　取消　帮助

图 6-5　分组变量【定义范围】对话框设置

判别分析主对话框中有【一起输入自变量】和【使用步进法】两个选项。【一起输入自变量】表示所有自变量都能对观测值的特征提供丰富的信息且彼此独立。选择该项时，使用所有自变量进行判别分析，建立全模型。【使用步进法】表示按照判别变量贡献的大小使用逐步方法选择自变量。选择此项时，在下方【选择变量】处选择逐步判别的自变量，右侧的【方法】被激活，可以进一步选择判别分析方法。本例中，选择【一起输入自变量】，此时对话框如图 6-6 所示。

图 6-6　判别分析模块设置结果

（2）判别分析对话框右侧有【统计】，用于选择要输出的描述统计量、函数系数及矩阵，点击【统计】，弹出“判别分析：统计”窗口。

【描述性】中，【平均值】表示输出各类的自变量均值、标准差；【单变量ANOVA】表示对各类中同一变量均值都相等的假设进行检验，输出单变量的方差分析结果，“博克斯”表示对各类的协方差矩阵相等的假设进行检验。

【函数系数】用于设定判别函数系数的输出形式。其中，“费希尔”表示输出可以直接用于对新样本进行判别分类的费希尔系数（此处是 Bayes 判别函数，并不是费希尔判别函数，因为 Bayes 判别的思想是由费希尔提出的，故 SPSS 软件以此命名），对每一类给出一组系数，并给出该组中判别分数最大的观测量。【未标准化】（SPSS 软件默认标准化）输出未标准化的费希尔判别方法的判别函数。在 SPSS 软件中进行 Bayes 判别分析与费希尔判别的区别就在于此，Bayes 判别选择【费希尔】而费希尔判别选择【未标准化】。

【矩阵】用于设定要输出的自变量的系数矩阵。【组内相关性】表示输出类内相关矩阵，【组内协方差】表示计算并显示合并类内协方差矩阵，【分组协方差】表示输出一个协方差矩阵，【总协方差】表示计算并显示总样本的协方差矩阵。

选中所需选项，如图 6-7 所示，点击【继续】返回判别分析主对话框。

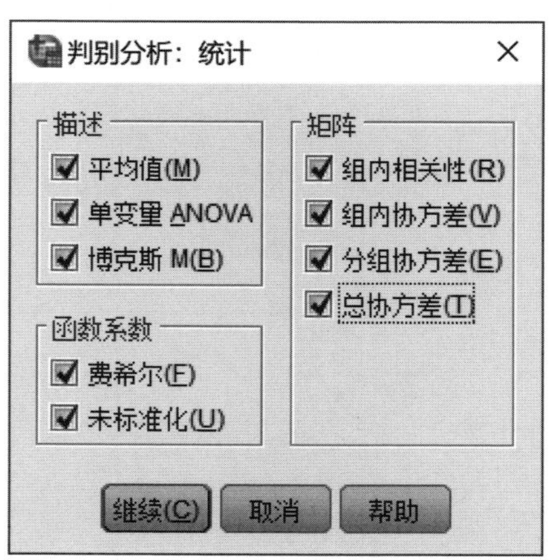

图 6-7　判别分析【统计】对话框设置

（3）判别分析对话框右侧有【分类】，用于设置分类参数和判别结果，点击

【分类】，弹出“判别分析：分类”窗口。

【先验概率】用于设定两种先验概率。其中，【所有组相等】表示各类先验概率相等【根据组大小计算】表示各类的先验概率与各类的样本量成正比。

【使用协方差矩阵】用于设定分类使用的协方差矩阵。其中，【组内】表示指定使用合并组内协方差矩阵进行分类【分组】表示使用各组协方差矩阵进行分类。

【显示】用于设定输出窗口的分类结果。其中，【个案结果】表示对每个样本输出判别分数、预测类、后验概率等。【摘要表】表示输出分类小结，给出正确分类样本数、错分样本数和错分率。【留一分类】表示输出每个样品进行分类的结果，也称为交互检验结果。

【图】用于设定输出的统计图。其中，【合并组】表示生成包括各类的散点图，该散点图是根据前两个判别函数数值作的散点图。【分组】根据前两个判别函数数值对每一类生成一张散点图，共分为几类就生成几张散点图。【领域图】表示根据函数数值生成把样本分到各类中去的区域图。

【将缺失值替换为平均值】表示对缺失值的处理方式，即使用该变量的均值代替缺失值。

选中所需选项，如图 6-8 所示，点击【继续】返回判别分析主对话框。

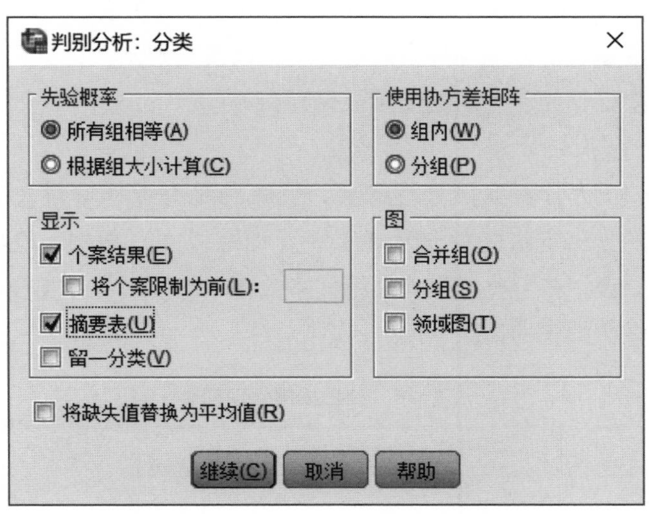

图 6-8 判别分析【分类】对话框设置

（4）判别分析对话框右侧有【保存】，用于指定生成并保存在数据文件中的新变量，点击【保存】，弹出“判别分析：保存”窗口。

【预测组成员】表示建立预测结果的新变量，它根据判别分数，按照后验概率最大指派所属的类别；【判别得分】表示建立表明判别分数的新变量；【组成员概率】表示建立新变量，它表明样本属于某一类的概率。

选中所需选项，如图 6-9 所示，点击【继续】返回判别分析主对话框。

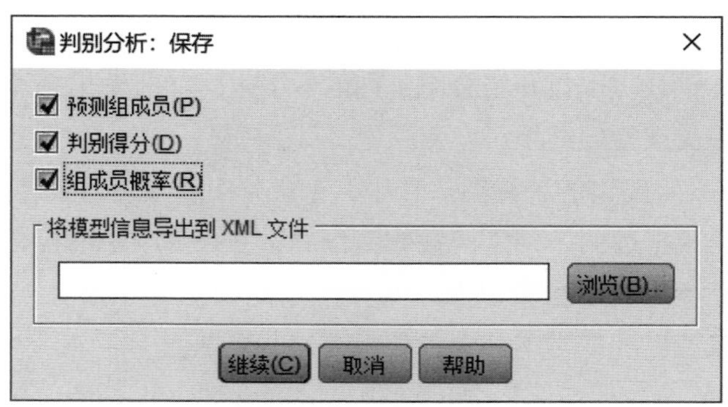

图 6-9　判别分析【保存】对话框设置

（5）其他项目不变，点击【确定】即完成分析。在输出结果中可以看到各组的均值、标准差、协方差阵等描述统计结果以及判别函数，返回数据表中，可以看到判别结果已作为一个新的变量被保存。

（二）运行结果分析

（1）表 6-10 为分析案例处理摘要，反映的是有效样本量及变量缺失的情况。本例中用的是已定级的物流发展水平（训练样本）数据，所以无变量值缺失的情况。如果说把待分类样本和训练样本放在一起，则待分类样本的分类情况会出现样本变量值缺失的情况。

表 6-10　分析案例处理摘要

未加权案例	—	N	百分比（%）
有效	—	22	100.0
排除的	缺失或越界组代码	0	0
—	至少一个缺失判别变量	0	0

续表

未加权案例	—	N	百分比（%）
—	缺失或越界组代码还有至少一个缺失判别变量	0	0
—	合计	0	0
合计	—	22	100.0

（2）表 6-11 为组统计，是各组变量的描述统计分析。从表 6-11 中可以看出 5 个变量在两组的均值差别还是比较大的。

表 6-11　组统计

G		均值	标准差	有效的 N（列表状态）	
				未加权的	已加权的
1	X_1	88.5550	46.19634	12	12.000
	X_2	0.3992	0.09876	12	12.000
	X_3	0.7800	0.12203	12	12.000
	X_4	69.6858	20.95290	12	12.000
	X_5	613.8442	110.17382	12	12.000
2	X_1	6.2500	4.00662	10	10.000
	X_2	0.1930	0.10667	10	10.000
	X_3	0.4380	0.23280	10	10.000
	X_4	9.6150	7.42681	10	10.000
	X_5	102.0700	72.34508	10	10.000
合计	X_1	51.1436	53.70524	22	22.000
	X_2	0.3055	0.14500	22	22.000
	X_3	0.6245	0.24780	22	22.000
	X_4	42.3809	34.50910	22	22.000
	X_5	381.2195	276.82215	22	22.000

（3）表 6-12 为组平均值的同等检验，是对两组的各个变量是否相等进行的统计检验。从表中可以看出，5 个变量的均值差异性在 0.05 的显著性水平下都是显著的。

表 6-12　组平均值的同等检验

	威尔克 Lambda	F	自由度 1	自由度 2	显著性
X_1	0. 390	31. 287	1	20	0. 000
X_2	0. 475	22. 112	1	20	0. 000
X_3	0. 505	19. 583	1	20	0. 000
X_4	0. 213	73. 916	1	20	0. 000
X_5	0. 112	158. 186	1	20	0. 000

（4）表 6-13 为协方差矩阵的均等性检验，是对两组进行的总体协方差矩阵是否相等的统计检验。从表中的 p 值 0. 000 可知，两组总体的协方差矩阵的差异在 0. 05 的显著性水平下是显著的。

表 6-13　协方差矩阵的均等性检验

博克斯 M		108. 347
F	近似	5. 198
	自由度 1	15
	自由度 2	1481. 542
	显著性	0. 000

（5）表 6-14 是典型判别函数的分析结果。（a）表特征值反映了判别函数的特征根、解释方差的比例和典型相关系数。从（a）表中可以看出，第一个判别函数解释了 100%的方差。（b）表威尔克 Lambda 检验是对第一个判别函数的显著性检验。从（b）表中可以看出，判别函数在 0. 05 的显著性水平下是显著的。

表 6-14　典型相关分析结果

（a）特征值

函数	特征值	方差百分比（%）	累积百分比（%）	典型相关性
1	20. 156[a]	100. 0	100. 0	0. 976

（b）威尔克 Lambda

函数检验	威尔克 Lambda	卡方	自由度	显著性
1	0. 047	53. 409	5	0. 000

注：a 表示分析中使用了前 1 个典型判别式函数。

（6）表 6–15 是标准化典则判别函数系数，表 6–16 反映的结构矩阵，即判别载荷。由表 6–15 可知，标准化的判别函数为：

$$Y=-1.174X_1^*+0.477X_2^*-1.068X_3^*-1.394X_4^*+3.269X_5^*$$

式中，X_i^*（i=1，…，5）是标准化后的变量值，标准化变量的系数即为判别权重。通过判别权重和判别载荷可以看出哪些变量的贡献比较大。

表 6–15　标准化典则判别函数系数

	函数
X_1	-1.174
X_2	0.477
X_3	-1.068
X_4	-1.394
X_5	3.269

表 6–16　结构矩阵

	函数
X_5	0.626
X_4	0.428
X_1	0.279
X_2	0.234
X_3	0.220

注：判别变量与标准化典则判别函数之间的汇聚组内相关性，变量按函数内相关性的绝对大小排序。

（7）表 6–17 是未标准化的典则判别函数系数，即 Fisher 判别函数系数，本例中 Fisher 判别函数为：

$$Y=-5.473-0.034X_1+4.655X_2-5.915X_3-0.085X_4+0.034X_5$$

表 6–17　未标准化典则判别函数系数

	函数
X_1	-0.034
X_2	4.655

续表

函数	
X_3	-5.915
X_4	-0.085
X_5	0.034
（常量）	-5.473

（8）表6-18为组质心处的函数，也就是各类重心处的Fisher判别函数值。

表6-18　组质心处的函数

G	函数
1	3.908
2	-4.689

（9）表6-19为分类函数系数，即Bayes判别系数。这里是将各样本的变量值代入Bayes判别函数中，按判别函数值最大的一组进行归类。

表6-19　分类函数系数

	G	
	1	2
X_1	-0.284	0.009
X_2	48.920	8.901
X_3	-40.648	10.202
X_4	-0.923	-0.188
X_5	0.319	0.023
（常量）	-47.793	-4.103

由表6-19可知，两个类的Bayes判别函数分别为：

$F_1 = -47.793 - 0.284X_1 + 48.920X_2 - 40.648X_3 - 0.923X_4 + 0.319X_5$

$F_2 = -4.103 + 0.009X_1 + 8.901X_2 + 10.202_3 - 0.188X_4 + 0.023X_5$

（10）表6-20为个案统计，给出了样本判别结果。

表 6-20　个案统计

	个案号	实际组	最高组					第二高组			判别式得分
			预测组	P（D>d｜G=g）		P(G=g｜D=d)	相对质心计算的平方马氏距离	组	P(G=g｜D=d)	相对质心计算的平方马氏距离	函数 1
				概率	自由度						
初始	1	1	1	0.468	1	1.000	0.527	2	0.000	86.914	4.634
	2	1	1	0.939	1	1.000	0.006	2	0.000	72.602	3.832
	3	1	1	0.182	1	1.000	1.780	2	0.000	98.627	5.242
	4	1	1	0.848	1	1.000	0.037	2	0.000	70.637	3.715
	5	1	1	0.980	1	1.000	0.001	2	0.000	73.472	3.882
	6	1	1	0.139	1	1.000	2.184	2	0.000	50.680	2.430
	7	1	1	0.373	1	1.000	0.795	2	0.000	90.029	4.799
	8	1	1	0.618	1	1.000	0.249	2	0.000	82.732	4.407
	9	1	1	0.562	1	1.000	0.337	2	0.000	64.261	3.327
	10	1	1	0.393	1	1.000	0.729	2	0.000	89.312	4.761
	11	1	1	0.571	1	1.000	0.320	2	0.000	64.493	3.342
	12	1	1	0.166	1	1.000	1.922	2	0.000	51.989	2.521
	13	2	2	0.799	1	1.000	0.065	1	0.000	78.343	-4.944
	14	2	2	0.924	1	1.000	0.009	1	0.000	72.280	-4.594
	15	2	2	0.043	1	1.000	4.108	1	0.000	43.163	-2.662
	16	2	2	0.141	1	1.000	2.164	1	0.000	50.778	-3.218
	17	2	2	0.335	1	1.000	0.931	1	0.000	58.248	-3.724
	18	2	2	0.329	1	1.000	0.954	1	0.000	91.652	-5.666
	19	2	2	0.529	1	1.000	0.397	1	0.000	85.133	-5.319
	20	2	2	0.395	1	1.000	0.724	1	0.000	89.256	-5.540
	21	2	2	0.452	1	1.000	0.566	1	0.000	87.408	-5.442
	22	2	2	0.274	1	1.000	1.196	1	0.000	93.902	-5.783

（11）表 6-21 为分类结果的汇总表，从表中可以看出判别结果正确率为 100%。

表 6-21 分类结果[a]

		G	预测组成员信息		总计
			1	2	
原始	计数	1	12	0	12
		2	0	10	10
	%	1	100.0	0.0	100.0
		2	0.0	100.0	100.0

注：a 表示正确地对 100.0%个原始已分组个案进行了分类。

（12）由于在“保存”选项中选择了生成表示判别结果的新变量，所以在 SPSS 软件的数据编辑窗口可以观测到产生的新变量（见图 6-10）。其中，变量 Dis_ 1 存放判别样本所属组别的数值；Dis1_ 1 表示样本各变量值代入判别函数所得的判别得分；Dis1_ 2 和 Dis2_ 2 分别表示样本属于第一组和第二组的 Bayes 后验概率。

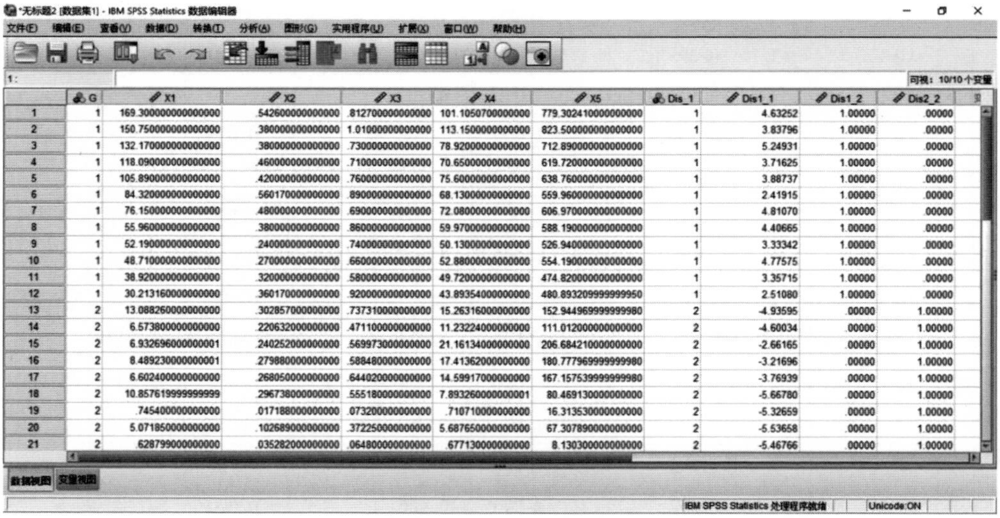

*无标题2 [数据集1] - IBM SPSS Statistics 数据编辑器

文件(F) 编辑(E) 查看(V) 数据(D) 转换(T) 分析(A) 图形(G) 实用程序(U) 扩展(X) 窗口(W) 帮助(H)

1: 可视：10/10 个变量

	G	X1	X2	X3	X4	X5	Dis_1	Dis1_1	Dis1_2	Dis2_2
1	1	169.300000000000000	.542600000000000	.812700000000000	101.1050700000000	779.302410000000000	1	4.63252	1.00000	.00000
2	1	150.750000000000000	.380000000000000	1.0100000000000	113.1500000000000	823.500000000000000	1	3.83796	1.00000	.00000
3	1	132.170000000000000	.380000000000000	.730000000000000	78.9200000000000	712.890000000000000	1	5.24931	1.00000	.00000
4	1	118.090000000000000	.460000000000000	.710000000000000	70.6500000000000	619.720000000000000	1	3.71625	1.00000	.00000
5	1	105.890000000000000	.420000000000000	.760000000000000	75.6000000000000	638.760000000000000	1	3.88737	1.00000	.00000
6	1	84.320000000000000	.560170000000000	.890000000000000	68.1300000000000	559.960000000000000	1	2.41915	1.00000	.00000
7	1	76.150000000000000	.480000000000000	.690000000000000	72.0800000000000	606.970000000000000	1	4.81070	1.00000	.00000
8	1	55.960000000000000	.380000000000000	.860000000000000	59.9700000000000	588.190000000000000	1	4.40665	1.00000	.00000
9	1	52.190000000000000	.240000000000000	.740000000000000	50.1300000000000	526.940000000000000	1	3.33342	1.00000	.00000
10	1	48.710000000000000	.270000000000000	.660000000000000	52.8800000000000	554.190000000000000	1	4.77575	1.00000	.00000
11	1	38.920000000000000	.320000000000000	.580000000000000	49.7200000000000	474.820000000000000	1	3.35715	1.00000	.00000
12	1	30.213160000000000	.360170000000000	.920000000000000	43.8935400000000	480.893209999999950	1	2.51080	1.00000	.00000
13	2	13.088260000000000	.302857000000000	.737310000000000	15.2631600000000	152.944969999999980	2	-4.93595	.00000	1.00000
14	2	6.573800000000000	.220632000000000	.471100000000000	11.2322400000000	111.012000000000000	2	-4.60034	.00000	1.00000
15	2	6.932696000000001	.240252000000000	.569973000000000	21.1613400000000	206.684210000000000	2	-2.66165	.00000	1.00000
16	2	8.489230000000001	.279880000000000	.588480000000000	17.4136200000000	180.777969999999980	2	-3.21696	.00000	1.00000
17	2	6.602400000000000	.268050000000000	.644020000000000	14.5991700000000	167.157539999999980	2	-3.76939	.00000	1.00000
18	2	10.857619999999999	.296738000000000	.555180000000000	7.893260000000001	80.469130000000000	2	-5.66780	.00000	1.00000
19	2	.745400000000000	.017188000000000	.073200000000000	.710710000000000	16.313530000000000	2	-5.32659	.00000	1.00000
20	2	5.071850000000000	.102689000000000	.372250000000000	5.687650000000000	67.307890000000000	2	-5.53658	.00000	1.00000
21	2	.628799000000000	.035282000000000	.064800000000000	.677130000000000	8.130300000000000	2	-5.46766	.00000	1.00000

数据视图 变量视图

IBM SPSS Statistics 处理程序就绪 Unicode:ON

图 6-10 SPSS 软件判别分析后保存的新变量

二、判别分析的上机实现——基于 R 软件

1. 数据读取

将例 6-4 的数据录入为"case.csv"，并将该 csv 文件存放在"D：/多元统计"

文件夹中。读取数据时，首先使用 setwd（）函数设置工作目录为数据存放的文件夹，其次将数据导入并赋值给 case，最后在 RStudio 中通过 plot（）函数作图，直观感受各变量间的相关关系（见图 6-11）。

```
#读取数据
setwd("D:/多元统计")
case<-read.csv("D:/多元统计/case.csv",header=TRUE,encoding='UTF-8')
#作图
plot(case[,2:6],gap=0)
```

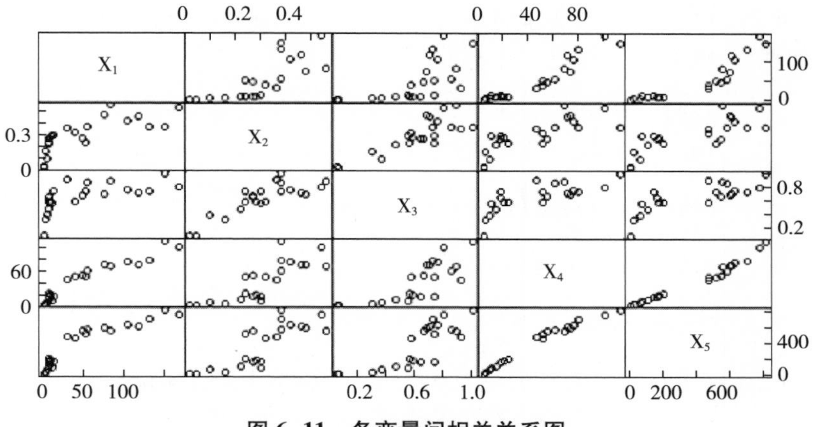

图 6-11 各变量间相关关系图

R 语言的 MASS 包中提供了多种用于判别分析的函数，但是 R 软件中没有可以调用直接进行距离判别的函数或者包，因此只能通过距离判别的公式编辑函数进行手工计算，这里不再赘述。

2. Fisher 判别的操作及结果分析

当总体各类间均值不等、协方差阵相等时，用 lda（）函数进行 Fisher 判别分析。

运用 lda（）函数进行判别分析之前，首先应该在 RStudio 中运行“library（MASS）”加载 MASS 包。lda（）函数中，第一个参数指定 G 为判别的类型（本列中为 1 类或者 2 类），X_1、X_2、X_3、X_4 和 X_5 为用于预测类别的变量；第二个参数指定 data 为被应用的数据框。当数据框中的除类别变量以外的其他变量都是用于预测类别的变量时，也可简写为“类别变量~.”的形式，符号“.”代表除类别变量外的全部变量。运行代码如下：

```
#绑定数据框
attach(case)
#调用 MASS 包
library(MASS)
#进行 Fisher 判别
Fisher1<-lda(G~X1+X2+X3+X4+X5,data=case)
#解除绑定
detach(case)
```

Fisher 判别分析结果存储在 Fisher1 中，运行 Fisher1，可以查看判别分析的结果，如图 6-12 所示，这是一个存储了 4 个元素的列表。

```
Call:
lda(G ~ X1 + X2 + X3 + X4 + X5, data = case)

Prior probabilities of groups:
        1         2 
0.5454545 0.4545455 

Group means:
      X1        X2    X3       X4       X5
1 88.555 0.3991667 0.780 69.68583 613.8442
2  6.250 0.1930000 0.438  9.61500 102.0700

Coefficients of linear discriminants:
            LD1
X1   0.03417047
X2  -4.65509594
X3   5.91496001
X4   0.08542518
X5  -0.03439789
```

图 6-12　Fisher 判别分析结果

列表中的第一个元素 Call 给出了判别分析模型的具体信息，包括模型中的判别类型、非类别变量和数据来源等。第二个元素 Prior probabilities of groups 给出了新样本信息未知时，属于这两个类别的先验概率。这一概率与每种类别中训练样本的个数有关，也与每种类别中训练样本的密集程度有关。第三个元素 Group means 给出了训练样本中心坐标。第四个元素 Coefficients of linear discriminants 则

给出了 Fisher 判别分析给出的空间转换系数，在 case 构建的模型中只给出了一组系数，因此 Fisher 判别分析将 X_1、X_2、X_3、X_4 和 X_5 五个维度映射到了一个新的空间中，同时给出了系数转换公式，从原始空间映射到 LD1 的转换公式为：

$$LD1 = 0.03X_1 - 4.66X_2 + 5.91X_3 + 0.09X_4 - 0.03X_5$$

根据这个映射公式，训练样本即可投影到新的空间中。

用 predict（）函数对原数据进行回判分析，判定结果存储在 Fisher2 中。具体输入如下：

```
#对原数据进行回判
Fisher2<-predict(Fisher1,data=case)
#新分类
newG<-Fisher2 $ class
#将原分类重新命名
G<-case $ G
```

将 lda（）判别的输出结果与原始数据真正的分类进行对比，结果如图 6-13 所示。

```
> GG<-cbind(G,newG)
> GG
      G newG
 [1,] 1    1
 [2,] 1    1
 [3,] 1    1
 [4,] 1    1
 [5,] 1    1
 [6,] 1    1
 [7,] 1    1
 [8,] 1    1
 [9,] 1    1
[10,] 1    1
[11,] 1    1
[12,] 1    1
[13,] 2    2
[14,] 2    2
[15,] 2    2
[16,] 2    2
[17,] 2    2
[18,] 2    2
[19,] 2    2
[20,] 2    2
[21,] 2    2
[22,] 2    2

> tab<-table(G,newG)
> tab
   newG
G    1  2
  1 12  0
  2  0 10
```

图 6-13 lda（）判别输出结果与原始数据对比

3. Bayes 判别的操作及结果分析

Bayes 判别和 Fisher 判别法类似，不同的是在使用 lda（）函数时，要输入先验概率。默认情况下，先验概率用各组数据出现的比例$\left(\frac{7}{12}, \frac{5}{12}\right)$来估计，也可以事先设定$\left(\text{如假设两总体的先验概率均为}\frac{1}{2}\right)$。另外，lda（）函数中假设误判损失相等，具体的操作与 Fisher 判别相类似。具体输入如下：

```
#把数据变量名字放入内存
attach(case)
#选取 I 类训练样本
library(MASS)
Bayes1<-lda(G~ X1+X2+X3+X4+X5,data=case,prior=c(1/2,1/2))
#解除绑定
detach(case)
```

Bayes 判别分析结果存储与 Fisher 判别基本相同，Bayes 判别对于样本数据的回判过程也与 Fisher 判别类似，这里就不再赘述。

习题

【6-1】简述判别分析的基本思想。

【6-2】分析距离判别、Fisher 判别和 Bayes 判别方法的异同。

【6-3】设三个总体 G_1，G_2 和 G_3 的分布分别为：N（2，0.5^2），N（0，2^2）和 N（3，1^2），试问样本 x=2.5 应归为哪一类？

（1）按距离判别准则；

（2）按贝叶斯判别准则$\left(\text{取 } q_1=q_2=q_3=\frac{1}{3},\ p(j|i)=\begin{cases}1, & i\neq j\\0, & i=j\end{cases}\right)$。

【6-4】设有两个正态总体 G_1 和 G_2，已知

$\mu_1=\begin{bmatrix}10\\15\end{bmatrix}$，$\mu_2=\begin{bmatrix}20\\25\end{bmatrix}$，$\Sigma_1=\begin{bmatrix}18 & 12\\12 & 32\end{bmatrix}$，$\Sigma_2=\begin{bmatrix}20 & -7\\-7 & 5\end{bmatrix}$，

先验概率 $q_1=q_2$，而 $p(2|1)=10$，$p(1|2)=75$。试问样本

$X_1=\begin{bmatrix}20\\20\end{bmatrix}$ 及 $X_2=\begin{bmatrix}15\\20\end{bmatrix}$

各应判归哪一类？

（1）按 Fisher 判别准则；

（2）按贝叶斯判别准则$\left(\text{假定 }\Sigma_1=\Sigma_2=\begin{bmatrix}18 & 12\\12 & 32\end{bmatrix}\right)$。

【6-5】已知某研究对象分为 3 类，每个样本考察 4 项指标，各类的观测样本数分别为 7、4、6，另外还有 3 个待判样本。假定样本均来自正态总体，所有观测数据如表 6-22 所示。

表 6-22 观测样本数据

样本号	X_1	X_2	X_3	X_4	类别号
1	6.0	-11.5	19.0	90.0	1
2	-11.0	-18.5	25.0	-36.0	3
3	90.2	-17.0	17.0	3.0	2
4	-4.0	-15.0	13.0	54.0	1
5	0.0	-14.0	20.0	35.0	2
6	0.5	-11.5	19.0	37.0	3
7	-10.0	-19.0	21.0	-42.0	3
8	0.0	-23.0	5.0	-35.0	1
9	20.0	-22.0	8.0	-20.0	3
10	-100.0	-21.4	7.0	-15.0	1
11	-100.0	-21.5	15.0	-40.0	2
12	13.0	-17.2	18.0	2.0	2
13	-5.0	-18.5	15.0	18.0	1
14	10.0	-18.0	14.0	50.0	1
15	-8.0	-14.0	16.0	56.0	1
16	0.6	-13.0	26.0	21.0	3
17	-40.0	-20.0	22.0	-50.0	3

续表

样本号	X_1	X_2	X_3	X_4	类别号
1（待判）	-8.0	-14.0	16.0	56.0	
2（待判）	92.2	-17.0	18.0	3.0	
3（待判）	-14.0	-18.5	25.0	-36.0	

（1）试用马氏距离判别法进行判别分析，并对 3 个待判样本进行判别归类。

（2）使用其他的判别法进行判别分析，并对 3 个待判样本进行判别归类，然后比较之。

第七章　主成分分析

主成分分析（Principal Components Analysis）也称主分量分析，是由霍特林于 1933 年首先提出的。主成分分析是利用降维的思想，在损失很少信息的前提下，把多个指标转化为几个综合指标的多元统计方法。通常把转化生成的综合指标称为主成分，其中每个主成分都是原始变量的线性组合，且各个主成分之间互不相关，使得主成分比原始变量具有某些更优越的性能。这样在研究复杂问题时就可以只考虑少数几个主成分而不至于损失太多信息，从而更容易抓住主要矛盾，揭示事物内部变量之间的规律性，同时使问题得到简化，提高分析效率。本章主要介绍主成分分析的基本思想和方法、主成分分析的计算步骤及主成分分析的上机实现。

第一节　主成分分析概述

一、主成分分析的基本思想

在对某一事物进行实证研究时，为了更全面、准确地反映事物的特征及其发展规律，人们往往要考虑与其有关系的多个指标，这些指标在多元统计中也称为变量。这样就产生了如下问题：一方面人们为了避免遗漏重要的信息而考虑尽可能多的指标，另一方面考虑指标的增多增加了问题的复杂性，同时由于各指标均是对同一事物的反映，不可避免地造成信息的大量重叠，这种信息的重叠有时甚至会抹杀事物的真正特征与内在规律。基于上述问题，人们就希望在定量研究中涉及的变量较少，而得到的信息量又较多。主成分分析正是研究如何通过原来变量的少数几个线性组合来解释原来变量绝大多数信息的一种多元统计方法。

既然研究某一问题涉及的众多变量之间有一定的相关性，就必然存在着起支配作用的共同因素。根据这一点，通过对原始变量相关矩阵或协方差矩阵内部结构关系的研究，利用原始变量的线性组合形成几个综合指标（主成分），在保留原始变量主要信息的前提下起到降维与简化问题的作用，使得在研究复杂问题时更容易抓住主要矛盾。一般来说，利用主成分分析得到的主成分与原始变量之间有如下基本关系：

（1）每一个主成分都是各原始变量的线性组合。

（2）主成分的数目大大少于原始变量的数目。

（3）主成分保留了原始变量的绝大多数信息。

（4）各主成分之间互不相关。

通过主成分分析，可以从事物之间错综复杂的关系中找出一些主要成分，从而能有效利用大量统计数据进行定量分析，揭示变量之间的内在关系，得到对事物特征及其发展规律的一些深层次的启发，把研究工作引向深入。

二、主成分分析的基本理论

设对某一事物的研究涉及 p 个指标，分别用 X_1，X_2，…，X_p 表示，这 p 个指标构成的 p 维随机向量为 $X=(X_1, X_2, \cdots, X_p)'$。设随机向量 X 的均值为 μ，协方差矩阵为 Σ。

对 X 进行线性变换，可以形成新的综合变量，用 Y 表示，也就是说，新的综合变量可以由原来的变量线性表示，即满足下式：

$$\begin{cases} Y_1 = u_{11}X_1 + u_{21}X_2 + \cdots + u_{p1}X_p \\ Y_2 = u_{12}X_1 + u_{22}X_2 + \cdots + u_{p2}X_p \\ \qquad \cdots\cdots \\ Y_p = u_{1p}X_1 + u_{2p}X_2 + \cdots + u_{pp}X_p \end{cases} \tag{7-1}$$

由于可以任意地对原始变量进行上述线性变换，由不同的线性变换得到的综合变量 Y 的统计特性也不尽相同。因此，为了取得较好的效果，这里总是希望 $Y_i = u'_iX$ 的方差尽可能大且各 Y_i 之间互相独立，由于

$$\mathrm{Var}(Y_i) = \mathrm{Var}(u'_iX) = u'_i \sum u_i \tag{7-2}$$

而对任意的常数 c，有：

$$\mathrm{Var}(cu'_iX) = c^2u'_i \sum u_i \tag{7-3}$$

u_i 不加限制时，可使 Var（Y_i）任意增大，问题将变得没有意义。这里将线性变换约束在以下原则之下：

（1）$u'_i u_i = 1$（i=1，2，…，p）。

（2）Y_i 与 Y_j 相互无关（i≠j；i，j=1，2，…，p）。

（3）Y_1 是 X_1，X_2，…，X_p 的一切满足原则（1）的线性组合中方差最大者；Y_2 是与 Y_1 不相关的 X_1，X_2，…，X_p 的所有线性组合中方差最大者；Y_p 是与 Y_1，Y_2，…，Y_{p-1} 都不相关的 X_1，X_2，…，X_p 的所有线性组合中方差最大者。

基于以上三条原则确定的综合变量 Y_1，Y_2，…，Y_p 分别称为原始变量的第一、第二……第 p 个主成分。其中，各综合变量在总方差中所占的比重依次递减。在实际研究工作中，通常只挑选前几个方差最大的主成分，从而达到简化系统结构、抓住问题实质的目的。

三、主成分分析的几何意义

由主成分分析的基本思想可知，在处理涉及多个指标问题的时候，为了提高分析的效率，可以不直接对 p 个指标构成的 p 维随机向量 $X=(X_1, X_2, \cdots, X_p)'$进行分析，而是先对向量 X 进行线性变换，形成少数几个新的综合变量 Y_1，Y_2，…，Y_p，使各综合变量之间相互独立且能解释原始变量尽可能多的信息，这样在以损失很少信息为代价的前提下，达到简化数据结构、提高分析效率的目的。本节着重讨论主成分分析的几何意义。为了方便，仅在二维空间中讨论主成分的几何意义，所得结论可以很容易地扩展到多维的情况。

设有 N 个样品，每个样品有两个观测变量 X_1，X_2，在由变量 X_1，X_2 组成的坐标空间中，N 个样品散布情况如图 7-1 所示。

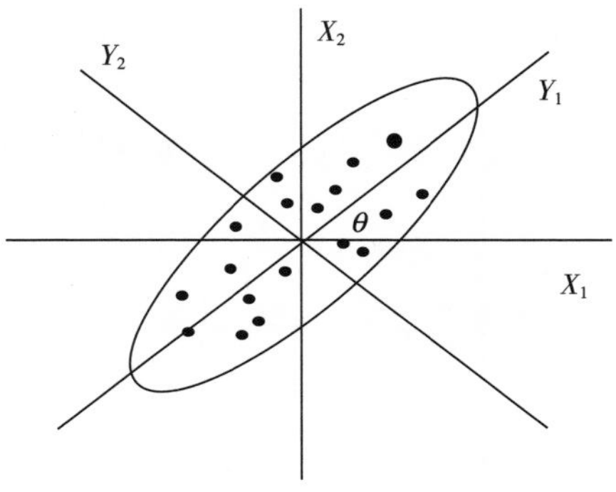

图 7-1　样品散布情况

由图 7-1 可以看出，这 N 个样品无论沿 X_1 轴方向还是沿 X_2 轴方向，均有较大的离散性，其离散程度可以分别用观测变量 X_1 的方差和 X_2 的方差定量地表示。显然，若只考虑 X_1 和 X_2 中的任何一个，原始数据中的信息均会有较大的损失。其目的是考虑 X_1 和 X_2 的线性组合，使原始样品数据可以由新的变量 Y_1 和 Y_2 来刻画。在几何上表示就是将坐标按逆时针方向旋转 θ 角度，得到新坐标轴 Y_1 和 Y_2，坐标旋转公式如下：

$$\begin{cases} Y_1 = X_1\cos\theta + X_2\sin\theta \\ Y_2 = -X_1\sin\theta + X_2\cos\theta \end{cases} \tag{7-4}$$

其矩阵形式为：

$$\begin{bmatrix} Y_1 \\ Y_2 \end{bmatrix} = \begin{bmatrix} \cos\theta & \sin\theta \\ -\sin\theta & \cos\theta \end{bmatrix} \begin{bmatrix} X_1 \\ X_2 \end{bmatrix} = UX \tag{7-5}$$

式（7-5）中，U 为旋转变换矩阵，由式（7-5）可知它是正交阵，即满足 $U' = U^{-1}$，$U'U = I$。

经过这样的旋转之后，N 个样品点在 Y_1 轴上的离散程度最大，变量 Y_1 代表了原始数据的绝大部分信息，这样在研究实际问题时，即使不考虑变量 Y_2 也无损大局。因此，经过上述旋转变换就可以把原始数据的信息集中到 Y_1 轴上，对数据中包含的信息起到了浓缩的作用。主成分分析的目的就是找出变换矩阵 U，而主成分分析的作用与几何意义也就很明了了。下面用服从正态分布的变量进行分析，以使主成分分析的几何意义更为明显。为方便起见，以二元正态分布为例。对于多元正态总体的情况，有类似的结论。

设变量 X_1，X_2 服从二元正态分布，分布密度为：

$$f(X_1, X_2) = \frac{1}{2\pi\sigma_1\sigma_2\sqrt{1-\rho^2}} \exp\left\{-\frac{1}{2\sigma_1\sigma_2\sqrt{1-\rho^2}}\left[\sigma_1^2(X_1-\mu_1)^2 - 2\sigma_1\sigma_2\rho(X_1-\mu_1)(X_2-\mu_2) + \sigma_2^2(X_2-\mu_2)^2\right]\right\} \tag{7-6}$$

令 Σ 为变量 X_1，X_2 的协方差矩阵，其形式如下：

$$\Sigma = \begin{bmatrix} \sigma_1^2 & \rho\sigma_1\sigma_2 \\ \rho\sigma_1\sigma_2 & \sigma_2^2 \end{bmatrix} \tag{7-7}$$

令

$$X=\begin{bmatrix}X_1\\X_2\end{bmatrix},\ \mu=\begin{bmatrix}\mu_1\\\mu_2\end{bmatrix} \tag{7-8}$$

则上述二元正态分布的密度函数有如下矩阵形式：

$$f(X_1,\ X_2)=\frac{1}{2\pi|\Sigma|^{1/2}}e^{-1/2(X-\mu)'\Sigma^{-1}(X-\mu)} \tag{7-9}$$

考虑 $(X-\mu)'\Sigma^{-1}(X-\mu)=d^2$（d 为常数），为方便，不妨设 $\mu=0$，式（7-9）有如下展开形式：

$$\frac{1}{1-\rho^2}\left[\left(\frac{X_1}{\sigma_1}\right)^2-2\rho\left(\frac{X_1}{\sigma_1}\right)\left(\frac{X_2}{\sigma_2}\right)+\left(\frac{X_2}{\sigma_2}\right)^2\right]=d^2 \tag{7-10}$$

令 $Z_1=X_1/\sigma_1$，$Z_2=X_2/\sigma_2$，则上面的方程变为：

$$Z_1^2-2\rho Z_1Z_2+Z_2^2=d^2(1-\rho^2) \tag{7-11}$$

这是一个椭圆的方程，长短轴分别为 $2d\sqrt{1\pm\rho}$。

又令 $\lambda_1\geqslant\lambda_2>0$ 为 Σ 的特征根，γ_1、γ_2 为相应的标准正交特征向量。

$P=(\gamma_1,\ \gamma_2)$，则 P 为正交阵，$\wedge=\begin{bmatrix}\lambda_1 & 0\\0 & \lambda_2\end{bmatrix}$，有：

$$\sum=P\wedge P',\ \sum{}^{-1}=P\wedge^{-1}P' \tag{7-12}$$

因此有

$$\begin{aligned}d^2&=(X-\mu)'\Sigma^{-1}(X-\mu)\\&=X'(P\wedge P')X\\&=X'\left(\frac{1}{\lambda_1}\gamma_1\gamma'_1+\frac{1}{\lambda_2}\gamma_2\gamma'_2\right)X\\&=\frac{1}{\lambda_1}(\gamma'_1X)^2+\frac{1}{\lambda_2}(\gamma'_2X)^2\\&=\frac{Y_1^2}{\lambda_1}+\frac{Y_2^2}{\lambda_2}\end{aligned} \tag{7-13}$$

与式（7-11）一样，这也是一个椭圆方程，且在 Y_1、Y_2 构成的坐标系中，其主轴的方向恰恰是 Y_1、Y_2 坐标轴的方向。因为 $Y_1=\gamma'_1X$，$Y_2=\gamma'_2X$，所以，Y_1、Y_2 就是原始变量 X_1、X_2 的两个主成分，它们的方差分别为 λ_1、λ_2，在 Y_1 方向上集中了原始变量 X_1 的变差，在 Y_2 方向上集中了原始变量 X_2 的变差，经常有 λ_1 远大于 λ_2，这样就可以只研究原始数据在 Y_1 方向上的变化而不至于损失过多信息，而 γ_1、γ_2 就是椭圆在原始坐标系中的主轴方向，也是坐标轴转换的系数向量。对于多维的情况，上面的结论依然成立。

基于此，对主成分分析的几何意义有了一个充分的了解。主成分分析的过程无非就是坐标系旋转的过程，各主成分表达式就是新坐标系与原坐标系的转换关系，在新坐标系中，各坐标轴的方向就是原始数据变差最大的方向。

第二节　总体的主成分

由上面的讨论可知，求解主成分的过程就是求满足三个原则的原始变量 X_1，X_2，…，X_p 的线性组合的过程。本节从总体出发，介绍求解主成分的一般方法及主成分的性质，下节介绍样本主成分的性质和方法。

主成分分析的基本思想就是在保留原始变量尽可能多的信息的前提下达到降维的目的，从而简化问题的复杂性并抓住问题的主要矛盾。这里对于随机变量 X_1，X_2，…，X_p 而言，其协方差矩阵或相关矩阵正是对各变量离散程度与变量之间的相关程度的信息的反映，而相关矩阵不过是将原始变量标准化后的协方差矩阵。这里所说的保留原始变量尽可能多的信息，也就是指生成的较少的综合变量（主成分）的方差和尽可能接近原始变量方差的总和。因此，在实际求解主成分的时候，总是从原始变量的协方差矩阵或相关矩阵的结构分析入手。一般来说，从原始变量的协方差矩阵出发求得的主成分与从原始变量的相关矩阵出发求得的主成分是不同的。下面分别就协方差矩阵与相关矩阵进行讨论。

一、从协方差矩阵出发求解主成分

引论：设矩阵 $A'=A$，将 A 的特征根 λ_1，λ_2，…，λ_n 依大小顺序排列，不妨设 $\lambda_1\geqslant\lambda_2\geqslant\cdots\geqslant\lambda_n$，$\gamma_1$，$\gamma_2$，…，$\gamma_p$ 为矩阵 A 各特征根对应的标准正交特征向量，则对任意向量 x，有：

$$\max_{x\neq0}\frac{x'Ax}{x'x}=\lambda_1,\quad \min_{x\neq0}\frac{x'Ax}{x'x}=\lambda_n \tag{7-14}$$

结论：设随机向量 $X=(X_1,\ X_2,\ \cdots,\ X_p)'$ 的协方差矩阵为 Σ，λ_1，λ_2，…，$\lambda_p(\lambda_1\geqslant\lambda_2\geqslant\cdots\geqslant\lambda_p)$ 为 Σ 的特征根，γ_1，γ_2，…，γ_p 为矩阵 A 各特征根对应的标

准正交特征向量，则第 i 个主成分为：

$$Y_i=\gamma_{1i}X_1+\gamma_{2i}X_2+\cdots+\gamma_{pi}X_p，\ i=1，2，\cdots，p \tag{7-15}$$

此时

$$Var(Y_i)=\gamma'_i\sum\gamma_i=\lambda_i \tag{7-16}$$

$$Cov(Y_i，Y_j)=\gamma'_i\sum\gamma_j=0，\ i\neq j \tag{7-17}$$

令 $P=(\lambda_1，\lambda_2，\cdots，\lambda_p)$，$\wedge=diag(\lambda_1，\lambda_2，\cdots，\lambda_p)$。

由以上结论，把 X_1，X_2，…，X_p 的协方差矩阵 Σ 的非零特征根 λ_1，λ_2，…，$\lambda_p(\lambda_1\geqslant\lambda_2\geqslant\cdots\geqslant\lambda_p>0)$ 对应的标准化特征向量 γ_1，γ_2，…，γ_p 分别作为系数向量，$Y_1=\gamma'_1X$，$Y_2=\gamma'_2X$，…，$Y_p=\gamma'_pX$ 分别称为随机向量 X 的第一主成分、第二主成分……第 p 主成分。Y 的分量 Y_1，Y_2，…，Y_p 依次是 X 的第一主成分，第二主成分……第 p 主成分的必要条件是：

（1）$Y=P'X$，即 P 为 p 阶正交阵；

（2）Y 的分量之间互不相关，即 $D(Y)=diag(\lambda_1，\lambda_2，\cdots，\lambda_p)$；

（3）Y 的 p 个分量按方差由大到小排列，即 $\lambda_1\geqslant\lambda_2\geqslant\cdots\geqslant\lambda_p$。

注：无论Σ的各特征根是否存在相等的情况，对应的标准化特征向量 γ_1，γ_2，…，γ_p 总是存在的，总可以找到对应各特征根的彼此正交的特征向量。这样，求主成分的问题应变成求特征根与特征向量的问题。

二、主成分的性质

性质 1　Y 的协方差阵为对角阵∧。

这一性质可由上述结论容易得到，证明略。

性质 2　记 $\Sigma=(\sigma_{ij})_{p\times p}$，有 $\sum_{i=1}^{p}\lambda_i=\sum_{i=1}^{p}\sigma_{ii}$

证明：由 $P=(\gamma_1，\gamma_2，\cdots，\gamma_p)$，则有，

$$\sum=P\wedge P' \tag{7-18}$$

于是，

$$\sum_{i=1}^{p}\sigma_{ii}=tr\left(\sum\right)=tr(P\wedge P')=tr(\wedge P'P)=tr(\wedge)=\sum_{i=1}^{p}\lambda_i \tag{7-19}$$

定义 7.1　称 $\alpha_k=\dfrac{\lambda_k}{\lambda_1+\lambda_2+\cdots+\lambda_p}(k=1，2，\cdots，p)$ 为第 k 个主成分 Y_k 的方差

贡献率，称$\frac{\sum_{i=1}^{m}\lambda_i}{\sum_{i=1}^{p}\lambda_i}$为主成分 Y_1，Y_2，…，Y_m 的累积贡献率。

由此进一步可知，主成分分析是把 p 个随机变量的总方差$\sum_{i=1}^{p}\sigma_{ii}$ 分解为 p 个不相关的随机变量的方差之和，使第一主成分的方差达到最大。第一主成分是以变化最大的方向向量各分量为系数的原始变量的线性函数，最大方差为 λ_1。$\alpha_1=\frac{\lambda_1}{\sum\lambda_i}$表明了 λ_1 的方差在全部方差中的比值，称 α_1 为第一主成分的贡献率。这个值越大，表明 Y_1 这个新变量综合 X_1，X_2，…，X_p 信息的能力越强，即由 Y_1 的差异来解释随机向量 X 的差异的能力越强。正因如此，才把 Y_1 称为 X 的主成分，进而就更清楚为什么主成分的位次是按特征根 λ_1，λ_2，…，λ_p 取值的大小排序的。

进行主成分分析的目的之一是减少变量的个数，所以一般不会取 p 个主成分，而是取 m（m<p）个主成分。m 取多少比较合适，是一个很实际的问题，通常以所取 m 使得累计贡献率达到 85%以上为宜，即，

$$\frac{\sum_{i=1}^{m}\lambda_i}{\sum_{i=1}^{p}\lambda_i}\geqslant 85\% \tag{7-20}$$

这样，既能使信息损失不太多，又能达到减少变量、简化问题的目的。另外，选取主成分还可根据特征根的变化来确定。图 7-2 为 SPSS 统计软件生成的碎石图。

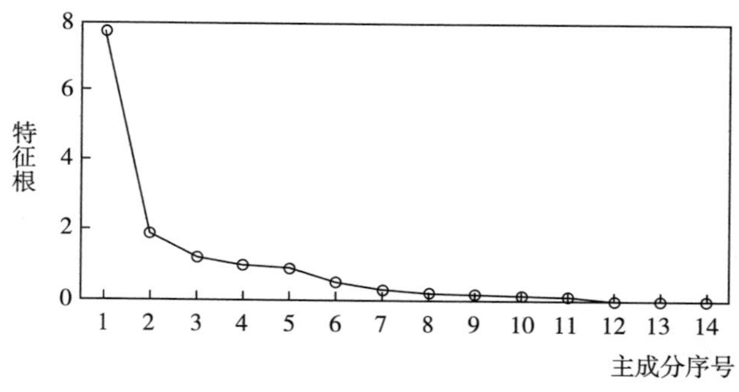

图 7-2　样品散布情况

由图 7-2 可知，第二个及第三个特征根变化的趋势已经开始趋于平稳，所以取前两个或前三个主成分是比较合适的。这种方法确定的主成分个数与按累计贡献率确定的主成分个数往往是一致的。在实际应用中，有些研究工作者习惯于保留特征根大于 1 的那些主成分，但这种方法缺乏完善的理论支持。在大多数情况下，当 $m=3$ 时即可使所选主成分保持信息总量的比重达到 85%以上。

定义 7.2　第 k 个主成分 Y_k 与原始变量 X_i 的相关系数 $\rho(Y_k, X_i)$ 称为因子负荷量。

因子负荷量是主成分解释中非常重要的解释依据，因子负荷量的绝对值大小刻画了该主成分的主要意义及其成因。在下一章中还将对因子负荷量的统计意义给出更详细的解释。由下面的性质可以看到，因子负荷量与系数向量成正比。

性质 3　$\rho(Y_k, X_i)=\gamma_{ik}\sqrt{\lambda_k}/\sqrt{\sigma_{ii}}$，$k, i=1, 2, \cdots, p$

证明：$\sqrt{Var(Y_k)}=\sqrt{\lambda_k}$　(7-21)

$$\sqrt{Var(X_i)}=\sqrt{\sigma_{ii}} \tag{7-22}$$

令 $e_i=(0, \cdots, 0, 1, 0, \cdots, 0)'$为单位向量，则

$$X_i=e'_iX \tag{7-23}$$

又

$$Y_k=\gamma'_kX \tag{7-24}$$

于是

$$Cov(Y_k, X_i)=Cov(\gamma'_kX, e'_iX)=e'_iD(X)\gamma_k=e'_i\Sigma\gamma_k=\lambda_ke'_i\gamma_k=\lambda_k\gamma_{ik} \tag{7-25}$$

$$\rho(Y_k, X_i)=\frac{Cov(Y_k, X_i)}{\sqrt{Var(Y_k)}\sqrt{Var(X_i)}}=\frac{\gamma_{ik}\sqrt{\lambda_k}}{\sqrt{\sigma_{ii}}} \tag{7-26}$$

由性质 3 知，因子负荷量 $\rho(Y_k, X_i)$ 与系数 γ_{ik} 成正比，与 X_i 的标准差呈反比关系，因此绝不能将因子负荷量与系数向量混为一谈。在解释主成分的成因或第 i 个变量对第 k 个主成分的重要性时，应当根据因子负荷量而不能仅仅根据 Y_k 与 X_i 的变换系数 γ_{ik}。

性质 4　$\sum_{i=1}^{p}\rho^2(Y_k, X_i)\sigma_{ii}=\lambda_k$

证明：由性质 3 有：

$$\sum_{i=1}^{p}\rho^2(Y_k, X_i)\sigma_{ii}=\sum_{i=1}^{p}\lambda_k\gamma_{ik}^2=\lambda_k \tag{7-27}$$

性质 5　$\sum_{k=1}^{p}\rho^2(Y_k, X_i)=\frac{1}{\sigma_{ii}}\sum_{k=1}^{p}\lambda_k\gamma_{ik}^2=1$

证明：因为向量 Y 是随机向量 X 的线性组合，因此 X_i 也可以精确表示成 Y_1，Y_2，…，Y_p 的线性组合。由回归分析知识可知，X_i 与 Y_1，Y_2，…，Y_p 的全相关系数的平方和等于 1，而因为 Y_1，Y_2，…，Y_p 之间互不相关，所以 X_i 与 Y_1，Y_2，…，Y_p 的全相关系数的平方和就是 $\sum_{k=1}^{p}\rho^2(Y_k, X_i)$，因此性质 5 成立。

定义 7.3 X_i 与前 m 个主成分 Y_1，Y_2，…，Y_m 的全相关系数平方和称为 Y_1，Y_2，…，Y_m 对原始变量 X_i 的方差贡献率 v_i，即 $v_i = \frac{1}{\sigma_{ii}}\sum_{i=1}^{m}\lambda_k\gamma_{ik}^2$，i = 1，2，…，p。

这一定义说明了前 m 个正成分提取了原始变量 X_i 中 v_i 的信息，由此可以判断提取的主成分说明原始变量的能力。

三、从相关矩阵出发求解主成分

考虑如下的数学变换：

令

$$Z_i = \frac{X_i - \mu_i}{\sqrt{\sigma_{ii}}}, \quad i = 1, 2, \cdots, p \tag{7-28}$$

式（7-28）中，μ_i 与 σ_{ii} 分别表示变量 X_i 的期望与方差。于是有：

$$E(Z_i) = 0 \tag{7-29}$$

$$Var(Z_i) = 1 \tag{7-30}$$

令

$$\Sigma^{1/2} = \begin{bmatrix} \sqrt{\sigma_{11}} & 0 & \cdots & 0 \\ 0 & \sqrt{\sigma_{22}} & \cdots & 0 \\ \vdots & \vdots & \ddots & \vdots \\ 0 & 0 & \cdots & \sqrt{\sigma_{pp}} \end{bmatrix} \tag{7-31}$$

于是，对原始变量 X 进行如下标准化：

$$Z = (\Sigma^{1/2})^{-1}(X - \mu) \tag{7-32}$$

经过上述标准化后，显然有：

$$E(Z) = 0 \tag{7-33}$$

$$\mathrm{Cov}(Z)=(\Sigma^{1/2})^{-1}\Sigma(\Sigma^{1/2})^{-1}=\begin{bmatrix}1 & \rho_{12} & \cdots & \rho_{1p}\\ \rho_{12} & 1 & \cdots & \rho_{2p}\\ \vdots & \vdots & \ddots & \vdots\\ \rho_{1p} & \rho_{2p} & \cdots & 1\end{bmatrix}=R \qquad (7-34)$$

由于上面的变换过程，原始变量 X_1，X_2，…，X_p 的相关矩阵实际上就是对原始变量标准化后的协方差矩阵，因此由相关矩阵求主成分的过程和主成分个数的确定准则实际上是与由协方差矩阵出发求主成分的过程和主成分个数的确定准则相一致的，在此不再赘述。仍用 λ_i 与 γ_i 分别表示相关阵 R 的特征根与对应的标准正交特征向量，此时求得的主成分与原始变量的关系式为：

$$Y_i=\gamma'_iZ=\gamma'_i(\Sigma^{1/2})^{-1}(X-\mu),\ i=1,\ 2,\ \cdots,\ p \qquad (7-35)$$

四、由相关矩阵求主成分时主成分性质的简单形式

由相关矩阵出发所求得的主成分依然具有上面所述的各种性质，不同的是在形式上要简单，这是由相关矩阵 R 的特性决定的。将由相关矩阵得到的主成分的性质总结如下：

（1） Y 的协方差矩阵为对角阵 Λ；

（2） $\sum_{i=1}^{p}\mathrm{Var}(Y_i)=\mathrm{tr}(\Lambda)=\mathrm{tr}(R)=p=\sum_{i=1}^{p}\mathrm{Var}(Z_i)$；

（3） 第 k 个主成分的方差占总方差的比例，即第 k 个主成分的方差贡献率为 $\alpha_k=\lambda_k/p$，前 m 个主成分的累计方差贡献率为$\sum_{i=1}^{m}\lambda_i/p$；

（4） $\rho(Y_k,\ Z_i)=\gamma_{ik}\sqrt{\lambda_k}$。

注意到 $\mathrm{Var}(Z_i)=1$，且 $\mathrm{tr}(R)=p$，结合前面从协方差矩阵出发求主成分部分对主成分性质的说明，可以很容易地得出上述性质。虽然主成分的性质在这里有更简单的形式，但应注意其实质与前面的结论并没有区别。需要注意的一点是，判断主成分的成因或原始变量（这里，原始变量指的是标准化以后的随机向量 Z）对主成分的重要性有更简单的方法，因为由上面第（4）条性质可知，这里因子负荷量仅依赖于由 Z_i 到 Y_k 的转换向量系数 γ_{ik}（因为对不同的 Z_i，因子负荷量表达式的后半部分 $\sqrt{\lambda_k}$ 是固定的）。

第三节　样本的主成分

在实际研究工作中，总体协方差矩阵Σ与相关矩阵 R 通常是未知的，因此需要通过样本数据来估计。设有 n 个样品，每个样品有 p 个指标，这样共得到 np 个数据，原始资料矩阵如下：

$$X=\begin{bmatrix} x_{11} & x_{12} & \cdots & x_{1p} \\ x_{12} & x_{22} & \cdots & x_{2p} \\ \vdots & \vdots & \ddots & \vdots \\ x_{n1} & x_{n2} & \cdots & x_{np} \end{bmatrix} \tag{7-36}$$

记

$$S=\frac{1}{n-1}\sum_{k=1}^{n}(x_{ki}-\overline{x_i})(x_{ki}-\overline{x_i})' \tag{7-37}$$

$$\overline{x_i}=\frac{1}{n}\sum_{k=1}^{n}x_{ki},\ i=1,\ 2,\ \cdots,\ p \tag{7-38}$$

$$R=(r_{ij})_{p\times p} \tag{7-39}$$

$$r_{ij}=\frac{S_{ij}}{\sqrt{S_{ii}S_{jj}}} \tag{7-40}$$

S 为样本协方差矩阵，作为总体协方差矩阵Σ的无偏估计；R 是样本相关矩阵，为总体相关矩阵的估计。由前面的讨论可知，若原始资料矩阵 X 是经过标准化处理的，则由矩阵 X 求得的协方差矩阵就是相关矩阵，即 S 与 R 完全相同。因为由协方差矩阵求解主成分的过程与由相关矩阵出发求解主成分的过程是一致的，所以下面仅介绍由相关阵 R 出发求解主成分的过程。

根据总体主成分的定义，主成分 Y 的协方差是：

$$Cov(Y)=\Lambda \tag{7-41}$$

其中，Λ为对角阵。

$$\Lambda=\begin{bmatrix}\lambda_1 & 0 & 0 & \cdots & 0\\ 0 & \lambda_2 & 0 & \cdots & 0\\ 0 & 0 & \lambda_3 & \cdots & 0\\ \vdots & \vdots & \vdots & \ddots & \vdots\\ 0 & 0 & 0 & \cdots & \lambda_p\end{bmatrix} \tag{7-42}$$

假定资料矩阵 X 为已标准化后的数据矩阵，则可由相关矩阵代替协方差矩阵，于是式（7-42）可表示为：

$$P'RP=\Lambda \tag{7-43}$$

于是，所求的新的综合变量（主成分）的方差 λ_i（i=1，2，…，p）是：

$$|R-\lambda I|=0 \tag{7-44}$$

的 p 个根，λ 为相关矩阵的特征根，相应的各个 γ_{ij} 是其特征向量的分量。

因为 R 为正定矩阵，所以其特征根都是非负实数，将它们依大小顺序排列 $\lambda_1\geqslant\lambda_2\geqslant\cdots\geqslant\lambda_p\geqslant0$，其相应的特征向量记为 γ_1，γ_2，…，γ_p，则相对于 Y_1 的方差为：

$$Var(Y_1)=Var(\gamma'_1X)=\lambda_1 \tag{7-45}$$

同理有：

$$Var(Y_i)=Var(\gamma'_iX)=\lambda_i \tag{7-46}$$

即对于 Y_1 有最大方差，Y_2 有次大方差……，并且协方差为：

$$\begin{aligned}Cov(Y_i,\ Y_j)&=Cov(\gamma'_iX,\ \gamma'_jX)\\&=\gamma'_iR\gamma_j\\&=\gamma'_i\left(\sum_{\alpha=1}^{p}\lambda_\alpha\gamma_\alpha\gamma'_\alpha\right)\gamma_j\\&=\sum_{\alpha=1}^{p}\lambda_\alpha(\gamma'_i\gamma_\alpha)(\gamma'_\alpha\gamma_j)\\&=0(i\neq j)\end{aligned} \tag{7-47}$$

由此可有新的综合变量（主成分）Y_1，Y_2，…，Y_p 彼此不相关，并且 Y_i 的方差为 λ_i，则 $Y_1=\gamma'_1X$，$Y_2=\gamma'_2X$，…，$Y_p=\gamma'_pX$ 分别称为第一、第二……第 p 个主成分。由上述求主成分的过程可知，主成分在几何图形中的方向实际上就是 R 的特征向量的方向；主成分的方差贡献率就等于 R 的相应特征根。这样，利用样本数据求解主成分的过程实际上就转化为求相关阵或协方差阵的特征根和特征向量的过程。

第四节 主成分分析的上机实现

一、主成分分析——基于 SPSS 软件

【例 7-1】省域物流业节能效率评价数据集为 15 个省份在 2017 年的交通运输、仓储和邮政业作为物流业体现的相关数据汇总，共包括 10 个变量的 150 条观测。其中，X_1：物流业固定资产投资额（亿元）；X_2：货物周转量（亿吨/公里）；X_3：载货汽车数量（辆）；X_4：公路里程数（公里）；X_5：从业人员数量（万人）；X_6：物流业能耗量（万吨/标准煤）；X_7：物流业财政支出（亿元）；X_8：快递业务量（万件）；X_9：货运汽车氮氧化物排放量（万吨）；X_{10}：物流业生产总值（亿元）。具体数据如表 7-1 所示。下面用主成分分析方法处理该数据，以期用少数变量来描述 15 个省份的物流业节能减排情况。

表 7-1 15 个省份物流业节能效率评价数据

地区	X_1	X_2	X_3	X_4	X_5	X_6	X_7	X_8	X_9	X_{10}
广东	3796.63	28192.23	1960000	219580	192.31	3607.82	848.40	1013500	39.40	3580.94
江苏	2883.21	9726.51	1056452	158475	48.13	2311.91	469.56	359600	39.21	2896.47
山东	3954.99	9622.25	2107173	270590	359.20	10421.10	367.31	321500	58.98	3268.01
浙江	2966.00	10105.81	1245274	120101	166.07	1876.11	320.53	793200	25.60	1938.17
河南	2507.44	8165.54	1446283	267805	268.68	1881.97	296.17	107400	41.36	2162.85
四川	3896.62	2404.00	919000	324000	122.74	1739.60	569.11	80100	27.15	1595.80
湖北	2892.65	6589.58	743193	269484	45.77	1970.00	272.05	101300	23.51	1123.70
湖南	2104.35	4316.43	669221	239724	176.49	1733.12	332.08	45100	19.87	1496.01
河北	2116.30	12339.25	1633000	188431	202.18	10286.00	251.80	90400	49.76	2494.90
福建	2921.78	6785.16	683473	108012	23.92	1204.37	263.68	166100	12.05	1889.69
上海	669.18	25058.00	308100	13322	89.39	2571.18	476.74	301600	18.11	711.87
北京	1349.58	4700.05	367000	22226	63.60	1386.80	446.48	227500	13.04	1208.40
安徽	2036.46	11414.52	997919	57365	24.21	1149.88	230.37	86300	27.81	875.38
辽宁	602.01	12823.50	902000	121722	35.00	2066.70	215.20	51400	28.74	1310.00
陕西	1869.35	3761.63	560368	174395	43.80	1040.76	304.03	45800	17.74	832.62

1. 运行操作步骤

（1）打开 SPSS 软件，依次点击【分析】→【降维】→【因子】（见图 7-3），即可进入主成分分析主对话框。此时，省域物流业节能效率评价数据集中的变量名均已显示在左边的窗口中，依次选中变量物流业固定资产投资额（X_1）、物流业能耗量（X_6）、物流业财政支出（X_7）、快递业务量（X_8）和物流业生产总值（X_{10}）并点击向右的箭头按钮，将这五个变量放入【变量】，点击【确定】，对这五个变量进行主成分分析，如图 7-4 所示。

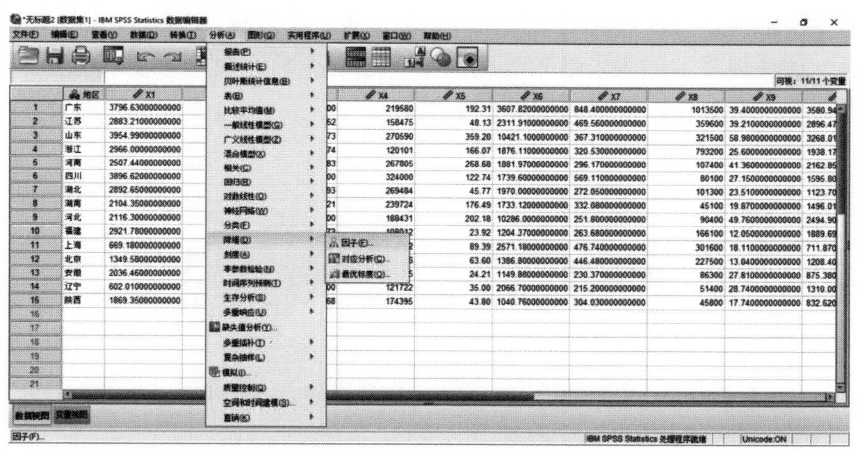

图 7-3　SPSS 软件主成分分析模块调用

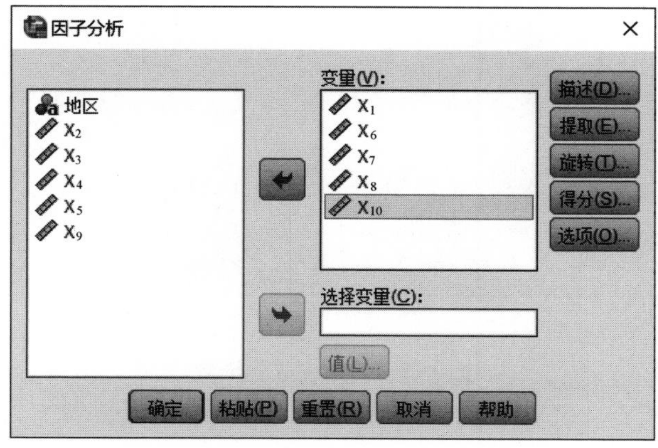

图 7-4　SPSS 软件主成分分析模块

（2）在上面的主成分分析中，SPSS 软件默认是从相关阵出发求解主成分，且默认保留特征根大于 1 的主成分。实际上，对主成分的个数可以自己确定，在进入主成分分析对话框并选择好变量之后，点击【提取】，在弹出对话框中有【提取】选择框，默认选择【基于特征值】且特征值大于 1，也就是保留特征根大于 1 的主成分，可以输入其他数值来改变 SPSS 软件保留的特征根的大小；另外，还可以选择【因子的固定数目】直接确定主成分的个数。在实际进行主成分分析时，可以先按照默认设置做一次主成分分析，然后根据输出结果确定应保留主成分的个数，用该方法进行设定后重新分析。本例按照默认设置进行主成分分析后，在【要提取的因子数】处输入 5（见图 7-5），将 5 个主成分全部保留，重新进行主成分分析，得到新的输出结果。

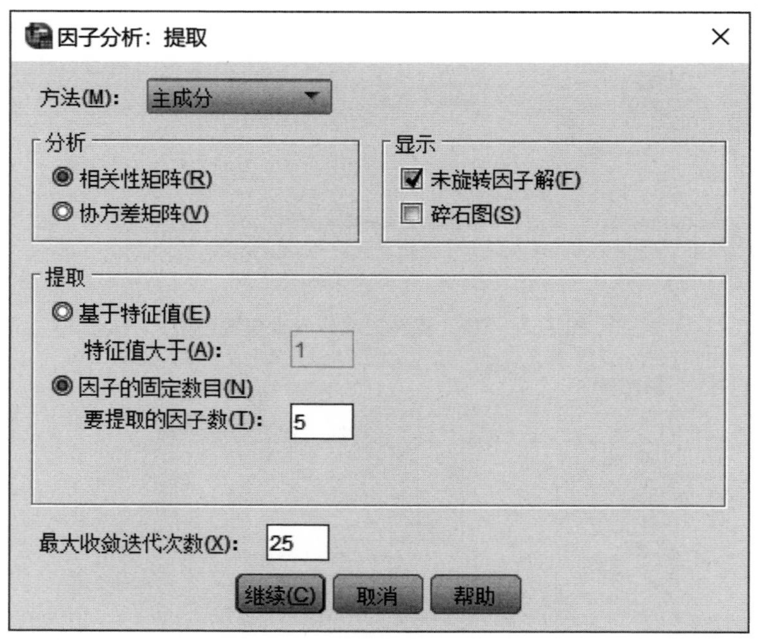

图 7-5　指定主成分个数

（3）由 SPSS 软件默认选项输出的结果，还不能得到用原始变量表示出主成分的表达式，因为默认输出的是因子载荷矩阵而不是主成分的系数矩阵，因此要对 SPSS 软件的因子分析模块运行结果进行调整。将因子载荷矩阵中的第 i 列的每个元

素分别除以第 i 个特征根的平方根$\sqrt{\lambda_i}$，就可以得到主成分分析的第 i 个主成分的系数。点击【转换】→【计算变量】（见图 7-6），即可进入主成分系数矩阵计算对话框。在对话框中输入具体计算公式（见图 7-7），即可计算得到第 i 个主成分的系数。

图 7-6　进入主成分系数矩阵计算对话框

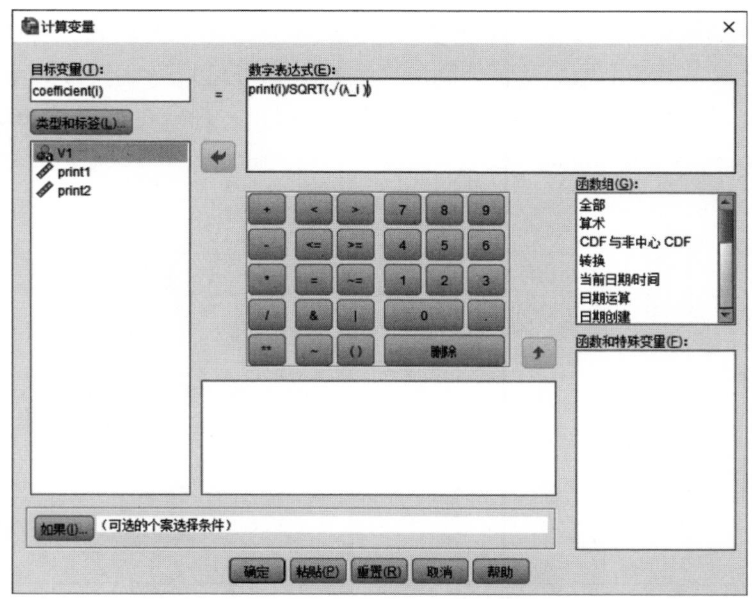

图 7-7　计算第 i 个主成分的系数

2. 运行结果分析

SPSS 软件主成分分析的输出结果主要包括公因子方差、总方差解释和成分矩阵（也就是因子载荷矩阵）。表 7-2 为公因子方差，给出了该次分析从每个原始变量中提取的信息，该次分析是用模块默认的信息提取方法即主成分分析完成的。可以看到，除物流业固定资产投资额和快递业务量的信息损失较大外，主成分几乎包含了各个原始变量至少 80%的信息。

表 7-2　公因子方差

	初始	提取
物流业固定资产投资额	1.000	0.606
物流业能耗量	1.000	0.864
物流业财政支出	1.000	0.803
快递业务量	1.000	0.776
物流业生产总值	1.000	0.894

注：提取方法为主成分分析法。

表 7-3 为总方差解释，显示了各主成分解释原始变量总方差的情况，SPSS 软件默认保留特征根大于 1 的主成分，在本例中看到保留了 2 个主成分为宜，这 2 个主成分集中了 5 个原始变量信息的 78.869%，可见效果比较好。实际上，主成分解释总方差的百分比也可以由表 7-2 计算得出，即（0.606+0.864+0.803+0.776+0.894）/5=78.86%。

表 7-3　总方差解释

成分	初始特征值			提取载荷平方和		
	总计	方差百分比（%）	累计百分比（%）	总计	方差百分比（%）	累计百分比（%）
1	2.739	54.780	54.780	2.739	54.780	54.780
2	1.204	24.090	78.869	1.204	24.090	78.869
3	0.568	11.359	90.228			
4	0.329	6.572	96.801			
5	0.160	3.199	100.000			

注：提取方法为主成分分析法。

表 7-4 为成分矩阵，给出了标准化原始变量用求得的主成分线性表示的近似表达式，这里以表中物流业能耗量一行为例，不妨用 print1、print2 来表示各个主成分，则由成分矩阵表可以得到：

标准化的能耗量≈0. 454×print1+0. 811×print2

因为 SPSS 软件默认从相关阵出发得到主成分分析结果，而对于由相关阵出发求得的主成分，其性质有简单的表达式，可以方便地加以验证。由成分矩阵表中的结果可以得到：

$0.771^2+0.454^2+0.720^2+0.778^2+0.902^2=2.737845$=第一主成分的方差

这就验证了性质 4。又有：

$0.454^2+0.811^2=0.864$

这恰好与表 7-2 中两个主成分提取能耗量变量的信息相等。

表 7-4　成分矩阵

	成分	
	1	2
物流业固定资产投资额	0. 771	0. 107
物流业能耗量	0. 454	0. 811
物流业财政支出	0. 720	−0. 533
快递业务量	0. 778	−0. 413
物流业生产总值	0. 902	0. 283

注：提取方法为主成分分析法。

将 5 个主成分全部保留，重新进行主成分分析，得到新的成分矩阵，如表 7-5 所示。可以看到，前两个主成分的相应结果与表 7-4 中的对应部分结果是一致的。对表 7-5 有如下关系式：

$0.454^2+0.811^2+0.307^2+0.125^2+0.163^2=1$

这就验证了性质 5。由表 7-5 还可以得到标准化原始变量用各主成分线性表示的精确的表达式。仍以物流业能耗量为例，有：

标准化的能耗量≈0. 454×print1+0. 811×print2+0. 307×print3+0. 125×print4+0. 163×print5

表 7-5 成分矩阵[a]

	成分				
	1	2	3	4	5
物流业固定资产投资额	0. 771	0. 107	-0. 614	-0. 010	0. 133
物流业能耗量	0. 454	0. 811	0. 307	0. 125	0. 163
物流业财政支出	0. 720	-0. 533	0. 137	0. 422	0. 005
快递业务量	0. 778	-0. 413	0. 280	-0. 358	0. 132
物流业生产总值	0. 902	0. 283	0. 019	-0. 083	-0. 314

注：提取方法为主成分分析法；a 表示提取了 5 个成分。

表 7-6 为主成分的系数矩阵，由此表可以写出各个主成分用标准化后的原始变量表示的表达式。

print1＝0. 465863×标准化的固定资产投资额+0. 274322×能耗量+0. 435047×财政支出+0. 470093×业务量+0. 545018×生产总值

print2＝0. 097515×标准化的固定资产投资额+0. 739108×能耗量-0. 48575×财政支出-0. 37639×业务量+0. 257913×生产总值

表 7-6 主成分系数矩阵

	print1	print2
物流业固定资产投资额	0. 465863	0. 097515
物流业能耗量	0. 274322	0. 739108
物流业财政支出	0. 435047	-0. 48575
快递业务量	0. 470093	-0. 37639
物流业生产总值	0. 545018	0. 257913

【例 7-2】农产品冷链物流需求的评价往往涉及众多指标，在对北京 2006—2017 年单独核算的农产品冷链物流需求量及其影响因素评价中，涉及 10 项指标。其中，X_1：北京冷链食品批发市场成交量（万吨）；X_2：北京农产品生产价格指数；X_3：北京生鲜农产品的年产量（万吨）；X_4：北京城镇居民农产品冷链物流需求量（万吨）；X_5：北京农产品冷链物流损失率（%）；X_6：北京冷链物流流通率（%）；X_7：北京货物运输量（万吨）；X_8：北京社会物流总费用（亿元）；X_9：北京货运周转量（万吨/公里）；X_{10}：北京公路营运汽车拥有量（万辆）。

具体数据如表 7-7 所示。为了简化系统结构，抓住农产品冷链物流需求评价中的主要问题，可由原始数据矩阵出发进行主成分分析。

表 7-7　北京农产品冷链物流数据

年份	X_1	X_2	X_3	X_4	X_5	X_6	X_7	X_8	X_9	X_{10}
2006	2101.30	99.10	579.30	402.81	45.60	4.57	33008.00	25406.40	653.20	16.70
2007	2206.10	114.40	596.60	421.35	42.30	4.61	19877.00	30553.60	724.80	13.78
2008	1859.00	112.30	572.90	436.91	40.00	5.05	20525.00	41005.70	758.89	15.09
2009	1969.60	98.30	573.00	464.07	35.70	5.19	20470.00	38442.70	731.59	17.96
2010	2157.30	106.50	550.00	479.12	33.60	6.27	21762.00	50424.70	876.93	15.75
2011	2456.80	110.70	547.40	484.96	32.30	8.01	24663.00	59624.50	999.60	18.60
2012	2352.60	104.70	523.40	504.42	31.00	8.15	26162.00	65851.10	1001.10	21.28
2013	2682.60	104.70	497.80	521.14	28.90	8.78	25748.00	65926.10	1051.10	24.11
2014	2831.10	99.70	457.90	540.15	28.00	9.21	26551.00	75923.60	1036.70	26.10
2015	2979.70	99.80	412.40	552.74	24.30	10.12	20078.00	67648.70	901.40	25.08
2016	3086.99	99.70	362.40	574.32	23.80	10.97	20078.00	71356.30	825.40	25.09

首先对原始数据进行标准化，本书前面章节已涉及过数据标准化的操作介绍，在此不再赘述。使用标准化后的北京市农产品冷链物流需求量及其影响因素统计数据进行主成分分析，得到总方差解释和成分矩阵分别如表 7-8 和表 7-9 所示。

由表 7-8 可以看到，前两个主成分的方差和占全部方差的比例为 89.5%。选取前两个主成分分别为第一主成分 y_1 和第二主成分 y_2，这两个主成分基本上保留了原来指标的信息，这样由原来的 10 个指标转化为 2 个新指标，起到了降维的作用。

表 7-8　总方差解释

成分	初始特征值			提取载荷平方和		
	总计	方差百分比（%）	累计百分比（%）	总计	方差百分比（%）	累计百分比（%）
1	7.720	77.196	77.196	7.720	77.196	77.196
2	1.232	12.324	89.520	1.232	12.324	89.520
3	0.744	7.444	96.964			
4	0.109	1.092	98.056			

续表

成分	初始特征值			提取载荷平方和		
	总计	方差百分比（%）	累计百分比（%）	总计	方差百分比（%）	累计百分比（%）
5	0.095	0.952	99.008			
6	0.060	0.600	99.608			
7	0.029	0.294	99.903			
8	0.008	0.077	99.979			
9	0.002	0.016	99.995			
10	0.000	0.005	100.000			

注：提取方法为主成分分析法。

表 7-9　成分矩阵

	成分	
	1	2
X_1	0.986	-0.058
X_2	0.941	-0.024
X_3	-0.929	0.124
X_4	-0.978	0.080
X_5	0.942	-0.247
X_6	0.990	0.018
X_7	-0.189	0.869
X_8	0.960	0.154
X_9	0.575	0.577
X_{10}	0.942	0.184

注：提取方法为主成分分析法。

基于表 7-9，可以进一步得到主成分的系数矩阵，如表 7-10 所示。由表 7-10 得到前两个主成分 y_1，y_2 的线性组合为：

$$y_1 = 0.354869x_1^* + 0.338673x_2^* - 0.33435x_3^* - 0.35199x_4^* + 0.339033x_5^* + 0.356309x_6^* - 0.06802x_7^* + 0.345512x_8^* + 0.206947x_9^* + 0.339033x_{10}^*$$

$$y_2 = -0.05225x_1^* - 0.02162x_2^* + 0.111716x_3^* + 0.072075x_4^* - 0.22253x_5^* + 0.016217x_6^* + 0.782915x_7^* + 0.138744x_8^* + 0.519841x_9^* + 0.165772x_{10}^* \quad (7-48)$$

式（7-48）中，x_1^*、x_2^*、x_3^*、x_4^*、x_5^*、x_6^*、x_7^*、x_8^*、x_9^*、x_{10}^* 表示对原始变量标准化后的变量。

表 7-10 主成分系数矩阵

	主成分 1	主成分 2
X_1	0. 354869	-0. 05225
X_2	0. 338673	-0. 02162
X_3	-0. 33435	0. 111716
X_4	-0. 35199	0. 072075
X_5	0. 339033	-0. 22253
X_6	0. 356309	0. 016217
X_7	-0. 06802	0. 782915
X_8	0. 345512	0. 138744
X_9	0. 206947	0. 519841
X_{10}	0. 339033	0. 165772

对所选主成分做物流上的解释。主成分分析的关键在于能否给主成分赋予新的意义，给出合理的解释，这个解释应根据主成分的计算结果结合定性分析来进行。主成分是原来变量的线性组合，在这个线性组合中，各变量的系数有大有小，有正有负，有的大小相当，因而不能简单地认为这个主成分是某个原变量的属性的作用。线性组合中各变量的系数的绝对值大者表明该主成分主要综合了绝对值大的变量，有几个变量系数大小相当时，应认为这一主成分是这几个变量的总和，这几个变量综合在一起应赋予怎样的物流上的意义，要结合物流专业知识，给出恰如其分的解释，才能达到深刻分析物流成因的目的。

这里所举的例子中有 10 个指标，这 10 个指标有很强的依赖性，通过主成分计算后选择了 2 个主成分，这 2 个主成分具有明显的物流意义。第一主成分的线性组合中除了北京货物运输量和北京货运周转量外，其余变量的系数相当，所以第一主成分可看成 x_1、x_2、x_3、x_4、x_5、x_6、x_8、x_{10} 的综合变量。可以解释为第一主成分反映了北京农产品产量的投入量、北京农产品冷链物流需求量所产生的效果，它是“投入”与“产出”之比。第一主成分所占信息总量为 77. 196%，在北京目前的农产品冷链物流流通中，冷链物流需求量首先反映在投入与产出之比上，其中农产品冷链物流需求量和冷链物流流通率对农产品冷链物流需求影响更大一些。第二主成分是把北京的货物运输和周转量进行比较，反映了运输能力和运输效率对北京农产品冷链需求所做的贡献。

通常为了分析各变量在主成分所反映的物流流通意义方面的情况，还将标准化后的原始数据代入主成分表达式计算出各变量的主成分得分，由各变量的主成分得分（当主成分个数为 2 时）就可在二维空间中描出各变量的分布情况。

将标准化后的北京市农产品冷链物流需求量及其影响因素统计数据代入式（7-48）中，得到 2006—2017 年北京市农产品冷链物流需求量的主成分得分（见表 7-11）。将这 12 个变量在平面直角坐标系上描出来，进而可进行变量分类（见图 7-8）。

表 7-11 主成分得分

变量	第一主成分得分	第二主成分得分
X_1	-4. 01677	1. 309659
X_2	-3. 453	-1. 16648
X_3	-2. 87641	-0. 90076
X_4	-2. 2795	-1. 00322
X_5	-1. 37123	-0. 26201
X_6	-0. 2094	0. 910466
X_7	0. 377693	1. 253398
X_8	1. 421254	1. 316239
X_9	2. 430663	1. 342925
X_{10}	2. 963927	-0. 79288

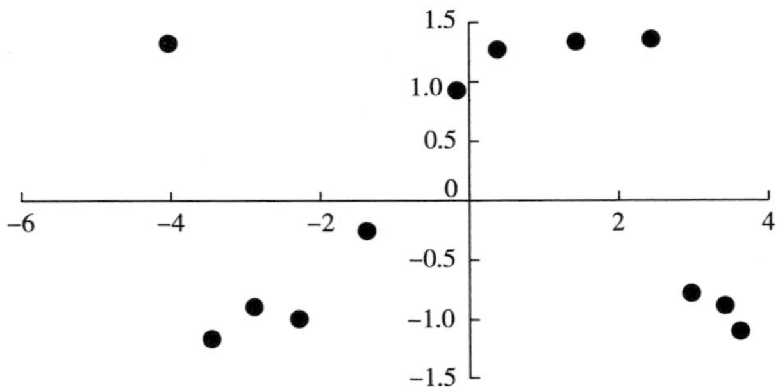

图 7-8 主成分得分图

由图 7-8 可看出，分布在第一象限的是 2014 年、2013 年、2012 年 3 个年份，这 3 个年份的北京农产品冷链物流需求量比较大，其中 2014 年的需求量最大。分布在第四象限的是 2015 年、2016 年、2017 年 3 个年份。因为第四象限的主要特征是第一主成分，第一主成分占信息总量的比重最大，所以这 3 个年份的农产品冷链物流需求量也算比较大。分布在第二象限和第三象限的年份可属同一类，农产品冷链物流需求量较低。

二、主成分分析——基于 R 软件

【例 7-3】回到例 7-1，重新处理省域物流业节能效率评价数据集。在宏观层面，对省份进行聚类分析，将各省域依据节能减排水平划分为不同类别；在微观层面，使用主成分分析方法处理该数据集，以期用少数变量来描述 15 个省份的物流业节能减排情况。所有数据处理均使用 R 实现。

将例 7-1 的数据录入为“case1. csv”，并将该 csv 文件存放在“D：/多元统计”文件夹中。读取数据时，首先使用 setwd（）函数设置工作目录为数据存放的文件夹，其次将数据导入并赋值给 case，最后将数据标准化，具体代码如下所示：

```
#读取数据
setwd("D:/多元统计")
case<-read.csv("case1.csv",header=TRUE,encoding='UTF-8')
case<-scale(case[,2:11])
```

（一）聚类分析

使用 dist（）函数计算样品的距离矩阵，使用 hclust（）函数对样品进行系统聚类，并使用 plot（）函数绘制聚类树状图，具体代码如下所示：

```
#计算距离矩阵
d<-dist(case)
#系统聚类
HC<-hclust(d)
#绘制聚类树状图
plot(HC)
```

图 7-9 为生成的聚类树状图，该图直观揭示了各省域依据节能减排水平进行分类的结果。可以发现，2017 年，全国 15 个省份物流业节能减排除了差异性外，还有集中发展的趋势，利用聚类分析可将全国 15 个省份分成两类、三类或四类，具体如表 7-12 所示。

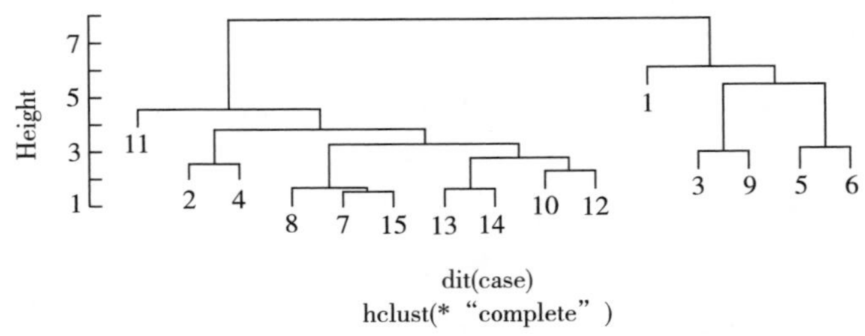

图 7-9　全国 15 省份物流业节能减排水平聚类树状图

表 7-12　全国 15 省份物流业节能减排水平分类

<table>
<tr><td>分类</td><td>第一类</td><td colspan="3">第二类</td></tr>
<tr><td>分两类</td><td>广东、山东、
河南、河北、四川</td><td colspan="3">江苏、浙江、湖北、湖南、
福建、上海、北京、安徽、辽宁、陕西</td></tr>
<tr><td rowspan="2">分三类</td><td>第一类</td><td>第二类</td><td colspan="2">第三类</td></tr>
<tr><td>广东、山东、河南、
河北、四川</td><td>江苏、浙江、上海</td><td colspan="2">湖南、湖北、福建、陕西、北京、安徽、辽宁</td></tr>
<tr><td rowspan="2">分四类</td><td>第一类</td><td>第二类</td><td>第三类</td><td>第四类</td></tr>
<tr><td>广东、山东、
河南、河北、四川</td><td>江苏、浙江、上海</td><td>湖南、湖北、陕西</td><td>福建、北京、安徽、辽宁</td></tr>
</table>

各类代表了不同的物流业节能减排水平，同时每类所包含的城市具有类似的节能减排水平。经过分析，得到的启示是：各市在发展物流业时，不能只片面强调快递业务量，同时也要注意物流业能耗量，注意货运汽车的氮氧化物排放量。只有物流业能耗量和氮氧化物排放量下降了，物流业的快速发展才能真正具有意义，也才能说该城市的物流业水平真正提高了。一个城市物流业只有全面发展了，才能保证节能减排能够做到位。同时，就全国而言，尽管快递业的节能减排在 2017 年有大幅改善，但各地区间存在严重的地区差异。珠三角地区以及河南、

河北、山东这几个人口大省物流产量巨大，但同时面临的污染能耗压力也是巨大的，而像江浙沪、北京地区则因其节能减排资金充足，保障了其物流业在快速发展的同时能耗也能相应降低。对此，全国应加快物流业节能减排政策的实施，大力帮扶节能减排薄弱地区，尤其是帮助物流量大但能耗也一直居高不下的地区做好减排工作。

（二）主成分分析

同主成分分析在 SPSS 软件中的实现相似，在使用 R 对 15 个省份的物流业节能效率评价数据集进行主成分分析时，主要关注总体方差解释、成分矩阵、碎石图和主成分得分图。

1. 总体方差解释

在 R 软件中使用 prcomp（）函数可得到主成分分析的总体方差解释，具体代码如下所示：

```
#生成总体方差解释
case. pca<-prcomp(case)
#输出总体方差解释
summary(case. pca)
```

图 7-10 为省域物流业节能效率评价数据集主成分分析的总体方差解释。由于数据集指标多，不便于综合分析，通过观察总体方差解释，采用主成分分析法提取主要成分，然后进行相应的分析，用 R 软件运行后发现可以提取两个主成分（PC_1，PC_2），这两个成分累计方差百分比占全部的 97.68%，可以说是代表了全部指标的绝大部分信息量。

```
Importance of components:
                             PC1       PC2       PC3       PC4       PC5   PC6
Standard deviation     5.649e+05 2.458e+05 9.483e+04 5.534e+03 1.737e+03 402.6
Proportion of Variance 8.212e-01 1.555e-01 2.315e-02 8.000e-05 1.000e-05   0.0
Cumulative Proportion  8.212e-01 9.768e-01 9.999e-01 1.000e+00 1.000e+00   1.0
                        PC7   PC8   PC9
Standard deviation     99.9 57.91 4.032
Proportion of Variance  0.0  0.00 0.000
Cumulative Proportion   1.0  1.00 1.000
> |
```

图 7-10　总体方差解释

2. 成分矩阵

在 R 软件中使用 prcomp（）函数可得到主成分分析的成分矩阵，从而判断每一个成分中都包含哪些变量。具体代码如下所示：

```
#生成成分矩阵
prcomp(case[ ,1:10])
```

图 7-11 为省域物流业节能效率评价数据集主成分分析的成分矩阵，第一个主成分 PC_1 主要由 X_2：货物周转量，X_3：载货汽车数量，X_4：公路里程数，X_7：物流业财政支出和 X_9：货运汽车氮氧化物排放量决定，这 5 个指标是流通能力指标，说明一个城市的物流流通运输能力发展水平。第二个主成分 PC_2 主要由 X_1：物流业固定资产投资额，X_5：从业人员数量，X_6：物流业能耗量，X_8：快递业务量和 X_{10}：物流业生产总值决定，这 5 个指标是物流业的需求水平，反映了城市中物流业需求量以及发展总量的情况。

```
Rotation (n x k) = (10 x 10):
              PC1           PC2
X1  -1.192032e-03 -1.279799e-04
X2  -4.890829e-03 -1.507587e-02
X3  -9.556616e-01  2.902472e-01
X4  -2.021456e-02  1.027939e-01
X5  -1.328582e-04  7.974292e-05
X6  -3.531479e-03  4.376680e-03
X7  -9.690537e-05 -3.896303e-04
X8  -2.937049e-01 -9.512851e-01
X9  -2.081099e-05  2.000832e-05
X10 -1.396678e-03 -3.113464e-04
```

图 7-11　成分矩阵

3. 碎石图

在 R 软件中使用 factoextra 包的 fviz_ eig（）函数可得到碎石图，从而可以更加直观高效地佐证为什么要提取前两个主成分。具体代码如下所示：

```
#安装并载入 factoextra 包
install. packages("factoextra")
library(factoextra)
#绘制碎石图
fviz_eig(case. pca)
```

图 7-12 为省域物流业节能效率评价数据集主成分分析的碎石图，可以看到，第一主成分解释方差占比超过 80%，第二主成分和第一主成分占比的总和也超过了 90%，可以包含所有指标的大部分信息。所以，用第一主成分和第二主成分来解释所有指标是合理且有依据的。

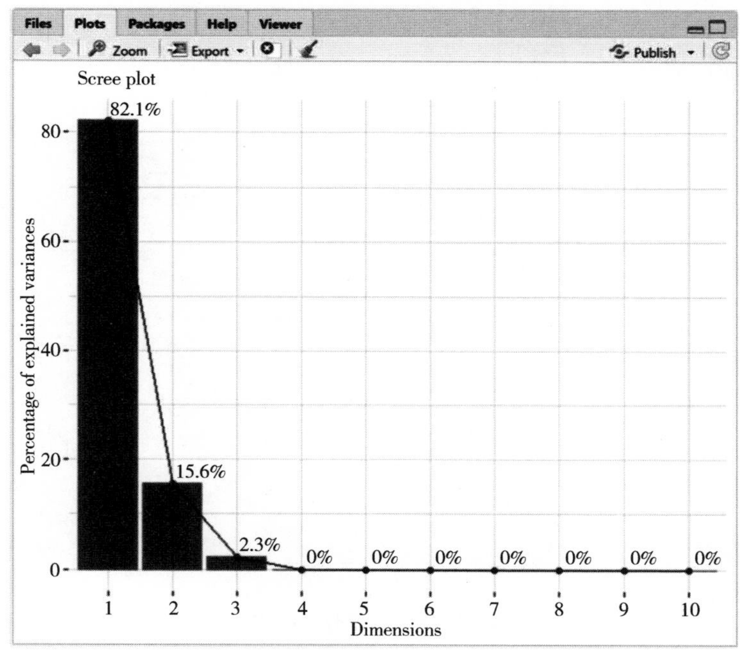

图 7-12　碎石图

4. 主成分得分图

在 R 软件中使用 fviz_ pca_ ind（）函数可得到主成分得分图。具体代码如下所示：

```
#绘制主成分得分图
fviz_pca_ind(case. pca)
```

图 7-13 为省域物流业节能效率评价数据集主成分分析的主成分得分图，从该图可以看到安徽、四川、辽宁、湖南、湖北、陕西的位置在图中第一象限，它们在 PC_1 和 PC_2 的得分都比较高。这六个地区的物流运输设施及运输能力都十分强大，因此它们的 PC_1 得分高。它们在下大力度提高物流需求量的同时，做到了对物流能耗率的控制，从而 PC_2 有着比较高的得分。很高的 PC_1 得分和比较高的 PC_2 就决定了这六地在排名时可以领先其余九个省份，但这些城市在降低物流能耗上还可以进一步提升。

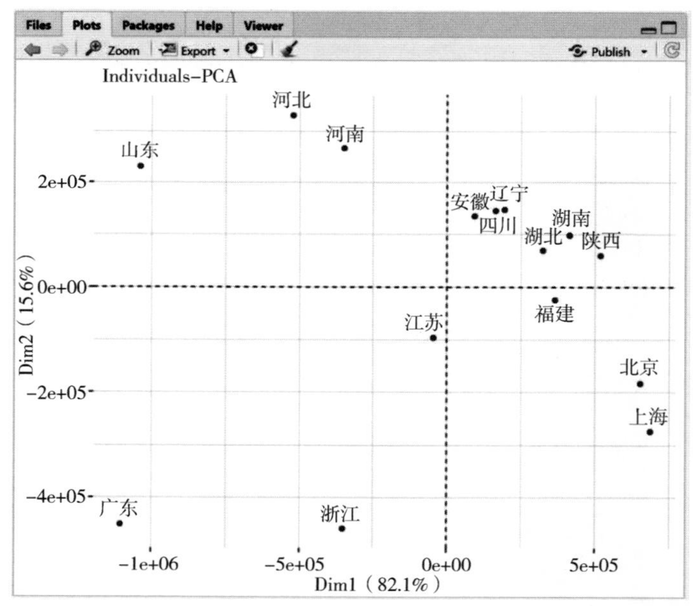

图 7-13　主成分得分图

福建、北京、上海的位置在图中第四象限，他们在 PC_1 的得分较高，但是在 PC_2 上的得分却很低。三地的物流运输能力及条件都十分强大，北京和上海得益于作为中国最大的两座超级都市优越的物流基础设施，福建得益于作为沿海城市的优越地理优势。但是三地在物流行业规模不断扩大的同时，能耗减排上做的还不够多，在节能减排的投入力度上远不及物流业增长的速度。

山东、河北、河南、广东、浙江、江苏的位置分别在图中的第二和第三象限，它们的 PC_1 和 PC_2 得分都比较低，从而导致它们的排名相对比较落后。特别是广东，其 PC_1 和 PC_2 的得分都十分低，该省作为全国最大的物流运输量省，不断出现的物流浪费、物流污染状况让广东省的物流业节能减排雪上加霜。这些都是造成广东省排名落后的原因，需要广东省及时对此做出改进对策。

习题

【7-1】简述主成分分析的基本思想。

【7-2】简述由协方差阵出发和由相关阵出发求主成分的区别。

【7-3】设 $X=(X_1, X_2)'$ 的协方差阵 $\Sigma=\begin{bmatrix}1 & 4\\4 & 100\end{bmatrix}$，试从协方差阵 Σ 和相关阵 R 出发求解主成分，并加以比较。

【7-4】设 p 元总体 X 的协方差阵为：

$$\sum=\sigma^2\begin{bmatrix}1 & \rho & \cdots & \rho\\ \rho & 1 & \cdots & \rho\\ \vdots & \vdots & \ddots & \vdots\\ \rho & \rho & \cdots & 1\end{bmatrix}(0<\rho\leqslant 1)$$

（1）试证明总体的第一主成分为 $Z_1=\frac{1}{\sqrt{\rho}}(X_1+X_2+\cdots+X_p)$；

（2）试求第一主成分的贡献率。

【7-5】表 7-13 是某市工业部门 13 个行业 8 项指标的数据。X_1：年末固定资产净值（万元）；X_2：职工人数（人）；X_3：工业总产值（万元）；X_4：全员劳动生产率（元/人）；X_5：百元固定原资产值实现产值（元）；X_6：资金利税率（%）；X_7：标准燃料消费量（吨）；X_8：能源利用效果（万元/吨）。

表 7-13　某市工业部门 13 个行业指标数据

	X_1	X_2	X_3	X_4	X_5	X_6	X_7	X_8
冶金	90342	52455	101091	19272	82.000	16.100	197435	0.172
电力	4903	1973	2035	10313	34.200	7.100	592077	0.003

续表

	X_1	X_2	X_3	X_4	X_5	X_6	X_7	X_8
煤炭	6735	21139	3767	1780	36.100	8.200	726396	0.003
化学	49454	36241	81557	22504	98.100	25.900	348226	0.985
机械	139190	203505	215898	10609	93.200	12.600	139572	0.628
建材	12215	16219	10351	6382	62.500	8.700	145818	0.066
森工	2372	6572	8103	12329	184.400	22.200	20921	0.152
食品	11062	23078	54935	23804	370.400	41.000	85486	0.263
纺织	17111	23907	52108	21796	221.500	21.500	63806	0.276
缝纫	1205	3930	6126	15586	330.400	29.500	1840	0.437
皮革	2150	5704	6200	10870	184.200	12.000	8913	0.274
造纸	5251	6155	10383	16875	146.400	27.500	78796	0.151
文教艺术用品	14341	13203	19396	14691	94.600	17.800	6354	1.574

（1）试用主成分分析方法确定 8 项指标的样本主成分。若要求损失信息不超过 15%，应取几个主成分？试对这几个主成分进行解释。

（2）利用主成分得分对 13 个行业进行排序和分类。

第八章　因子分析

第一节　因子分析的基本思想

因子分析（Factor Analysis）是将具有错综复杂关系的变量归结为数量较少的几个综合因子的一种多变量统计分析方法。因子分析被公认为始于斯皮尔曼（Charles Spearman）1904年的客观确定和测量的一般智力，一文斯皮尔曼被公认为对因子分析贡献最大，并被称为因子分析之父。因子分析是现代统计学的一个重要分支，广泛地应用于心理学、医学、气象、地质、经济学等各个社会科学领域和自然科学领域。

对于某一具体问题，影响因素未必都可以观测到，因此需要从可以观测到的变量中提取不可观测的公共因子，以展示观测变量之间的相互关系。影响某种现象的因素可能是先前研究的结论，也可能是根据逻辑分析提出的假设，和方差分析里的因素不同。方差分析的因素不仅可以观测，而且可以控制。而因子分析的因子本身无法通过调查获得数值，故不用“因素”以示区别。当因子与观测自变量之间存在线性关系时，可利用因子分析将因子表达为观测自变量的线性组合，从而给出这些原本无法直接测量的因子的数值。预计作为因变量的因子其实是诸多自变量的线性组合，是诸多自变量的特征表达与信息归纳。

因子分析从研究原始变量相关矩阵内部的依赖关系出发，根据相关性大小把原始变量分组，同组内的变量之间相关性较高，不同组的变量之间的相关性较低，每组变量代表了一个基本结构。由此，原始变量可以看作少数几个不可测的公共因子的线性函数和与公共因子无关的特殊因子之和。因此，因子分析还可以看作将变量投射在公共因子所构成的线性空间，从而可以将变量进行分类。

因子分析是主成分分析的推广，因子分析处理的数据也只有自变量数据，没有因变量数据，都采用谱分解、投影等数理工具，但两者存在一些根本性差异。从研究目的看，因子分析是为了提取对变量都有影响的公共因子，而主成分分析则是为了将变量投影到新的坐标系中，故而因子模型是把变量表示成各因子的线性组合，而主成分分析则是把主成分表示成各变量的线性组合。从模型假设上看，主成分分析只能采用主成分法，而因子分析则需要一些专门的假设。从因子个数上看，主成分分析中，主成分的数量和变量个数相等，可以依据重要性递减选取前几个主成分，而因子分析中因子的个数是由研究者预先指定的。从模型求解的过程看，主成分分析法只能采用主成分法，而因子分析可采用的方法有很多。从模型求解的结果看，当给定协方差矩阵或相关矩阵特征根唯一时，主成分一般是固定的，而因子分析还可以对结果进行旋转，结果不唯一。从结果的意义看，主成分分析的主成分都是原来一些自变量的线性组合，其意义并不直观易理解，最重要的主成分是最大化投影方差的因子；而因子分析可在主成分分析的基础上，对主成分的结果进行旋转，可以清楚地看到主成分到底是哪些变量和自变量的归纳，由此了解主成分的意义，最重要的因子是旋转后具有最大解释能力的因子。

根据是否已知因子的数目和内容，因子分析可分为验证性因子分析和探索性因子分析。验证性因子分析主要是依靠逻辑和经验，影响某种现象的因子数目和因子内容都已经确定，但这些因子本身是无法测量的（隐变量），因此通过对这些因子逻辑上有关变量（显变量）的数据处理，验证这些因子与变量的相关程度，间接获得这些因子的数值（因子得分）。探索性因子分析并不确定影响某种现象的因子数目和因子内容，需要通过对与研究问题有关的变量（显变量）数据进行分析处理，探寻隐藏在这些显变量背后的因子（隐变量）及其数值。探索性因子分析是验证性因子分析的扩展与突破，验证性因子分析是因子分析的本源。

根据研究对象的不同，因子分析还可以分为 R 型因子分析和 Q 型因子分析。R 型因子分析研究变量之间的相关关系，Q 型因子分析研究样品之间的相关关系。本章详细介绍了 R 型因子分析，Q 型因子分析可在此基础上直接得到结果。

第二节 因子模型

一、因子分析的数学模型

因子分析是将原始变量分解为两部分之和，一部分是对若干个不可观测的公共因子（隐变量）的线性组合；另一部分是与公共因子无关的特殊因子。

令原始变量为 X，$X=(x_1, x_2, \cdots, x_p)'$是 p 维可观测的随机向量，其各个原始变量的平均水平为 μ，有：$E(X)=\mu=(\mu_1, \mu_2, \cdots, \mu_p)'$，其协方差矩阵为：$Cov(X)=\Sigma=(\sigma_{ij}^2)_{p\times p}$。令公共因子为 F，$F=(f_1, f_2, \cdots, f_m)'$是表示公共因子的 m（$m\leqslant p$）维不可观测的随机向量。令特殊因子为 ε，$\varepsilon=(\varepsilon_1, \varepsilon_2, \cdots, \varepsilon_p)'$是 p 维不可观测的随机向量，是原始变量不能被公共因子解释的部分，是原始变量特有的因子。

假如：

（1）公共因子 F 是中心化的、标准化的，即：

$E(F)=0$，$Var(f_j)=1$

（2）特殊因子 ε 的期望为 0，相互独立，即：

$$E(\varepsilon)=0,\ Cov(\varepsilon)=E(\varepsilon\varepsilon')=D=diag(\sigma_1^2, \sigma_2^2, \cdots, \sigma_p^2)=\begin{bmatrix}\sigma_1^2 & & & 0\\ & \sigma_2^2 & & \\ & & \ddots & \\ 0 & & & \sigma_p^2\end{bmatrix}$$

（3）公共因子 F 和特殊因子 ε 之间相互独立，即：$Cov(F, \varepsilon)=0$，称 X 具有因子结构，X 可以写作：

$$\begin{cases}x_1=\mu_1+a_{11}f_1+a_{12}f_2+\cdots+a_{1m}f_m+\varepsilon_1\\ x_2=\mu_2+a_{21}f_1+a_{22}f_2+\cdots+a_{2m}f_m+\varepsilon_2\\ \qquad\vdots\\ x_p=\mu_p+a_{p1}f_1+a_{p2}f_2+\cdots+a_{pm}f_m+\varepsilon_p\end{cases} \tag{8-1}$$

则式（8-1）称为因子模型，其矩阵形式可记为：

$$X=\mu+AF+\varepsilon \tag{8-2}$$

其中，$A=(a_{ij})_{p\times m}=\begin{bmatrix} a_{11} & a_{12} & \cdots & a_{1m} \\ a_{21} & a_{22} & \cdots & a_{2m} \\ \vdots & \vdots & \ddots & \vdots \\ a_{p1} & a_{p2} & \cdots & a_{pm} \end{bmatrix}$，称为因子载荷矩阵。

当公共因子 F 相互独立时，即 $Cov(F)=I_m$，称式（8-1）为正交因子模型，X 具有正交因子结构，正交的公共因子可以理解为 m 维欧氏空间的相互垂直的坐标轴。后面如无说明，因子模型均指正交因子模型。从因子模型可以看出，因子分析也是对原始变量 X 的一种重新表达，可以把相关变量之间的复杂关系通过少数几个不相关的公共因子揭露出来，同时实现了数据的降维。

二、模型性质

（一）标度变换的不变性

若 X 具有因子结构，则 X 的各个分量标度单位发生变化后，依然具有因子结构。

证明：

设原变量 X 满足因子模型，则 $X=\mu+AF+\varepsilon$。当 X 的各个分量标度单位发生变化后，记为 $X^*=(c_1x_1, c_2x_2, \cdots, c_px_p)'=CX$，其中 $C=diag(c_1, c_2, \cdots, c_p)$，$c_i>0$（$i=1, 2, \cdots, p$）。

令 $C\mu=\mu^*$，$CA=A^*$，$C\varepsilon=\varepsilon^*$，则 $X^*=\mu^*+A^*F+\varepsilon^*$，且 $E(\varepsilon^*)=0$，$Cov(\varepsilon^*)=diag(c_1^2\sigma_1^2, c_2^2\sigma_2^2, \cdots, c_p^2\sigma_p^2)$，$Cov(F, \varepsilon^*)=0$。因此，$X^*$ 仍然满足因子模型。

因子模型与 X 的标度单位无关，因此可以先对 X 实行标准化后再进行因子分析。令 $x^*=\frac{x_i-\mu_i}{\sigma_{ii}}$，$i=1, 2, \cdots, p$，$X^*$ 的协方差矩阵 $Var(X^*)$ 是 X 的相关矩阵 R，即：$Var(X^*)=R$，此时因子模型变为 $X^*=A^*F+\varepsilon^*$。

（二）因子载荷矩阵不唯一

若 X 具有因子结构，且 $X=\mu+AF+\varepsilon$，则因子载荷矩阵 A 不唯一。

证明：

设 Γ 是任意 m 阶正交矩阵，则因子模型可写为 $X=\mu+A\Gamma\Gamma'F+\varepsilon$

令 $A^*=A\Gamma$，$F^*=\Gamma'F$，则有 $X=\mu+A^*F^*+\varepsilon$，且 $E(F^*)=0$，$Var(F^*)=$

$\Gamma\Gamma'=I_m$，Cov（F^*，ε）$=\Gamma'$Cov（F，ε）$=0$，因此 $A^*=A\Gamma$ 仍然是因子模型的载荷矩阵，$F^*=\Gamma'F$ 是相应的公共因子。$\Gamma'F$ 的几何意义是对公共因子进行正交旋转。经过适当的因子旋转后，可以使公共因子的实际意义更加明确，便于对公共因子给出更加客观合适的解释。

（三）协方差矩阵可分解

在因子模型中，X 的协方差阵必可分解 $\Sigma=AA'+D$，$D=Var(\varepsilon)=diag(\sigma_1^2, \sigma_2^2, \cdots, \sigma_p^2)$

证明：

$$\begin{aligned}\sum &= Var(X)=E(X-\mu)(X-\mu)^T \\ &= E(AF+\varepsilon)(AF+\varepsilon)^T = Var(AF)+Var(\varepsilon)=AA'+D \qquad (8-3)\end{aligned}$$

即 $Var(x_i)=\sum_{j=1}^{m}a_{ij}^2+\sigma_i^2$，原始变量 x_i 的方差可分为受公共因子影响的共性方差和受特殊因子影响的特殊方差。

三、因子载荷的再讨论

由于：

$$\begin{aligned}Cov(x_i, f_j) &= Cov(\mu_i+\sum_{j=1}^{m}a_{ij}f_j+\varepsilon_i, f_j) \\ &= Cov(\mu_i, f_j)+Cov(\sum_{j=1}^{m}a_{ij}f_j, f_j)+Cov(\varepsilon_i, f_j)=a_{ij} \qquad (8-4)\end{aligned}$$

写作矩阵形式：

$Cov(X, F)=Cov(\mu+AF+\varepsilon, F)=Cov(\mu, F)+ACov(F, F)+Cov(\varepsilon, F)=A$

即 $A=Cov(X, F)$，特别地，当 X 标准化后，有 $a_{ij}=\rho(x_i, f_j)$，$|a_{ij}|\leqslant 1$。

因此，因子载荷 a_{ij} 是原始变量 x_i 与公共因子 f_j 的协方差，反映了 x_i 与 f_j 的关联程度，描述了公共因子 f_j 对 x_i 的影响程度或变量 x_i 可由公共因子 f_j 的解释程度。a_{ij} 的绝对值越大，说明 x_i 与 f_j 的相关程度越大，或称公共因子 f_j 对 x_i 的载荷量越大。

由于 $\Sigma=AA'+D$，有 $\sum_{i=1}^{p}Var(x_i)=tr(\Sigma)=tr(AA')+tr(D)=\sum_{i=1}^{p}\sum_{j=1}^{m}a_{ij}^2+\sum_{i=1}^{p}\sigma_i^2$。

表明载荷矩阵 A 的所有元素平方和 $\sum_{i=1}^{p}\sum_{j=1}^{m}a_{ij}^2$ 可以反映出公共因子对 X 总方差

的贡献，下面就载荷矩阵 A 的横行元素和纵列元素分别展开说明。

（一）共同度

共同度 h_i^2 是载荷矩阵 A 第 i 行所有元素的平方和，是 x_i 与所有公共因子的协方差的平方和，即 $h_i^2=\sum_{j=1}^{m}a_{ij}^2$（i=1，2，…，p），此时有 $Var(x_i)=\sum_{j=1}^{m}a_{ij}^2+\sigma_i^2=h_i^2+\sigma_i^2$，共同度 h_i^2 反映了 x_i 对公共因子 F 的共同依赖程度的大小，因此 h_i^2 也称为共性方差，与剩余方差 σ_i^2 有互补的关系。h_i^2 越大，x_i 对公共因子 F 的依赖程度越大，公共因子能解释 x_i 方差的比例就越大，因子分析的效果也就越好。

当 X 标准化后，$Var(x_i)=1$，则 $Var(x_i)=h_i^2+\sigma_i^2=1$。当 h_i^2 接近 1 时，意味着 x_i 主要由公共因子 F 来描述；当 $h_i^2\approx0$ 时，表明公共因子对 x_i 的影响很小，x_i 主要由特殊因子来表述。

（二）解释方差

解释方差 q_j^2 是因子载荷矩阵 A 第 j 列所有元素的平方和，令 $q_j^2=\sum_{i=1}^{p}a_{ij}^2$（j=1，2，…，m），$q_j^2$ 表示的是公共因子 f_j 对于 X 的每一分量 x_i 所提供的方差贡献，称为公共因子 f_j 的解释方差，是衡量公共因子 f_j 对变量 X 的影响大小的重要指标。

q_j^2 越大，表明公共因子 f_j 对 X 的贡献越大，或者说对 X 的影响和作用就越大。因此，q_j^2 的大小排序体现了公共因子影响力的从大到小排序，从而能找出最有影响的公共因子。

（三）共同度和解释方差的关系

共同度考虑的是所有公共因子 $F=(f_1, f_2, \cdots, f_m)'$与某一原始变量的关系，而解释方差考虑的是某一公共因子 f_j 与所有原始变量 $X=(x_1, x_2, \cdots, x_p)'$的关系。从 X 的协方差阵角度看，有：

$$\begin{aligned}\sum_{i=1}^{p}Var(x_i) &= \sum_{i=1}^{p}\sum_{j=1}^{m}a_{ij}^2+\sum_{i=1}^{p}\sigma_i^2\\ &= \sum_{i}^{p}(h_i^2+\sigma_i^2)=\sum_{j=1}^{m}q_j^2+\sum_{i=1}^{p}\sigma_i^2 \qquad (8-5)\end{aligned}$$

特别地，当原始变量 X 进行标准化后有：

$Var(X^*)=R=AA'+D$，故而 $\sum_{i}^{p}(h_i^2+\sigma_i^2)=\sum_{j=1}^{m}q_j^2+\sum_{i=1}^{p}\sigma_i^2=tr(R)=p$。

四、协方差矩阵与相关矩阵的再讨论

令原始变量为 X，X=（x_1, x_2，…，x_p）′是 p 维可观测的随机向量，其均值向量为 μ，协方差矩阵记为 $\Sigma=(\sigma_{ij}^2)_{p\times p}$，将 X 标准化后，记为 X^*，Var（X^*）是 X 的相关矩阵 R。

设Σ的特征值记为 $\Lambda=\mathrm{diag}(\lambda_1, \lambda_2, \cdots, \lambda_p)$，其中 $\lambda_1\geqslant\lambda_2\geqslant\cdots\geqslant\lambda_p\geqslant0$，其相应的单位正交特征向量为：

$$\Gamma=(\gamma_1, \gamma_2, \cdots, \gamma_p)=\begin{bmatrix}\gamma_{11} & \gamma_{21} & \cdots & \gamma_{p1}\\ \gamma_{12} & \gamma_{22} & \cdots & \gamma_{p2}\\ \vdots & \vdots & \ddots & \vdots\\ \gamma_{1p} & \gamma_{2p} & \cdots & \gamma_{pp}\end{bmatrix},\ \Gamma\Gamma'=I\text{ 有：}$$

$$\sum=\Gamma\begin{bmatrix}\lambda_1 & & & 0\\ & \lambda_2 & & \\ & & \ddots & \\ 0 & & & \lambda_p\end{bmatrix}\Gamma'=\sum_{i=1}^{p}\lambda_i\gamma_i\gamma_i' \tag{8-6}$$

令 Y=（y_1，y_2，…，y_p）′是 X 的正交变换，则 $Y=\Gamma'(X-\mu)$，$X-\mu=\Gamma Y$，即：

$$\begin{cases}y_1=\gamma_{11}(x_1-\mu_1)+\gamma_{12}(x_2-\mu_2)+\cdots+\gamma_{1p}(x_p-\mu_p)\\ y_2=\gamma_{21}(x_1-\mu_1)+\gamma_{22}(x_2-\mu_2)+\cdots+\gamma_{2p}(x_p-\mu_p)\\ \qquad\vdots\\ y_p=\gamma_{p1}(x_1-\mu_1)+\gamma_{p2}(x_2-\mu_2)+\cdots+\gamma_{pp}(x_p-\mu_p)\end{cases} \tag{8-7}$$

$$\begin{cases}x_1=\mu_1+\gamma_{11}y_1+\gamma_{21}y_2+\cdots+\gamma_{p1}y_p\\ x_2=\mu_2+\gamma_{12}y_1+\gamma_{22}y_2+\cdots+\gamma_{p2}y_p\\ \qquad\vdots\\ x_p=\mu_p+\gamma_{1p}y_1+\gamma_{2p}y_2+\cdots+\gamma_{pp}y_p\end{cases} \tag{8-8}$$

此时 Var（Y）$=\Lambda=\mathrm{diag}(\lambda_1, \lambda_2, \cdots, \lambda_p)$。设 X 的因子模型为 $X=\mu+AF+\varepsilon$，与正交变换的 $X-\mu=\Gamma Y$ 形式上相似，故而因子分析是主成分分析的推广。

设 R 的特征值记为 $\Lambda^*=\mathrm{diag}(\lambda_1^*, \lambda_2^*, \cdots, \lambda_p^*)$，其中 $\lambda_1^*\geqslant\lambda_2^*\geqslant\cdots\geqslant\lambda_p^*\geqslant0$，其相应的单位正交特征向量为 Γ^*，有：$R=\Gamma^*\Lambda^*\Gamma^{*\prime}$。令 $Y^*=(y_1^*$，

y_2^*，…，y_p^*)′是 X^* 的正交变换，则 $Y^*=\Gamma^{*\prime}X^*$。因为 Var（Y^*）$=\Lambda^*$，故而 $\sum_{i=1}^{p}\lambda_i^*=p$。$X^*$ 的因子模型为 $X^*=A^*F+\varepsilon^*$，令 $C=\mathrm{diag}\left(\frac{1}{\sigma_{11}},\ \frac{1}{\sigma_{22}},\ \cdots,\ \frac{1}{\sigma_{pp}}\right)$，则 $A^*=CA$，$\varepsilon^*=C\varepsilon$，有：$R=A^*A^{*\prime}+D^*$。又由于 $\Sigma=AA'+D$，可见 X 的协方差矩阵和相关矩阵均含有因子载荷，可以分别求出因子模型，但是结论并不相同。从相关矩阵出发求得的因子载荷矩阵与从协方差矩阵出发求得的因子载荷矩阵之间的关系为 $A^*=CA$。

第三节　因子载荷的求解

因子模型从形式上看和线性回归模型很相似，但实际上有本质不同。回归模型的自变量已知且属于确定性变量，而因子模型的公共因子 F 是未知的，因此无法采取回归的方式来求解。因子模型的已知量或自变量 X 在等号的左端，而未知量或因变量在等号右端，因子模型的因变量或未知量数目比已知变量或自变量少，因子载荷矩阵不唯一等特点都对因子模型的求解提出了挑战。

求解因子模型时，从三方面入手：①使用已有的方法，如主成分法；②利用计算机编程，采用迭代法，如主因子法；③增加了模型的约束，如最大似然估计法。求解的关键在于求出载荷矩阵，由于协方差矩阵或者相关矩阵中含有因子载荷矩阵，故而求解因子模型的落脚点在于对协方差矩阵或者相关矩阵的分析。

当原始数据是样本数据时，需要通过样本数据的均值、方差等估算总体数据均值、方差等信息，再求解。

一、主成分估计法

由主成分分析模型可得 $X=\mu+\Gamma Y$，这里可以视为因子模型的特例，即没有特殊因子的因子模型。因此，可以把前 m 个主成分看作公共因子，余下的主成分看作特殊因子，在主成分模型里，各个主成分满足彼此正交的条件，所以公共因子之间、公共因子与特殊因子之间均相互独立。因子模型要求公共因子是标准化的，但由于主成分的方差不为 1，因此还需要将主成分标准化。

令原始变量为 X，$X=(x_1,\ x_2,\ \cdots,\ x_p)'$是 p 维可观测的随机向量，其均值向

量 μ，协方差阵记为 $\Sigma=(\sigma_{ij}^2)_{p\times p}$。设 Σ 的特征值记为 $\Lambda=diag(\lambda_1, \lambda_2, \cdots, \lambda_p)$，其中 $\lambda_1\geqslant\lambda_2\geqslant\cdots\geqslant\lambda_p\geqslant0$，其相应的单位正交特征向量为 $\Gamma=(\gamma_1, \gamma_2, \cdots, \gamma_p)$，有 $\Sigma=\sum_{i=1}^{p}\lambda_i\gamma_i\gamma_i'=AA'+D$，$A=(a_{ij})_{p\times m}$，$D=diag(\sigma_1^2, \sigma_2^2, \cdots, \sigma_p^2)$。

令 $AA'=\sum_{i=1}^{m}\lambda_i\gamma_i\gamma_i'$，则 $a_{ij}=\sqrt{\lambda_j}\gamma_{ji}$，即：

$A=(\sqrt{\lambda_1}\gamma_1, \sqrt{\lambda_2}\gamma_2, \cdots, \sqrt{\lambda_m}\gamma_m)$，$\sigma_i^2=\sigma_{ii}^2-\sum_{j=1}^{m}a_{ij}^2=\sigma_{ii}^2-h_i^2$，$i=1, 2, \cdots, p$。

γ_i 是主成分中的第 j 主轴，相对比，载荷矩阵 A 的第 j 列向量 $a_j=(a_{1j}, a_{2j}, \cdots, a_{pj})'=(\sqrt{\lambda_j}\gamma_{j1}, \sqrt{\lambda_j}\gamma_{j2}, \cdots, \sqrt{\lambda_j}\gamma_{jp})=\sqrt{\lambda_j}\gamma_j$，解释方差 $q_j^2=\sum_{i=1}^{p}a_{ij}^2=\sum_{i=1}^{p}\lambda_j\gamma_{ji}^2=\lambda_j$，公共因子 f_j 对 X 的方差贡献为 λ_j，由于 $\lambda_1\geqslant\lambda_2\geqslant\cdots\geqslant\lambda_p\geqslant0$，因此公共因子 f_j 是按照对 X 的方差贡献大小排列的，按照特征值从大到小的顺序选取前 m 个公共因子是合理的，公共因子的总贡献为 $\sum_{j=1}^{m}q_j^2=\sum_{j=1}^{m}\lambda_j$。从原始数据总方差的角度看，忽略了一个较小的特征值会相应地将导致一个较小的近似误差，因此需要合理选择因子数目。那么，如何确定公共因子的数目呢？

由于因子个数 m 要小于原始变量个数 p，考虑方程 $\Sigma=AA'+D$ 的自由度 d，当 $d<0$ 时，方程参数比原始模型的参数个数多，方程存在无穷解；当 $d=0$ 时，方程存在唯一解；当 $d>0$ 时，方程存在近似解。自由度的计算方法为：

d = 不加限制的协方差矩阵的参数个数−加限制的协方差矩阵的参数个数

$$=\frac{1}{2}p(p+1)-\left[pk+p-\frac{1}{2}m(m-1)\right]$$

$$=\frac{1}{2}[(p-m)^2-(p+m)]$$

故因子个数的上界为 $m\leqslant p+\frac{1}{2}-\sqrt{2p+\frac{1}{4}}$

在实际应用中，m 的具体大小往往取决于研究问题的需要，对同一个问题进行因子分析时，不同的研究者可能会给出不同的取值。一种通常的做法是计算公共因子 F 对 X 的方差累计贡献的占比来确定公共因子的个数。

设门限值为 η（如 80%），选取合适的 m 使得：$\frac{\sum_{i=1}^{m}\lambda_i}{\sum_{i=1}^{p}\lambda_i}\geqslant\eta$ 即可。

采用主成分法求解因子模型时，特殊因子之间并不相互独立，因此用主成分法确定因子载荷不完全符合因子模型的假设前提，也就是说，所得的因子载荷并不完全正确。但由于通过合理门限值的设定，特殊因子 X 的方差贡献较小，所起的作用较小，特殊因子之间的相关性所带来的影响可以忽略。主成分法是求解因子分析时广泛采用的一种做法。

二、主因子估计法

主因子估计法的思想是将因子模型看作一种方差分解方法，使公共因子能解释的部分最大，也就是残差能解释的部分最小。主因子估计法一般从相关矩阵 R 出发，通过分析矩阵的结构，采取迭代算法求解。主成分法也是分析矩阵的结构，但是主成分法是建立在所有的 p 个主成分都能够解释原始变量的所有方差的基础之上的，而主因子法则直接从只能解释原始变量的部分方差的 m 个公共因子为出发点。主因子法的具体方法如下：

令原始变量为 X，$X=(x_1, x_2, \cdots, x_p)'$是 p 维可观测的随机向量，其均值向量为 μ，协方差阵记为$\Sigma=(\sigma_{ij}^2)_{p\times p}$，相关矩阵 $R=(r_{ij})_{p\times p}$，X 标准化后，记为 X^*，X^* 的因子模型为 $X^*=A^*F+\varepsilon^*$。令特殊因子 ε^* 的方差 $D^*=diag(\sigma_1^{*2}, \sigma_2^{*2}, \cdots, \sigma_p^{*2})$，可知设 $R=A^*A^{*\prime}+D^*$，令 $R^*=R-D^*$，则 $R^*=A^*A^{*\prime}$，R^* 称为 X 的约相关矩阵或调整相关矩阵。R^* 对角线上的元素为基于因子载荷 A^* 的共同度 h_i^{*2}，有：

$$R^*=\begin{bmatrix} h_1^{*2} & r_{12} & \cdots & r_{1p} \\ r_{21} & h_2^{*2} & \cdots & r_{2p} \\ \vdots & \vdots & \ddots & \vdots \\ r_{p1} & r_{p2} & \cdots & h_p^{*2} \end{bmatrix}$$

可见 R^* 的对角线上的元素体现了公共因子对 X^* 方差的解释程度，是取决于模型。R^* 非对角线上的元素和相关矩阵非对角线上的元素一样，完全取决于原始变量。由于 X^* 已经标准化，则 $h_i^{*2}+\sigma_i^{*2}=1$。通过选取合适的初始值 σ_i^{*2} 或 h_i^{*2}，得到初始 R^*，计算出因子载荷矩阵，再得到新的 σ_i^{*2}，如此迭代直到结果稳定。具体步骤如下：

（1）选取合适的初始值 σ_i^{*2} 或 h_i^{*2}，一般而言 h_i^{*2} 可以设置为 $\max(r_{ij})$ 或者 1，此时 $\sigma_i^{*2}=1-h_i^{*2}$，得到初始的 R^*。

（2）R^* 前 m 个特征值记为 $\Lambda^* = \mathrm{diag}(\lambda_1^*, \lambda_2^*, \cdots, \lambda_m^*)$，其中 $\lambda_1^* \geqslant \lambda_2^* \geqslant \cdots \geqslant \lambda_m^* \geqslant 0$，其相应的单位正交特征向量为 $\Gamma^* = (\gamma_1^*, \gamma_2^*, \cdots, \gamma_m^*)$，则 $A^* = (\sqrt{\lambda_1^*}\gamma_1^*, \sqrt{\lambda_2^*}\gamma_2^*, \cdots, \sqrt{\lambda_m^*}\gamma_m^*) = (a_{ij}^*)_{p\times m}$。

（3）重新计算 σ_i^{*2} 和 R^*，$\sigma_i^{*2} = 1 - \sum_{j=1}^{m} a_{ij}^{*2}$，得到新的 D^*，$R^* = R - D^*$。

（4）返回步骤（2），直到解稳定为止。

当 h_i^{*2} 取 1 时，主因子法的初始解的求解过程就是主成分法，因而也认为主因子法是主成分法的一个改进。由于主因子法采取了迭代的算法，因而也被称为迭代主因子法。

在主因子法中，约相关矩阵不一定是正定矩阵可能会出现负特征值。另外，迭代是否收敛还缺乏相应的证明，因而主因子法的应用受到一定的限制。

三、最大似然估计法

最大似然估计法对模型增加了额外的限制条件，即假设 p 维列向量 X_1，X_2，…，X_n 是来自多元正态总体 $N(\mu, \Sigma)$ 的随机样本，其似然函数为：

$$L(\mu, \sum) = \prod_{i=1}^{n} f(X_i) = \frac{1}{(2\pi)^{np/2}\left|\sum\right|^{n/2}} e^{\frac{-1}{2}\sum_{i=1}^{n}(X_i-\mu)\sum^{-1}(X_i-\mu)'} \tag{8-9}$$

写成对数形式，有：

$$\begin{aligned} \ln L(\mu, \sum) &= \frac{-np}{2}\ln(2\pi) - \frac{n}{2}\left|\sum\right| - \frac{1}{2}\sum_{i=1}^{n}(X_i - \mu)\sum^{-1}(X_i - \mu)' \\ &= \frac{-1}{2}\Big[np\ln(2\pi) + \left|\sum\right| + \sum_{i=1}^{n}(X_i - \overline{X} + \overline{X} - \mu) \\ &\quad \sum^{-1}(X_i - \overline{X} + \overline{X} - \mu)'\Big] \end{aligned} \tag{8-10}$$

令 S 为样本的协方差矩阵，则

$$\begin{aligned} \ln L(\mu, \sum) = \frac{-1}{2}\Big[&np\ln(2\pi) + \left|\sum\right| + n(\overline{X} - \mu)\sum^{-1}(\overline{X} - \mu)' + \\ &n\,\mathrm{tr}(\sum^{-1}S)\Big] \end{aligned} \tag{8-11}$$

将 $\Sigma = AA' + D$ 代入式（8-11）：

$$\ln L(\mu, \sum) = \frac{-1}{2}\{np\ln(2\pi) + |AA' + D| + n(\overline{X} - \mu)\sum^{-1}(\overline{X} - \mu)' + ntr[(AA' + D)^{-1}S]\}$$

为求似然函数的极大值，令

$$\begin{cases}\dfrac{\partial \ln L(\mu, \sum)}{\partial A} = 0 \\ \dfrac{\partial \ln L(\mu, \sum)}{\partial D} = 0\end{cases} \tag{8-12}$$

有：

$$\begin{cases}S\hat{D}^{-1}\hat{A} = \hat{A}(I+\hat{A}'\hat{D}^{-1}\hat{A}) \\ \hat{D} = diag(S-\hat{A}\hat{A}')\end{cases} \tag{8-13}$$

此时解还不唯一。当满足 A′DA 是对角阵的约束时，方程组有唯一解。最大似然估计法的计算很复杂，需要用到迭代的数值计算方法。

第四节　因子旋转

因子分析的目的在于找到影响变量的公共因子，因此不仅需要求解模型，还需要寻找每一个公共因子的现实意义。公共因子和变量之间的相关度体现了公共因子对变量的解释程度。如果公共因子和每个变量的相关度都相近，则公共因子的现实意义也比较难解释；或者两个公共因子和变量的相关度比较接近，则也很难区分它们。因子模型中的公共因子不唯一，由于因子模型的载荷矩阵体现了公共因子和变量的相关度，因此可以将公共因子旋转，使新的因子载荷矩阵中元素的值要么尽可能接近于 0，要么尽可能远离 0，即让因子载荷矩阵的离差尽可能的大。

将公共因子进行旋转的过程称为因子旋转。因子旋转是将公共因子线性组合生成新的公共因子的过程。令原公共因子为 F，载荷矩阵为 A，因子旋转后的新公共因子为 F^*，新载荷矩阵为 A^*，则因子旋转相当于 F 左乘一个矩阵，即 $F^*=PF$，若 P 为正交矩阵，则称为正交旋转，否则称为斜交旋转。

载荷矩阵的离散程度可以用极差或者方差来度量，但是由于载荷矩阵的元素

有正有负，元素的符号影响均值，故而在实际中将元素平方后再计算。若从载荷矩阵 $A=(a_{ij})_{p\times m}$ 所有元素的角度，载荷矩阵平方的方差为：

$$S_A=\frac{1}{pm}\sum_{i=1}^{p}\sum_{j=1}^{m}\left(a_{ij}^2-\frac{1}{pm}\sum_{i=1}^{p}\sum_{j=1}^{m}a_{ij}^2\right)^2=\frac{1}{pm}\sum_{i=1}^{p}\sum_{j=1}^{m}a_{ij}^4-\left(\frac{1}{pm}\sum_{i=1}^{p}\sum_{j=1}^{m}a_{ij}^2\right)^2 \tag{8-14}$$

由于$\frac{1}{pm}\sum_{i=1}^{p}\sum_{j=1}^{m}a_{ij}^2$为均值，是常数，因此求 S_A 的最大值等价于求$\sum_{i=1}^{p}\sum_{j=1}^{m}a_{ij}^4$，称为四次方最大化旋转。当公共因子做正交旋转时，称为四次方最大正交旋转。

由于载荷矩阵 $A=(a_{ij})_{p\times m}$ 的第 i 列代表了第 i 个公共因子对变量的影响，故而可以按列计算方差，此时应排除变量的不同导致的公共因子影响力的不同。可以令 $B=(b_{ij})_{p\times m}$，$b_{ij}=\frac{a_{ij}^2}{h_i^2}$，其第 j 列方差为 $V_j=\frac{1}{p}\sum_{i=1}^{p}(b_{ij}-\bar{b}_j)^2$，总方差为 $V=\sum_{j=1}^{m}V_j=\frac{1}{p}\sum_{j=1}^{m}\sum_{i=1}^{p}(b_{ij}-\bar{b}_j)^2$。求最大化矩阵 B 列方差和的旋转，称为方差最大旋转法。当公共因子做正交旋转时，称为方差最大正交旋转。方差最大正交旋转是凯泽（Kaiser）1985 年提出的，其旋转方法如下：

令 $T_{ij}=\begin{pmatrix}\cos\theta & -\sin\theta\\ \sin\theta & \cos\theta\end{pmatrix}$ 表示对第 i、第 j 列所旋转的角度，则新的载荷矩阵 $A^*=(a_{ij}^*)_{p\times m}$ 对应的第 k 行，第 i、第 j 列元素为：

$$\begin{cases}a_{ki}^*=a_{ki}\cos\theta+a_{kj}\sin\theta\\ a_{kj}^*=-a_{ki}\sin\theta+a_{kj}\cos\theta\end{cases} \tag{8-15}$$

如此重复计算直到生成新的载荷矩阵。在每次旋转时，只操作两列元素，其他元素不变，因而只需计算出此两列需要旋转的角度即可。设对第 i、第 j 列进行旋转。

对于四次方最大正交旋转，只需$\sum_{k=1}^{p}(a_{ki}^{*4}+a_{kj}^{*4})$最大即可。令 $J(\theta)=\sum_{k=1}^{p}(a_{ki}^{*4}+a_{kj}^{*4})$，则

$$J(\theta)=\sum_{k=1}^{p}(a_{ki}^{*4}+a_{kj}^{*4})=\sum_{k=1}^{p}[(a_{ki}^4+a_{kj}^4)(\cos^4\theta+\sin^4\theta)] \tag{8-16}$$

当$\frac{\partial J(\theta)}{\partial\theta}=0$时，$J(\theta)$最大，解得：$\theta=\frac{1}{4}\arctan\frac{2\sum_{k=1}^{p}2(a_{ki}a_{kj})(a_{ki}^2-a_{kj}^2)}{\sum_{k=1}^{p}[(a_{ki}^2-a_{kj}^2)^2-(2a_{ki}a_{kj})^2]}$

对于方差最大正交旋转，只需 V_i+V_j 最大。令 J（θ）= V_i+V_j，则

$$J(\theta)=\frac{1}{p}\left[\sum_{k=1}^{p}(b_{ki}^{*}-\bar{b}_{i}^{*})^{2}+\sum_{k=1}^{m}((b_{kj}^{*}-\bar{b}_{j}^{*})^{2}\right] \tag{8-17}$$

当$\frac{\partial J(\theta)}{\partial\theta}=0$时，$J(\theta)$最大，解得：

$$\theta=\frac{1}{4}\arctan\frac{2\sum_{k=1}^{p}v_{k}u_{k}-2(\sum_{k=1}^{p}v_{k})(\sum_{k=1}^{p}u_{k})/p}{\sum_{k=1}^{p}(u_{k}^{2}-v_{k}^{2})-[(\sum_{k=1}^{p}u_{k})^{2}-(\sum_{k=1}^{p}v_{k})^{2}]/p} \tag{8-18}$$

其中，$u_k=\frac{a_{ki}^2}{h_k^2}-\frac{a_{kj}^2}{h_k^2}$，$v_k=\frac{2a_{ki}a_{kj}}{h_k^2}$。

第五节 因子得分

公共因子是不可观测的，因此在求解得到公共因子后，如果能用可以观测的原始变量的线性组合表示公共因子，则将扩展公共因子在实际中的应用。因子得分就是将不可观测的公共因子用可以观测的原始变量线性表示，并依据原始变量的值得到公共因子的值的过程，是不可观测的公共因子在每个个体 x_i 上的估计值。因子得分可以对数据进行进一步分析，如样本点之间的比较分析、对样本的聚类分析等，当因子数较少时，还可以用图标出各样本点的位置以直观地描述样本的分布情况。

因子得分和主成分分析都是将目标向量用原始向量的线性组合来表示，以更好地解释目标向量。在主成分分析中，主成分是原始变量的线性组合，主成分的个数可以和原始变量的个数相同，此时主成分与原始变量之间的变换是可逆的。在因子得分的过程中，公共因子的个数小于原始变量，且公共因子是不可观测的隐变量，载荷矩阵也是不可逆的，因而不能精确地求出公共因子用原始变量表示的线性组合，只能对因子得分进行估计，常用的方法有回归法和最小二乘法。

一、回归法

该方法最早由汤姆森（Thomson）于 1933 年提出，故又称为 Thomson 因子得

分法。回归法的基本思想是通过对 X 和 F 的联合分布计算给定 X 下的 F 的条件数学期望，即 F 对 X 的回归函数，得到相应的因子得分。

令 $\hat{F}$ 为因子得分，对于随机向量$\begin{pmatrix} F \\ X \end{pmatrix}$，有：

$$E\begin{pmatrix} F \\ X \end{pmatrix} = \begin{pmatrix} E(F) \\ E(X) \end{pmatrix} = \begin{pmatrix} 0 \\ \mu \end{pmatrix},\quad Var\begin{pmatrix} F \\ X \end{pmatrix} = \begin{pmatrix} Var(F) & Cov(F,X) \\ Cov(X,F) & Var(X) \end{pmatrix} = \begin{pmatrix} I_m & A' \\ A & \Sigma \end{pmatrix}$$

给定 X 下的 F 的条件数学期望为：

$$E(F \mid X) = A'\Sigma^{-1}(X-\mu)，即\ \hat{F} = A'\Sigma^{-1}(X-\mu) \tag{8-19}$$

协方差为：

$$Var(F \mid X) = I_m - A'\Sigma^{-1}A \tag{8-20}$$

特别地，对于标准化后的数据 X^* 而言，有：

$E(F^* \mid X^*) = A^{*\prime}R^{-1}X^*$，$Var(F^* \mid X^*) = I_m - A^{*\prime}R^{-1}A^*$，即：

$$\hat{F}^* = A^{*\prime}R^{-1}X^* \tag{8-21}$$

由于现实中，一般得到的数据为样本数据，其均值为 $\bar{X}$，协方差为 S，相对应的样本数据计算得到的因子载荷矩阵为 $\hat{A}$，因子得分为：$\hat{F} = \hat{A}'S^{-1}(X-\bar{X})$。

二、最小二乘法

最小二乘法最早是由 Bartelett 于 1937 年提出的，故又称为 Bartelett 因子得分。最小二乘法以因子模型的结构入手，将模型 $X-\mu = AF+\varepsilon$ 看作 F 的回归模型，由于 X、A 和 D 已知，D 的对角线元素不一定全相等，因此需将回归模型转化为等方差结构的线性回归模型再用最小二乘法求解。

两边同乘以 $D^{-\frac{1}{2}}$得到等方差结构的线性回归模型：

$$D^{-\frac{1}{2}}(X-\mu) = D^{-\frac{1}{2}}AF + D^{-\frac{1}{2}}\varepsilon \tag{8-22}$$

利用最小二乘法得到因子得分：

$$\hat{F} = (A'D^{-1}A)^{-1}A'D^{-1}(X-\mu) \tag{8-23}$$

对于样本数据，其均值为 $\bar{X}$，协方差为 S，因子得分为：

$$\hat{F} = (\hat{A}'\hat{D}^{-1}\hat{A})^{-1}\hat{A}'\hat{D}^{-1}(X-\bar{X}) \tag{8-24}$$

第六节　因子分析的上机实现

物流产业的蓬勃发展不仅能促进产业结构优化升级，而且能提高国民经济运行质量。研究不同地区的物流竞争力特征，能为区域物流可持续发展提供决策依据。下面应用因子分析模型，选取反映物流能力的 7 个指标，分别运用 SPSS 软件和 R 软件，对我国 31 个省份的物流竞争力进行研究。

一、地区物流竞争力研究——基于 SPSS 软件

（一）原始数据与指标解释

选取了 2019 年 7 个反映物流能力的指标。其中，X_1：交通运输、仓储和邮政就业人员总数（人）；X_2：信息技术服务收入（万元）；X_3：光缆线路长度（公里）；X_4：货物周转量（亿吨公里）；X_5：货运量（万吨）；X_6：电子商务销售额（亿元）；X_7：地区生产总值（亿元）。数据来源于《中国统计年鉴（2020）》，数据如表 8-1 所示。

表 8-1　各地区物流能力相关指标数据

地区	X_1	X_2	X_3	X_4	X_5	X_6	X_7
北京	589525	7948.28	391947	1089.40	22808	23235.9	35371.28
天津	149341	1621.99	362060	2662.45	50093	3226.3	14104.28
河北	274703	270.05	2184222	13563.38	242445	2726.3	35104.52
山西	210564	26.15	1278772	5466.48	192192	2136.7	17026.68
内蒙古	199007	4.15	1309859	4689.49	188450	2568.1	17212.53
辽宁	329225	832.06	1499786	8921.43	178253	4112.0	24909.45
吉林	163199	249.85	791002	1802.73	43193	596.8	11726.82
黑龙江	257628	29.57	1274098	1615.08	50475	599.1	13612.68
上海	504331	4144.39	672080	30324.90	121124	20462.4	38155.32
江苏	483382	5360.55	3679239	9947.68	262749	9873.8	99631.52
浙江	312307	3733.67	3265293	12391.92	289011	11482.0	62351.74

续表

地区	X_1	X_2	X_3	X_4	X_5	X_6	X_7
安徽	237028	285.76	2252492	10245.79	368248	5569.6	37113.98
福建	228697	1588.62	1556751	8292.13	134419	4477.9	42395.00
江西	183204	67.66	1879451	3860.27	150950	2968.5	24757.50
山东	446500	2360.83	2414178	10166.42	309533	12882.4	71067.53
河南	411917	229.53	1761147	8658.54	219024	4262.3	54259.20
湖北	309869	1098.72	1780905	6132.40	188133	4734.4	45828.31
湖南	259488	309.67	2030593	2593.58	189740	3444.8	39752.12
广东	825844	7396.99	2919315	27373.67	358397	30168.2	107671.07
广西	190555	364.18	1758472	3989.18	183036	1586.5	21237.14
海南	72898	233.04	285185	1648.03	18456	828.5	5308.93
重庆	214978	1037.03	1201848	3614.15	112970	4762.9	23605.77
四川	319899	2165.30	3328646	2710.83	177283	5368.0	46615.82
贵州	131662	182.83	1150936	1235.32	83402	1415.4	16769.34
云南	162998	74.53	2002875	1552.05	122727	1959.6	23223.75
西藏	26178	0.00	201862	154.38	4025	156.6	1697.82
陕西	271497	1847.86	1532139	3482.15	154749	1994.3	25793.17
甘肃	131580	40.38	887836	2496.28	63610	553.5	8718.30
青海	51946	2.08	324874	398.43	15057	210.8	2965.95
宁夏	38387	17.24	240152	650.99	42511	243.5	3748.48
新疆	166577	57.38	1194424	1948.19	84423	718.8	13597.11

（二）运行操作

SPSS 软件的因子分析模块既能实现主成分分析，也能进行因子分析。进入方式如下：打开数据文件，依次点选【分析】→【降维】→【因子】（见图 8-1），即可进入【因子分析】对话框（见图 8-2）。

因子对话框可以分为左、中、右三部分：左边为数据各列名称，也就是待选择的变量；中间是被选择的变量，其中【变量】列表框显示的是参与因子分析的变量名，【选择变量】文本框显示的是选择样本的条件变量，如要选取满足 $X_1=6$ 的样本参与因子分析，只需将 X_1 选入【选择变量】的文本框，并点击下面的【值】按钮，在弹出的对话框中输入具体的数值即可；右边为因子分析的各个设置模块按钮。在下面因子分析的具体流程中将逐一介绍。在这里先将变量 X_1 ~ X_7 都输入【变量】列表框中（见图 8-3）。

	地区	X2	X3	X4	X5	X6	X7
1	北京	7948.28	391947	1089.40	22808	23235.9	35371.28
2	天津	1621.99	362060	2662.45	50093	3226.3	14104.28
3	河北	270.05	2184222	13563.38	242445	2726.3	35104.52
4	山西	26.15	1278772	5466.48	192192	2136.7	17026.68
5	内蒙古	4.15	1309859	4689.49	188450	2568.1	17212.53
6	辽宁	832.06	1499786	8921.43	178253	4112.0	24909.45
7	吉林	249.85	791002	1802.73	43193	596.8	11726.82
8	黑龙江	29.57	1274098	1615.08	50475	599.1	13612.68
9	上海	4144.39	672080	30324.90	121124	20462.4	38155.32
10	江苏	[illegible]	3679239	9947.68	262749	9873.8	99631.52
11	浙江	[illegible]	3265293	12391.92	289011	11482.0	62351.74
12	安徽	[illegible]	2252492	10245.79	368248	5569.6	37113.98
13	福建	[illegible]	1556751	8292.13	134419	4477.9	42395.00
14	江西	67.66	1879451	3860.27	150950	2968.5	24757.50
15	山东	2360.83	2414178	10166.42	309533	12882.4	71067.53
16	河南	229.53	1761147	8658.54	219024	4262.3	54259.20
17	湖北	1098.72	1780905	6132.40	188133	4734.4	45828.31
18	湖南	309.67	2030593	2593.58	189740	3444.8	39752.12
19	广东	7396.99	2919315	27373.67	358397	30168.2	107671.07
20	广西	364.18	1758472	3989.18	183036	1586.5	21237.14
21	海南	233.04	285185	1648.03	18456	828.5	5308.93
22	重庆	1037.03	1201848	3614.15	112970	4762.9	23605.77
23	四川	2165.30	3328646	2710.83	177283	5368.0	46615.82

图 8-1　SPSS 软件因子分析模块调用

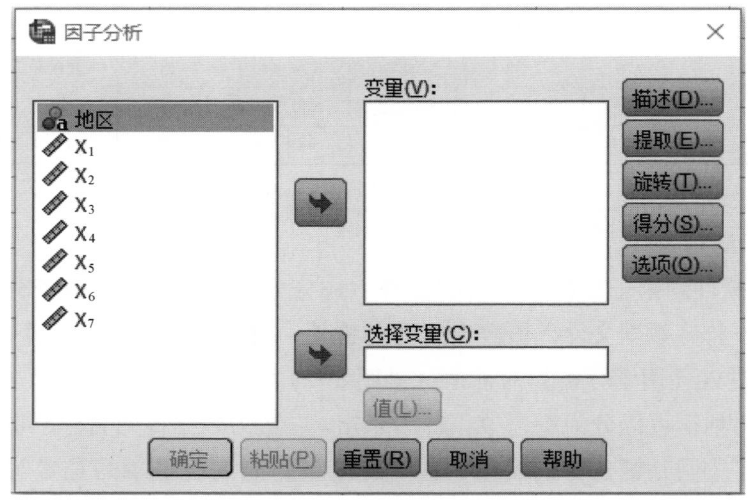

图 8-2　SPSS 软件因子分析模块

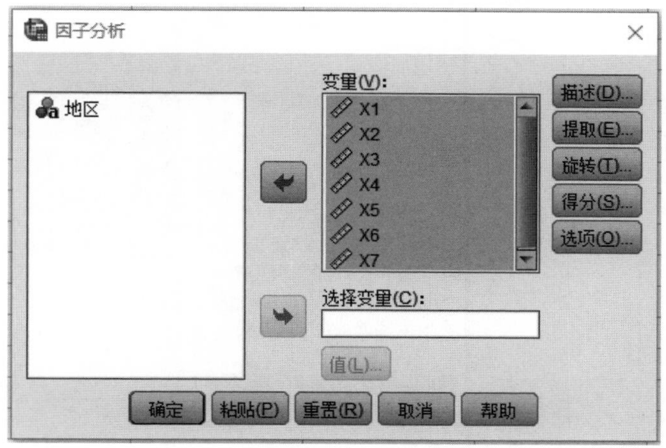

图 8-3　SPSS 软件变量选择

1. 变量检验

在进行因子分析前，需要检验数据是否适合做因子分析，如果变量之间相互独立，则不适合做因子分析。SPSS 软件可以进行 KMO 检验和巴特利特球形检验以判别对数据做因子分析是否合适。

KMO 检验用于检查变量间的相关性和偏相关性，取值在 0~1。KMO 的统计量的值越接近 1 表明变量间的相关性越强，偏相关性越弱，因子分析的效果越好。一般认为，当 KMO 的统计量的值大于 0.7 时，做因子分析效果较好；当 KMO 的统计量的值小于 0.5 时，不适合做因子分析。巴特利特球形检验的原假设是相关阵为单位阵。如果拒绝原假设，说明各变量间具有相关性，可进行因子分析；如果不能拒绝原假设，则不适合做因子分析。

当样本量太少而指标太多，或者某些变量相关性太强时，SPSS 软件不输出 KMO 检验和巴特科特球形检验的结果，此时应返回检验数据是否充足，变量的选择是否合理。具体操作如下：

进入【因子分析】对话框后，点击【描述】按钮，打开相应的对话框（见图 8-4）。【因子分析：描述】对话框主要是设置描述性统计量和相关矩阵等内容的，具体分为两部分，上部分是【统计】选项组，下部分是【相关性矩阵】选项组。

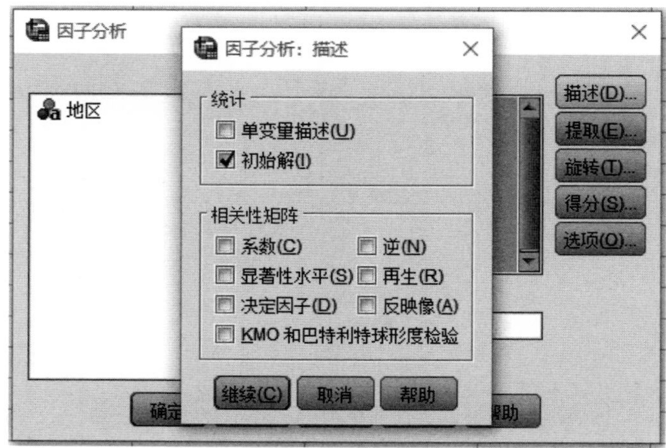

图 8-4　SPSS 软件因子分析：描述对话框

【统计】选项组有【单变量描述】和【初始解】两个选项，【初始解】是系统的默认选项。如果选择了【单变量描述】，则输出参与分析的各原始变量的均值、标准差等；如果选择了【初始解】，则输出各个分析变量的初始共同度、特征值以及解释方差的百分比等信息。

【相关性矩阵】选项组由【系数】、【逆】、【显著性水平】、【再生】、【决定因子】、【反映像】、【KMO 和巴特利特球形度检验】组成。其中，【显著性水平】输出的是每个相关系数相对于相关系数为 0 的单尾假设检验的概率水平；【再生】输出的是因子分析后的相关矩阵以及残差阵；【反映像】输出的是偏相关系数的负数以及偏协方差的负数。在一个好的因子模型中，除对角线上的系数较大外，远离对角线的元素应该比较小。

由于这里首先关注数据是否适合做因子分析，变量选择是否合理，尚未进行因子分析，因此勾选【单变量描述】、【初始解】、【系数】、【显著性水平】、【KMO 和巴特利特球形度检验】。点击【继续】退出当前对话框，点击【确定】运行。输出结果见表 8-2、表 8-3 和表 8-4。

表 8-2　描述统计汇总表

	平均值	标准偏差	分析个案数
X_1	263061. 74	171765. 721	31
X_2	1405. 8174	2151. 63032	31
X_3	1529433. 52	941956. 434	31
X_4	6247. 6684	7113. 35435	31
X_5	149080. 19	100998. 501	31
X_6	5462. 126	7219. 3643	31
X_7	31784. 9390	25949. 27701	31

表 8-3　相关系数和显著性汇总表

		X_1	X_2	X_3	X_4	X_5	X_6	X_7
相关性	X_1	1. 000	0. 847	0. 511	0. 721	0. 576	0. 905	0. 842
	X_2	0. 847	1. 000	0. 326	0. 541	0. 292	0. 919	0. 707
	X_3	0. 511	0. 326	1. 000	0. 383	0. 829	0. 305	0. 800
	X_4	0. 721	0. 541	0. 383	1. 000	0. 600	0. 732	0. 652
	X_5	0. 576	0. 292	0. 829	0. 600	1. 000	0. 418	0. 775
	X_6	0. 905	0. 919	0. 305	0. 732	0. 418	1. 000	0. 715
	X_7	0. 842	0. 707	0. 800	0. 652	0. 775	0. 715	1. 000
显著性（单尾）	X_1	—	0. 000	0. 002	0. 000	0. 000	0. 000	0. 000
	X_2	0. 000	—	0. 037	0. 001	0. 055	0. 000	0. 000
	X_3	0. 002	0. 037	—	0. 017	0. 000	0. 048	0. 000
	X_4	0. 000	0. 001	0. 017	—	0. 000	0. 000	0. 000
	X_5	0. 000	0. 055	0. 000	0. 000	—	0. 010	0. 000
	X_6	0. 000	0. 000	0. 048	0. 000	0. 010	—	0. 000
	X_7	0. 000	0. 000	0. 000	0. 000	0. 000	0. 000	—

表 8-4　KMO 和巴特利特检验结果

KMO 取样适切性量数		0. 776
巴特利特特球形度检验	近似卡方	255. 495
	自由度	21
	显著性	0. 000

表 8-3 中，各变量的显著性水平均小于 0.1，即在 0.1 的显著性水平下，拒绝变量将相关系数为 0 的单尾假设，显示原始变量之间有较强的相关性，可进行因子分析。此外，如表 8-4 所示，KMO 统计量的值为 0.776，巴特利特的球形度检验统计量在 0.01 的显著性水平下，拒绝相关阵为单位阵的原假设，说明适合做因子分析，因子分析的效果较好，可以进一步分析。

2. 因子的提取

【因子分析：提取】对话框可以选择提取因子的方法及其相关选项。设置方法如下：进入【因子分析】对话框后，点击【提取】按钮进入【因子分析：提取】对话框（见图 8-5）。

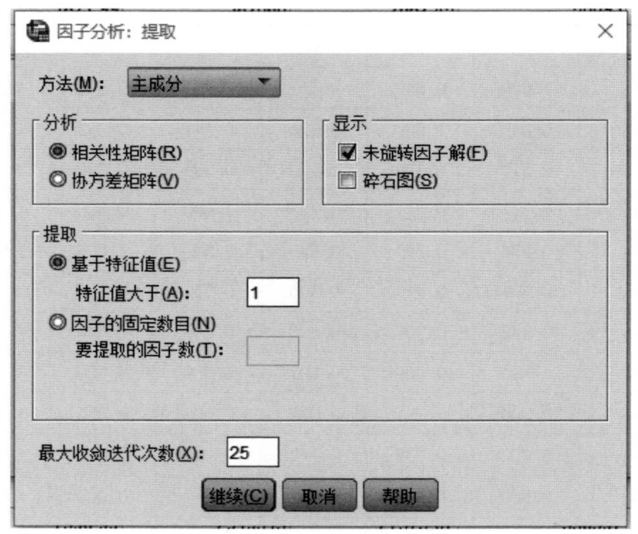

图 8-5　SPSS 软件因子分析：提取对话框

【因子分析：提取】对话框可以分为【方法】下拉列表框、【分析】选项组、【显示】选项组、【提取】选项组和【最大收敛迭代次数】五部分。【方法】下拉列表框可以选择因子提取方法，具体有【主成分】、【未加权最小平方】、【广义最小平方】、【最大似然】、【主轴因式分解】、【Alpha 因式分解】、【映像因式分解】，默认的为【主成分】（见图 8-6）。

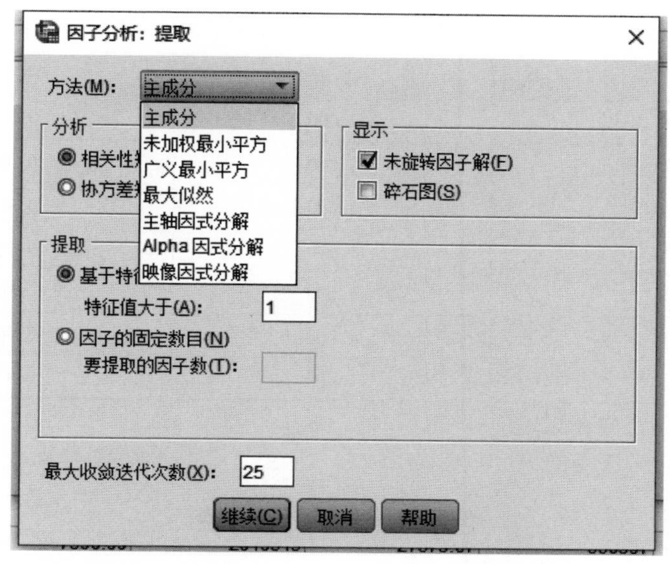

图 8-6 SPSS 软件因子提取方法下拉列表

【分析】选项组可以选择因子分析是基于【相关性矩阵】还是【协方差矩阵】分析展开，默认选择【相关性矩阵】。【显示】选项组可以选择是否输出【未旋转因子解】（默认输出）和是否输出【碎石图】（默认不输出）。碎石图显示了按特征值大小排列的因子序号，典型的碎石图会有一个明显的拐点，在该点之前是与大因子连接的陡峭的折线，之后是与小因子相连的缓坡折线，根据碎石图可以确定保留多少个因子。

【提取】选项组可以设定提取因子的数目和方法，包括【基于特征值】和【因子的固定数目】，其中【基于特征值】指的是根据特征值决定因子数目，如果选择这一项，则需在【特征值大于】的框中输入具体数值，系统默认值为 1，此时 SPSS 软件提取特征值大于指定数值的因子；【因子的固定数目】则可以指定因子个数，具体数目输入在【要提取的因子数】后的框中。【最大收敛迭代次数】为系统在计算因子时迭代的次数上限，默认的最大迭代次数为 25。在这里保留默认选项，点选【碎石图】，而后点击【继续】退出当前对话框，点击【确定】运行，除前面的输出结果外，还可输出结果如表 8-5、表 8-6、表 8-7 和图 8-7 所示。

表 8-5　公因子方差表

	初始	提取
X_1	1.000	0.927
X_2	1.000	0.888
X_3	1.000	0.905
X_4	1.000	0.645
X_5	1.000	0.909
X_6	1.000	0.969
X_7	1.000	0.923

注：提取方法为主成分分析法。

表 8-6　总方差解释汇总表

成分	初始特征值			提取载荷平方和		
	总计	方差百分比（%）	累计百分比（%）	总计	方差百分比（%）	累计百分比（%）
1	4.874	69.625	69.625	4.874	69.625	69.625
2	1.292	18.464	88.089	1.292	18.464	88.089
3	0.517	7.379	95.468			
4	0.131	1.868	97.335			
5	0.093	1.334	98.670			
6	0.065	0.922	99.592			
7	0.029	0.408	100.000			

注：提取方法为主成分分析法。

表 8-7　成分矩阵表[a]

	成分	
	1	2
X_1	0.938	-0.218
X_2	0.811	-0.480
X_3	0.696	0.649
X_4	0.797	-0.099

续表

	成分	
	1	2
X_5	0.755	0.582
X_6	0.872	-0.456
X_7	0.942	0.191

注：提取方法为主成分分析法；a 表示提取了 2 个成分。

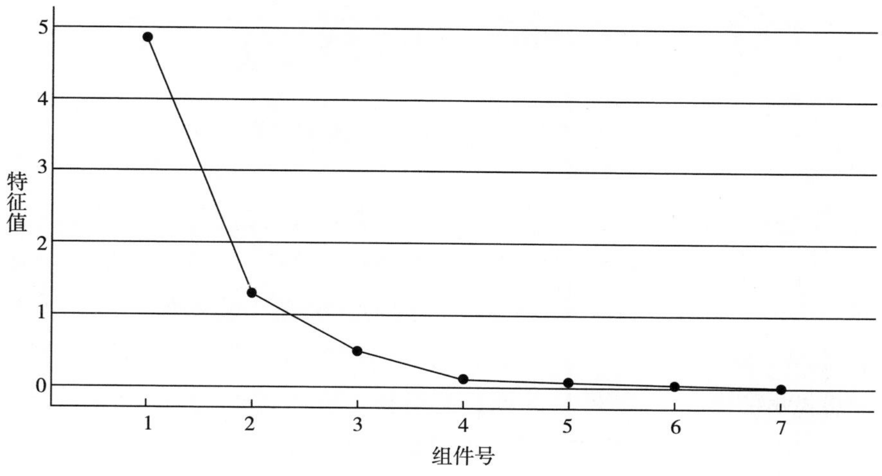

图 8-7　碎石图

从表 8-5 中可以发现，系统提取了 2 个公共因子。从图 8-7 上看，前 2 个特征根大于 1。表 8-7 给出了标准化后原始变量的系数矩阵，以 X_2 为例，有标准化的 $X_2 \approx 0.811f_1 - 0.480f_2$。

3. 因子旋转

【旋转】对话框可以选择因子旋转的方法及其相关选项。设置方法如下：进入【因子分析】对话框后，点击【旋转】按钮进入【因子分析：旋转】对话框（见图 8-8）。

图 8-8　SPSS 软件因子分析：旋转对话框

【因子分析：旋转】对话框分为方法【方法】选项组、【显示】选项组和指定旋转收敛的【最大收敛迭代次数】（系统默认为 25）。【方法】选项组可以选择旋转方法，SPSS 软件默认为不旋转。可选的方法有【最大方差法】、【直接斜交法】、【四次幂极大法】、【等量最大法】、【最优斜交法】。【显示】选项组可以选择输出显示的内容，【旋转后的解】只对特定旋转方法可选，选择【载荷图】项将输出以前两因子为坐标轴的各变量的载荷散点图。

下面以【最优斜交法】为例进行说明。有时为了使公共因子的实际意义更容易解释，往往需要放弃公共因子之间互不相关的约束，而进行斜交旋转。常用的斜交旋转方法为最优斜交法。如果进行斜交因子旋转，SPSS 软件将输出【结构矩阵】、【模式矩阵】和【成分相关性矩阵】，不再输出【旋转后的成分矩阵】。【模式矩阵】是因子载荷矩阵，【结构矩阵】为公共因子与标准化原始变量的相关阵，因子载荷矩阵不再是公共因子与标准化原始变量的相关阵。三者关系为：【结构矩阵】=【模式矩阵】×【成分相关性矩阵】，可得到输出结果如表 8-8、表 8-9、表 8-10 和表 8-11 所示。

表 8-8　总方差解释汇总表（旋转后）

成分	初始特征值			提取载荷平方和			旋转载荷平方和[a]
	总计	方差百分比（%）	累计百分比（%）	总计	方差百分比（%）	累计百分比（%）	总计
1	4. 874	69. 625	69. 625	4. 874	69. 625	69. 625	4. 406
2	1. 292	18. 464	88. 089	1. 292	18. 464	88. 089	3. 664
3	0. 517	7. 379	95. 468				
4	0. 131	1. 868	97. 335				
5	0. 093	1. 334	98. 670				
6	0. 065	0. 922	99. 592				
7	0. 029	0. 408	100. 000				

注：提取方法为主成分分析法；a 表示如果各成分相关时，则无法添加载荷平方和以获取总方差。

表 8-9　模式矩阵表[a]

	成分	
	1	2
X_1	0. 864	0. 162
X_2	1. 031	−0. 185
X_3	−0. 148	1. 025
X_4	0. 651	0. 234
X_5	−0. 041	0. 975
X_6	1. 050	−0. 132
X_7	0. 469	0. 620

注：提取方法为主成分分析法；旋转方法为凯撒正态化最优斜交法；a 表示旋转在 3 次迭代后已收敛。

表 8-10　结构矩阵表

	成分	
	1	2
X_1	0. 953	0. 637
X_2	0. 930	0. 381
X_3	0. 414	0. 943
X_4	0. 779	0. 591
X_5	0. 494	0. 953
X_6	0. 978	0. 444
X_7	0. 809	0. 877

注：提取方法为主成分分析法；旋转方法为凯撒正态化最优斜交法。

表 8-11　成分相关性矩阵表

成分	1	2
1	1.000	0.549
2	0.549	1.000

注：提取方法为主成分分析法；旋转方法为凯撒正态化最优斜交法。

由表 8-9 可知，变量 X_2 和 X_6 的载荷较大，第一公因子主要反映这两个变量；而第二公因子主要由变量 X_3 解释得到。

4. 因子得分

【得分】对话框可以选择因子得分的计算方法及其相关选项。设置方法如下：进入【因子分析】对话框后，点击【得分】按钮进入【因子分析：因子得分】对话框（见图 8-9）。

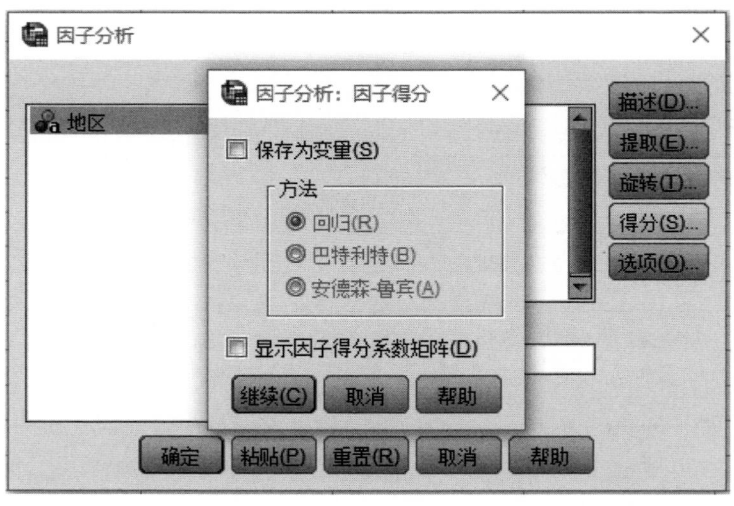

图 8-9　SPSS 软件因子分析：因子得分对话框

在【因子分析：因子得分】对话框中，选中【保存为变量】复选框后可以选择因子得分的求解方法，并把各样本点的因子得分保存为变量。SPSS 软件提供了三种因子得分的计算方法，这里采用系统默认用回归方法求因子得分系数。选择【显示因子得分系数矩阵】选项，输出因子得分矩阵，即标准化因子用原始变量线性表示的系数矩阵，即【成分得分系数矩阵】。在运行后，返回数据窗口可以看到。原始变量后面多了 2 个新变量，变量名分别为 FAC1_ 1、FAC2_ 1，这两个变量分别为各样品的第一公共因子和第二公共因子得分，可以用来进行进一步分析。具体见输出结果如表 8-12 和表 8-13 所示。

表 8-12 成分得分系数矩阵表

	成分	
	1	2
X_1	0. 240	0. 059
X_2	0. 289	-0. 081
X_3	-0. 048	0. 408
X_4	0. 180	0. 089
X_5	-0. 018	0. 388
X_6	0. 294	-0. 060
X_7	0. 127	0. 243

注：提取方法为主成分分析法；旋转方法为凯撒正态化最优斜交法。

表 8-13 成分得分协方差矩阵表

成分	1	2
1	1. 301	1. 098
2	1. 098	1. 301

注：提取方法为主成分分析法；旋转方法为凯撒正态化最优斜交法。

得到因子得分后，可用因子得分值代替原始数据进行归类分析或者回归分析等，同时还可以在一张二维图上画出个数据点，描述样本之间的相关关系。点选【图形】→【旧对话框】→【散点图/点图】，进入【散点图/点图】对话框，选择【简单散点图】，而后点击【定义】按钮，在弹出的【简单散点图】对话框中，分别选择 FAC1_ 1、FAC2_ 1 作为 x 轴和 y 轴，将“地区”选入右侧【个案标注依据】下方的框中，然后点击对话框右侧的【选项】，在弹出对话框中勾选【显示带有个案标签的图表】，点击【继续】退出当前对话框，点击【确定】运行，即可以得到散点图（见图 8-10）。

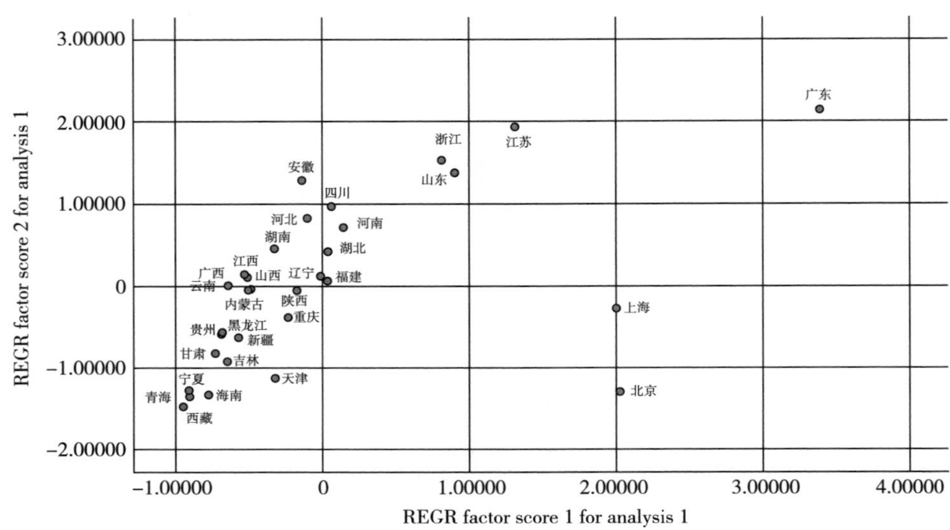

图 8-10　两个公因子的散点图

从图 8-10 中可看出，大部分地区的物流能力较为平均，但也有部分地区的物流能力较低，如西藏自治区等；从整体上看，广东省的物流能力最高。

5. SPSS 软件因子分析的设置

【因子分析：选项】对话框可以选择【缺失值】和【系数显示格式】的设置。对于【缺失值】，SPSS 软件支持：【成列排除个案】、【成对排除个案】、【替换为平均值】。对于【系数显示格式】，可以按其大小排列使在同一因子上具有较高载荷的变量排在一起【按大小排序】和不显示那些绝对值小于指定值的载荷系数【禁止显示小系数】（其后的输入框为临界值，默认为 0.1），如图 8-11 所示。

在默认选项的基础上，点击【按大小排序】，而后点击【继续】退出当前对话框，点击【确定】，得到【成分矩阵】、【模式矩阵】、【结构矩阵】的结果按其大小排列。

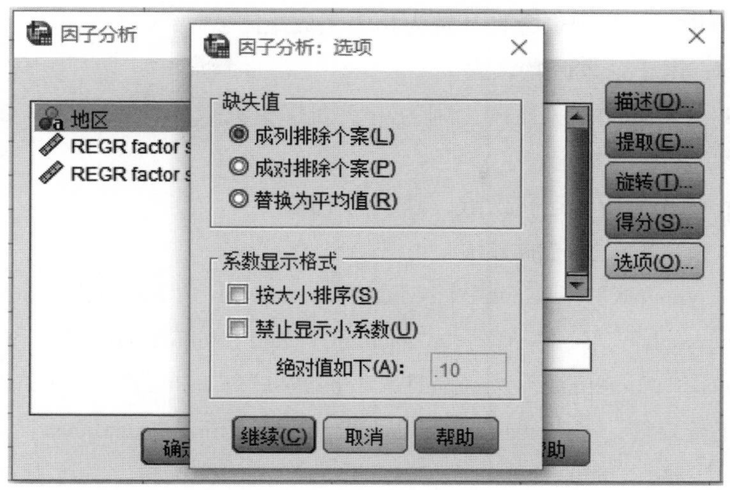

图 8-11　SPSS 软件因子分析：选项对话框

二、地区物流竞争力研究——基于 R 软件

将数据文件存为 R 语言的格式，通过相应的程序包，R 软件可以直接读取 Excel 等格式的文件，这里不做具体说明。R 软件的 psych 数据库可以进行数据因子分析，其中 fa（）函数主要用于因子分析。

（一）fa（）函数说明

RStudio 等 R 语言集成开发环境中可以查找各安装包及其函数的具体说明，这里仅对因子分析所使用的 fa（）函数做简单介绍，principal（）函数主要应用于主成分分析中，这里不再做介绍。fa（）函数的语法如下：

```
fa(r, nfactors = 1, n. obs = NA, n. iter = 1, rotate = " oblimin" , scores = " regres-
sion" , residuals = FALSE, SMC = TRUE, covar = FALSE, missing = FALSE,
impute = " median" , min. err = 0. 001, max. iter = 50, symmetric = TRUE, warn-
ings = TRUE, fm = " minres" , alpha = 0. 1, p = 0. 05, oblique. scores = FALSE,
np. obs = NULL, use = " pairwise" , cor = " cor" , correct = 0. 5, weight =
NULL,... )
```

r：为输入数据，可以是原始数据或协方差矩阵或相关系数矩阵，如果是原始数据，R 软件将使用成对删除法计算其相关系数矩阵，如果是协方差矩阵，除非 covar 为 TRUE，否则也会将其转为相关系数矩阵。

nfactors：因子个数，默认为 1 个。

n. obs：如果使用相关矩阵，则为用于查找相关矩阵的观测数，如果还需查找置信区间，则必须指定。

n. iter：因子分析的迭代次数，默认为 1 次。

rotate：指定因子旋转的方法，可选方法有"none""varimax""quartimax""bentlerT""equamax""varimin""geominT""bifactor""Promax""promax""oblimin""simplimax""bentlerQ""'geominQ' and 'biquartimin'"和"cluster"。其中"varimax""quartimax""bentlerT""equamax""varimin""geominT"和"bifactor"是正交旋转；"Promax""promax""oblimin""simplimax""bentlerQ""'geominQ' and 'biquartimin'"和"cluster"是斜交旋转，默认为 oblimin 是最小倾斜法旋转，2009 年以前版本为方差最大正交旋转。Promax 和 promax 方法的区别在于 promax 在 Promax 旋转之前做了 Kaiser 归一化。

scores：因子得分的计算方法，可选方法有"regression""Thurstone"（简单回归）、"tenBerge""Anderson"和"Bartlett"，默认使用回归方法。

residuals：是否显示残差矩阵，默认不显示。

SMC：使用多重相关系数的平方或 1 作为共同度初始值，如果 fm = "pa"且 SMC 是和变量个数等长的向量，则用做初始值。

covar：TRUE 时用协方差阵计算，否则用相关阵计算。

missing：缺失值处理方法，如果 scores 为 TRUE 且 missing 也为 TRUE，则用中位数或者平均数填补缺失值。

impute：缺失值填补的具体方法，可选"median"或"mean"。

min. err：迭代门限误差。

max. iter：最大迭代次数。

symmetric：设为 TRUE 时，只利用下三角数值求特征向量。

warnings：设为 TRUE 时，则因子数量设置过多时发出警告。

fm：指定提取公因子的方法，可选的值有"ml"（最大似然法），"pa"（主因子法），"wls"（加权最小二乘法），"gls"（广义加权最小二乘法），"minres""uls"和"ols"（最小残差法），"ols"：（可通过最小二乘法最小化整体残差矩阵），"minchi"（最小化样本加权卡方），"minrank"（最小排序因子分析），"alpha"（alpha 因子分析）。

alpha：RMSEA 的置信水平。

p：p-value 值。

oblique. scores：因子得分基于结构矩阵（默认）还是模式矩阵，默认为 FALSE，即结构矩阵（使用 tenBerge 法计算因子得分时，此选择需要设置）。

use：缺失值的处理，需和其他参数一起设置，默认为成对“pairwise”。

cor：相关矩阵的类别有“cor”（Pearson 相关），“cov”（协方差），“tet”（四分相关），“poly”（二元有序变量相关），“mixed”（四分相关、二元有序变量相关、Pearson 相关、连续变量和二元有序变量的相关的混合、定量变量和序数变量的相关的混合）。默认为 Pearson 相关“cor”。

correct：“tet”（四分相关），“poly”（二元有序变量相关），“mixed”（混合相关）缺失值的处理，默认为 0.5。

（二）运行操作

1. 加载包和读取数据

```
#加载 psych 包
install. packages( " psych" )
library( psych)
#读取数据
data. 8<-read. csv( " r1. csv" , header = TRUE, row. names = 1)
```

在读取数据中，r1. csv 为存放数据的文件名，如文件没有放置在默认路径下，文件名前面需要附加路径，将第一行第一列分别命名为列名行名。

2. 变量检验

```
#输出相关矩阵
datacor<-cor( data. 8)
datacor
#KMO 检验
KMO( data. 8)
#Bartlett 检验
cortest. bartlett( cor( data. 8) , 31)
```

通过以上代码，可以得到相关系数矩阵、KMO 检验和巴特利特检验的结果，具体输出结果如图 8-12、图 8-13 和图 8-14 所示。

```
> datacor<-cor(data.8)
> datacor
          X1        X2        X3        X4        X5        X6        X7
X1 1.0000000 0.8470128 0.5106196 0.7209548 0.5757570 0.9050714 0.8422625
X2 0.8470128 1.0000000 0.3264519 0.5413123 0.2920586 0.9186290 0.7074060
X3 0.5106196 0.3264519 1.0000000 0.3828225 0.8289188 0.3052048 0.7999360
X4 0.7209548 0.5413123 0.3828225 1.0000000 0.6001315 0.7321870 0.6521228
X5 0.5757570 0.2920586 0.8289188 0.6001315 1.0000000 0.4176334 0.7746657
X6 0.9050714 0.9186290 0.3052048 0.7321870 0.4176334 1.0000000 0.7146622
X7 0.8422625 0.7074060 0.7999360 0.6521228 0.7746657 0.7146622 1.0000000
```

图 8-12　相关矩阵输出结果

```
> KMO(data.8)
Kaiser-Meyer-Olkin factor adequacy
Call: KMO(r = data.8)
Overall MSA =  0.78
MSA for each item = 
  X1   X2   X3   X4   X5   X6   X7 
0.91 0.68 0.72 0.83 0.74 0.70 0.85 
```

图 8-13　KMO 检验的输出结果

```
> cortest.bartlett(cor(data.8),31)
$chisq
[1] 255.495

$p.value
[1] 3.230344e-42

$df
[1] 21
```

图 8-14　巴特利特检验的输出结果

从图 8-12 中可以得到，原始变量间具有较强的相关性；从图 8-13 中可以得到，KMO 的检验结果为 0.78，可以做因子分析；从图 8-14 中可以得到，巴特利特检验统计量在 0.01 的显著性水平下，拒绝原假设，数据适合做因子分析。

3. 因子个数选择

用 fa. parallel（）函数可以判断需提取的因子个数，并输出含平行分析的碎

石图。

```
fa. parallel( data. 8 , fa = 'both ' , main = 'Scree plot with parallel analysis ' , fm = "
ml" )
```

这里选取因子分析的方法为最大似然法，输出结果见图 8-15 和图 8-16。

```
> fa.parallel(data.8,fa = 'both',main='Scree plot with parallel analysis',fm="ml")
Parallel analysis suggests that the number of factors =  2  and the number of components =  1
```

图 8-15　确定因子个数的输出结果

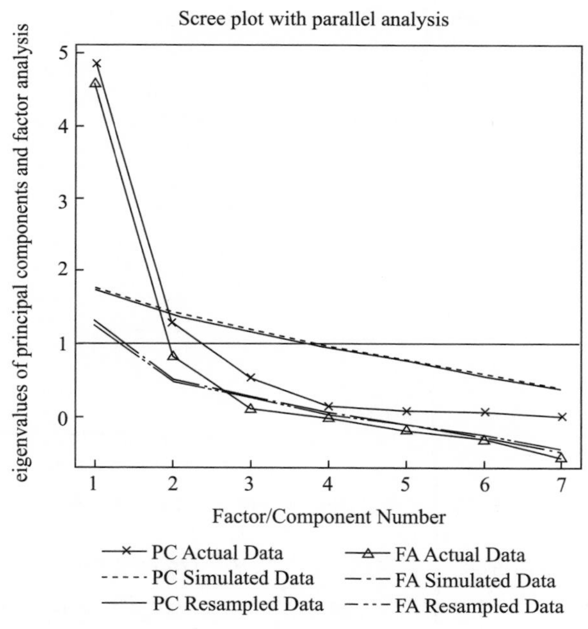

图 8-16　碎石图

从图 8-15 中得出，建议的公因子个数为 2；从图 8-16 中得出，特征值大于 1 的有 2 个因子。因此，确定提取 2 个公因子。

4. 提取公因子

fa（）函数可以提取因子，具体参数前面已经列出了。具体输入如下：

```
#采取最大似然法提取因子
mlnonro<-fa(data.8,nfactors=2,n.iter=100,rotate='none',fm='ml')
mlnonro
#画出因子和变量的关系图
factor.plot(mlnonro, labels = rownames(mlnonro$loadings), show.points =
FALSE)
```

这里采取最大似然法，循环 100 次，不做旋转，具体输入结果见图 8-17。

```
> mlnonro<-fa(data.8, nfactors=2,n.iter=100,rotate='none',fm='ml')
> mlnonro
Factor Analysis with confidence intervals using method = fa(r = data.8, nfactors = 2, n.iter = 100, rotat
e = "none",
    fm = "ml")
Factor Analysis using method =  ml
Call: fa(r = data.8, nfactors = 2, n.iter = 100, rotate = "none",
    fm = "ml")
Standardized loadings (pattern matrix) based upon correlation matrix
    ML1   ML2   h2    u2 com
X1 0.94  0.11 0.90 0.096 1.0
X2 0.91 -0.13 0.85 0.147 1.0
X3 0.46  0.84 0.91 0.092 1.5
X4 0.75  0.09 0.57 0.427 1.0
X5 0.54  0.69 0.76 0.241 1.9
X6 0.98 -0.17 0.99 0.014 1.1
X7 0.82  0.51 0.93 0.069 1.7

                       ML1  ML2
SS loadings           4.42 1.49
Proportion Var        0.63 0.21
Cumulative Var        0.63 0.84
Proportion Explained  0.75 0.25
Cumulative Proportion 0.75 1.00

Mean item complexity =  1.3
Test of the hypothesis that 2 factors are sufficient.
```

图 8-17　提取公因子（不旋转）的输出结果

以上仅为部分输出结果，其中第一个矩阵为载荷矩阵与共同度等，h2 为每个变量对应的共同度，u2 为残差所解释的方差；第二个矩阵为解释方差相关的指标，反映了每个因子对变量的解释能力。SS loadings 为与各因子相关联的特征值；Proportion Var 表示每个因子的解释方差；Cumulative Var 表示因子解释方差之和；Proportion Explained 为各因子解释方差所占总解释方差的百分比；Cumulative Proportion 分别为各因子解释方差占比的累计百分比。图 8-18 为因子和变量的关系图。

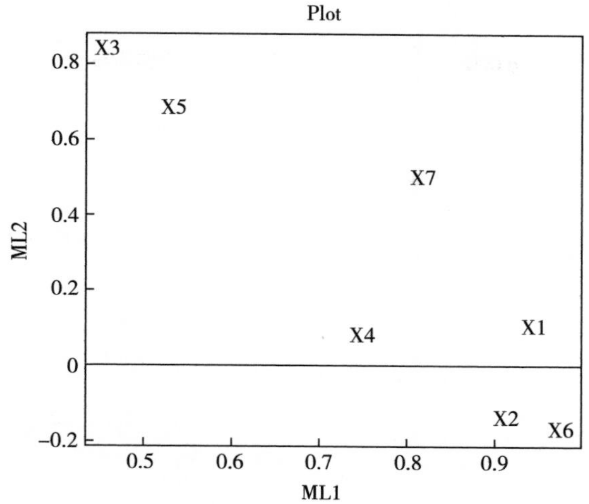

图 8-18 因子和变量的关系图（不旋转）

5. 因子旋转

当因子难以解释的时候，可以使用因子旋转来增强解释度，方法并无好坏之分，需要从非统计角度，即实际解释出发去解释因子。这里选择 Promax 旋转，具体输入如下：

```
#斜交旋转
mlPromax<-fa(data.8, nfactors=2,n.iter=100,rotate='Promax ',fm='ml ')
factor.plot(mlPromax,labels = rownames(mlPromax$loadings),show.points =
FALSE)
```

输出结果如图 8-19 所示。

6. 因子得分

因子得分可直接从结果中调用，具体输入如下：

```
#输出旋转前因子得分
mlnonro$scores
#输出旋转后因子得分
mlPromax$scores
```

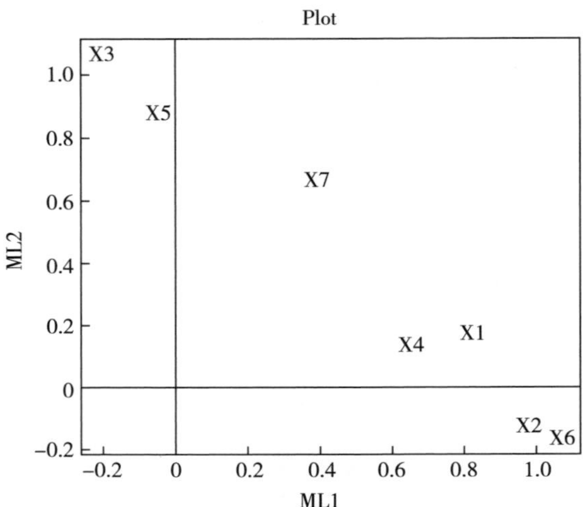

图 8-19　因子和变量的关系图（Promax 旋转）

习 题

【8-1】因子载荷的定义是什么？其实际作用是什么？

【8-2】为什么要进行因子旋转以及如何衡量旋转方法的好坏？

【8-3】因子分析与主成分分析有什么区别？

【8-4】对标准化随机变量 Z_1、Z_2、Z_3 的协方差矩阵（相关阵）为：

$$R=\begin{bmatrix}1.0 & 0.63 & 0.45\\ 0.63 & 1.0 & 0.35\\ 0.45 & 0.35 & 1.0\end{bmatrix}$$

进行因子分析，选取一个公共因子。已知 R 的特征对为：

$\lambda_1=1.96$，$e_1'=[0.625\quad 0.593\quad 0.507]$

$\lambda_2=0.68$，$e_1'=[-0.219\quad -0.491\quad 0.843]$

$\lambda_1=0.36$，$e_1'=[0.749\quad -0.638\quad -0.177]$

求：(1) 计算共同度 h_i^2（i=1，2，3），并解释其含义。

（2）总体方差中有多少比例由第一个公共因子解释？

【8-5】表 8-14 给出了食品制造业的 53 家上市公司的偿债能力指标（数据来源于 CSMAR 国泰君安数据库）。这些指标分别为，X_1：流动比率；X_2：速动比率；X_3：资产负债率；X_4：权益乘数；X_5：现金比率；X_6：产权比率；X_7：长期资本负债率；X_8：长期负债权益比率。请用因子分析的方法对这些公司的整体偿债能力进行评价，以便于更好地把握行业运行的安全性。

表 8-14　2020 年 6 月食品制造业上市公司偿债能力指标

上市公司	X_1	X_2	X_3	X_4	X_5	X_6	X_7	X_8
黑芝麻	1.07	0.77	0.47	1.87	0.57	0.87	0.09	0.10
云南能投	2.24	2.14	0.42	1.73	0.43	0.73	0.32	0.47
三全食品	1.24	0.95	0.54	2.17	0.56	1.17	0.07	0.07
皇氏集团	0.90	0.80	0.56	2.27	0.64	1.27	0.11	0.12
双塔食品	1.64	1.29	0.36	1.57	0.37	0.57	0.01	0.01
佳隆股份	7.32	6.04	0.05	1.06	0.06	0.06	0.03	0.03
涪陵榨菜	3.89	2.99	0.16	1.19	0.17	0.19	0.03	0.03
贝因美	1.01	0.80	0.62	2.60	0.64	1.60	0.10	0.11
金达威	2.25	1.49	0.30	1.43	0.38	0.43	0.15	0.18
ST 加加	2.14	1.54	0.20	1.25	0.21	0.25	0.02	0.02
克明面业	1.01	0.75	0.45	1.82	0.48	0.82	0.04	0.04
*ST 麦趣	1.47	1.30	0.35	1.55	0.37	0.55	0.02	0.02
燕塘乳业	1.12	0.76	0.26	1.36	0.27	0.36	0.03	0.03
ST 科迪	1.07	1.04	0.55	2.23	0.56	1.23	0.01	0.01
桂发祥	18.92	17.80	0.05	1.05	0.05	0.05	0.01	0.01
盐津铺子	0.78	0.55	0.52	2.10	0.57	1.10	0.02	0.02
庄园牧场	0.66	0.58	0.54	2.19	0.57	1.19	0.20	0.25
新乳业	0.52	0.42	0.67	2.99	0.71	1.99	0.19	0.23
西麦食品	5.63	5.33	0.15	1.18	0.15	0.18	0.01	0.01
汤臣倍健	2.68	2.35	0.24	1.32	0.31	0.32	0.08	0.09
花园生物	2.23	1.67	0.21	1.26	0.22	0.26	0.00	0.00
新诺威	6.22	5.87	0.12	1.14	0.12	0.14	0.01	0.01
仙乐健康	3.98	3.27	0.19	1.23	0.21	0.23	0.05	0.05

续表

上市公司	X_1	X_2	X_3	X_4	X_5	X_6	X_7	X_8
金丹科技	2.36	2.02	0.25	1.33	0.27	0.33	0.11	0.12
科拓生物	5.20	4.46	0.11	1.12	0.11	0.12	0.01	0.01
上海梅林	1.53	1.02	0.53	2.13	0.55	1.13	0.20	0.26
莲花健康	0.61	0.55	0.92	12.13	1.03	11.13	0.15	0.18
安琪酵母	1.07	0.57	0.46	1.84	0.47	0.84	0.10	0.11
恒顺醋业	2.54	1.95	0.22	1.28	0.22	0.28	0.07	0.08
青海春天	74.64	46.54	0.01	1.01	0.01	0.01	0.00	0.00
天润乳业	1.25	1.01	0.33	1.50	0.34	0.50	0.08	0.08
三元股份	1.13	0.87	0.57	2.34	1.02	1.34	0.43	0.76
光明乳业	0.94	0.63	0.60	2.52	0.63	1.52	0.27	0.37
星湖科技	1.43	0.94	0.31	1.46	0.37	0.46	0.10	0.11
中炬高新	2.57	1.44	0.25	1.33	0.25	0.33	0.02	0.02
梅花生物	0.94	0.61	0.51	2.03	0.55	1.03	0.33	0.49
妙可蓝多	1.53	1.27	0.38	1.61	0.46	0.61	0.17	0.20
伊利股份	0.77	0.59	0.62	2.66	0.64	1.66	0.10	0.11
雪天盐业	0.98	0.77	0.31	1.46	0.37	0.46	0.05	0.05
爱普股份	6.37	4.82	0.13	1.15	0.13	0.15	0.01	0.01
千禾味业	3.90	2.43	0.14	1.16	0.15	0.16	0.02	0.02
广州酒家	2.50	2.09	0.25	1.33	0.26	0.33	0.03	0.04
圣达生物	2.40	1.89	0.21	1.27	0.24	0.27	0.01	0.01
海天味业	2.88	2.65	0.28	1.39	0.28	0.39	0.01	0.01
苏盐井神	1.19	0.93	0.45	1.82	0.49	0.82	0.13	0.15
天味食品	4.44	4.06	0.19	1.23	0.19	0.23	0.00	0.00
安记食品	10.03	8.80	0.06	1.06	0.06	0.06	0.00	0.00
有友食品	12.31	9.74	0.08	1.09	0.09	0.09	0.02	0.02
蔚蓝生物	3.69	3.07	0.19	1.23	0.20	0.23	0.06	0.06
日辰股份	13.25	12.74	0.07	1.08	0.07	0.08	0.00	0.00
桃李面包	3.39	3.20	0.30	1.43	0.32	0.43	0.20	0.25
元祖股份	1.21	1.16	0.46	1.87	0.47	0.87	0.01	0.01
嘉必优	11.89	11.26	0.08	1.08	0.08	0.08	0.00	0.00

第九章 对应分析

第一节 对应分析的基本思想

对应分析（Correspondence Analysis）又称为相应分析，是由法国统计学家 J. P. Beozecri 于 1970 提出的，起初在法国和日本最为流行，然后引入美国。对应分析法是在 R 型和 Q 型因子分析基础上发展起来的一种多元相依的变量统计分析技术，因此对应分析又称为 R-Q 型因子分析。它通过分析由定性变量构成的交互汇总表来揭示变量间的关系。当以变量的一系列类别以及这些类别的分布图来描述变量之间的联系时，使用这一分析技术可以揭示同一变量的各个类别之间的差异以及不同变量各个类别之间的对应关系。主要应用在市场细分、产品定位、地质研究以及计算机工程等领域中。原因在于，它是一种视觉化的数据分析方法，它能够将几组看不出任何联系的数据，通过视觉上可以接受的定位图展现出来。

在对应分析中，每个变量的类别差异是通过直观图上的分值距离来表示。这个距离并不是通常所说的距离，而是经过加权的距离，在加权的过程中，以卡方值的差异表现出来。因此，对应分析的基础是将卡方值转变为可度量的距离。卡方值是由累计交叉总表中每交互组的实际频数与期望频数的差值计算得出的。如果卡方值是负值，就说明这一单元中实际发生频数低于期望频数。每一单元格（每个行变量类别与列变量类别在表中的交叉点）频数的期望值取决于它在行分布中所占比例和列分布中所占比例。如果某一单元格的卡方值是正值且数值很大，就说明这一单元格对应的行变量与列变量有很强的对应关系，这两个类别在图上的距离就会很近；反之，则在图上的距离就会远。

总之，对应分析是通过对定性变量构成的交互表进行分析来确定变量及其类别之间的关系，将定性变量的数据转变成可度量的分值，减少维度并做出分值分布图。在减少维度方面，对应分析与因子分析相似；在做分布图方面，对应分析与多维尺度方法相似。对应分析的优点在于可以同时做到这几方面，这是以往其他统计方法所不能做到的。因此，对应分析被广泛应用于市场研究的各个方面，如目标顾客和竞争对手的识别、市场定位以及新产品开发等营销活动中。在分析顾客对不同品牌商品的偏好时，可以将商品与顾客的性别、收入水平、职业等进行交叉汇总，汇总表中的每一项数字都代表着某一类顾客喜欢某一品牌的人数，这一人数也就是这类顾客与这一品牌的“对应”点，代表着不同特点的顾客与品牌之间的联系，通过对应分析，可以把品牌、顾客特点以及它们之间的联系同时反映在一个二维或三维的分布图上，顾客认为比较相似的品牌在图上的分布就会彼此靠在一起，根据顾客特点与每一品牌之间的距离，就可以判断它们之间关系的密切程度。

一、列联表及列联表分析

定义：研究样本和变量之间的关系。

作用：对应分析是分析两组或多组因素之间关系的有效方法，在离散情况下，建立因素间的列联表来对数据进行分析。

应用条件：在对数据作对应分析之前，需要先了解因素间是否独立。如果因素之间相互独立，则没有必要进行对应分析。

在讨论对应分析之前，先简要回顾一下列联表及列联表分析的有关内容。在实际研究工作中，人们常常用列联表的形式来描述属性变量（定类尺度或定序尺度）的各种状态或相关关系，这在某些调查研究项目中运用尤为普遍。比如，销售公司的高层需要了解消费者对自己产品的满意情况，则需要针对不同行业领域的消费者进行调查，而调查数据很自然地就以列联表的形式呈现出来（见表 9-1）。

表 9-1　不同行业消费者对某产品评价的列联表形式

不同行业消费者	产品评价					
	非常不满意	不太满意	一般	比较满意	非常满意	汇总
教师						

续表

不同行业消费者	产品评价					
	非常不满意	不太满意	一般	比较满意	非常满意	汇总
医生						
行政官员						
管理者						
……						
汇总						

以上是两变量列联表的一般形式，横栏与纵列交叉位置的数字是相应的频数。这样从表中数据就可以清楚地看到不同行业的消费者对该公司产品的评价情况，以及所有被调查者对该司产品的整体评价、被调查者的职业构成情况等信息。通过这张列联表，还可以看出行业分布与各种评价之间的相关关系，如管理者与比较满意交叉单元格的数字相对较大（“相对”指应抵消不同职业在总的被调查者中的比例的影响），则说明职业栏的管理者这一部分与评价栏的比较满意这一部分有较强的相关性。由此可以看到，借助列联表可以得到很多有价值的信息。

在研究经济问题的时候，研究者也往往用列联表的形式把数据呈现出来。比如，横栏是不同规模的企业，纵列是不同水平的获利能力，通过这样的形式可以研究企业规模与获利能力之间的关系。更为一般地，可以对企业进行更广泛的分类，如按上市与非上市分类、按企业所属的行业分类、按不同所有制关系分类等。同时，用列联表的格式来研究企业的各种指标，如企业的盈利能力、企业的偿债能力、企业的发展能力等。这些指标既可以是简单的，也可以是综合的，甚至可以是用因子分析或主成分分析提取的公共因子。把这些指标按一定的取值范围进行分类，就可以很方便地用列联表来研究。

一般来说，假设按两个特性对事物进行研究，特性 A 有 n 类，特性 B 有 r 类，属于 A_i 和 B_j 的个体数目为 k_{ij}($i=1, 2, \cdots, n$; $j=1, 2, \cdots, r$)，则可以得到形如表 9-2 所示的列联表。

表 9-2　列联表的一般形式（频数）

		特性 B				合计
		B_1	B_2	…	B_r	
特性 A	A_1	k_{11}	k_{12}	…	k_{1r}	$k_{1.}$
	A_2	k_{21}	k_{22}	…	k_{2r}	$k_{2.}$
	⋮	⋮	⋮	⋮	⋮	⋮
	A_n	k_{n1}	k_{n2}	…	k_{nr}	$k_{n.}$
合计		$k_{.1}$	$k_{.2}$	…	$k_{.r}$	k

在表 9-2 中，$k_{i.}=k_{i1}+k_{i2}+\cdots+k_{ir}$，$k_{.j}=k_{1j}+k_{1j}+\cdots+k_{nj}$，右下角元素 k 是所有频数的和，有 $k=k_{1.}+k_{2.}+\cdots+k_{n.}=k_{.1}+k_{.2}+\cdots+k_{.r}$。为了更为方便地表示各频数之间的关系，人们往往用频率来代替频数，即将列联表中每一个元素都除以元素的总和 k，令 $p_{ij}=\frac{k_{ij}}{k}$，于是得到如下频率意义上的列联表（见表 9-3）。

表 9-3　列联表的一般形式（频率）

		特性 B				合计
		B_1	B_2	…	B_r	
特性 A	A_1	p_{11}	p_{12}	…	p_{1r}	$p_{1.}$
	A_2	p_{21}	p_{22}	…	p_{2r}	$p_{2.}$
	…	…	…	…	…	…
	A_n	p_{n1}	p_{n2}	…	p_{nr}	$p_{n.}$
合计		$p_{.1}$	$p_{.2}$	…	$p_{.r}$	1

表 9-3 中，令

$$P=\begin{bmatrix} p_{11} & p_{12} & \cdots & p_{1r} \\ p_{21} & p_{22} & \cdots & p_{2r} \\ \vdots & \vdots & \ddots & \vdots \\ p_{n1} & p_{n2} & \cdots & p_{nr} \end{bmatrix},\ P'_I=(p_{1.},\ p_{2.},\ \cdots,\ p_{n.}),\ P'_J=(p_{.1},\ p_{.2},\ \cdots,\ p_{.r}),$$

$$1'=(1,\ 1,\ \cdots,\ 1)$$

则由上面的定义可得下列各式成立：

$1'P1=P'_I1=P'_J1=1$，$P1=P_I$，$P'1=P_J$

对于研究对象的总体，表 9-3 中的元素有概率的含义，p_{ij} 是特性 A 第 i 状态与特性 B 第 j 状态出现的概率，而 $p_{i.}$ 与 $p_{.j}$ 则表示边缘概率。考察各种特性之间的相关关系，可以通过研究各种状态出现的概率入手。如果特性 A 与特性 B 之间是相互独立的，则对任意的 i 与 j，有下式成立：

$$p_{ij}=p_{i.}\times p_{.j} \tag{9-1}$$

式（9-1）表示，如果特性 A 与特性 B 之间相互独立，特性 A 第 i 状态与特性 B 第 j 状态同时出现的概率则应该等于总体中第 i 状态出现的概率乘以第 j 状态出现的概率。由此令 $\hat{p}_{ij}=p_{i.}\times p_{.j}$ 表示由样本数据得到的特性 A 第 i 状态与特性 B 第 j 状态出现的期望概率的估计值。可以通过研究特性 A 第 i 状态和特性 B 第 j 状态同时出现的实际概率 p_{ij} 与特性 A 第 i 状态和特性 B 第 j 状态同时出现的期望概率 $\hat{p}_{ij}$ 的差别大小来判断特性 A 与特性 B 是否独立。此处 A 与 B 为属性变量，在实际研究中，根据实际问题它们可以有不同的意义，它实质上是列联表的横栏与纵列按某种规则的分类。这里关心的是属性变量 A 与 B 是否独立，由此提出以下假设：

H_0：属性变量 A 与 B 相互独立。

H_1：属性变量 A 与 B 不独立。

由上面的假设构建如下 χ^2 统计量：

$$\chi^2=\sum_{i=1}^{n}\sum_{j=1}^{r}\frac{[k_{ij}-\hat{E}(k_{ij})]^2}{\hat{E}(k_{ij})}=k\sum_{i=1}^{n}\sum_{j=1}^{r}\frac{(p_{ij}-p_{i.}p_{.j})^2}{p_{i.}p_{.j}} \tag{9-2}$$

注意到，除了常数项 k 外，χ^2 统计量实际上反映了矩阵 P 中所有元素的观察值与理论值经过某种加权的总离差情况。可以证明，在 k 足够大的条件下，当原假设为 H_0 时，χ^2 遵从自由度为 $(n-1)(r-1)$ 的 χ^2 分布。拒绝域为：

$$\chi^2>\chi^2_\alpha[(n-1)(r-1)]$$

通过上面的方法，可以判断两个分类变量是否独立，而在拒绝原假设后，再想进一步了解两个分类变量及分类变量各个状态（取值）之间的相关关系时，用对应分析方法可以解决这一问题。

二、对应方法及统计术语简介

（一）对应方法简介

简单对应分析（一般只涉及两个分类变量）：简单对应分析是分析某一研究

事件两个分类变量间的关系，其基本思想是以点的形式在较低维的空间中表示列联表的行与列中各元素的比例结构，可以在二维空间更加直观地通过空间距离反映两个分类变量间的关系，属于分类变量的典型相关分析。

多重对应分析（多于两个分类变量）：简单对应分析是分析两个分类变量间的关系，而多重对应分析则是分析一组属性变量之间的相关性。与简单对应分析一样，多重对应分析的基本思想也是以点的形式在较低维的空间中表示列联表的行与列中各元素的比例结构。

数值变量对应分析或均值对应分析：该对应分析与简单分析不同，由于单元格内的数据不是频数，因此不能使用标准化残差来表示相关强度，而只能使用距离（一般使用欧氏距离）来表示相关强度。

（二）统计术语简介

（1）列联表（Contingency Table）：表中的每一行或每一列分别对应于一个行向量（点）或列向量（点）；分别将行和列的概率（百分比）看成空间行点与列点的分量，称这些点为行轮廓（Row Profile）和列轮廓（Column Profile）。

（2）主成分（Principal Components）：通过主成分分析，可以在以两个主成分为坐标的空间中，标出行轮廓或列轮廓，或同时标出行、列轮廓，从而探索它们之间的关系。这种近似的表示行轮廓和列轮廓的图形叫对应图。

（3）惯量（Inertials）和特征值（Eigenvalues）：是度量行轮廓和列轮廓的变差的统计量。

总惯量表示轮廓点的全部变差，作图用的前两个维度分别对应于两个主惯量（Principal Inertias），表示在坐标方向上的变差；主惯量就是对行轮廓和列轮廓作主成分分析时得到的特征值，特征值的平方根叫奇异值（Singular Values）。

（4）卡方（Chi-square）、似然比卡方（Likelihood Ratio Chi-square）、曼图—汉斯泽鲁卡方（Mantel-Haenszel Chi-square）、法系数（Phi-coefficient）、列联系数（Contingency Coefficient），这些均是检验对应分析显著性或近似效果的统计量。

在进行数据分析时遇到分类型数据，并且要研究两个分类变量之间的相关关系，基于均值、方差的分析方法不能够使用，所以通常从编制两变量的交叉表入手，使用卡方检验和逻辑回归等方法；但当变量的类别或者变量数量是两个以上时，再使用以上方法就很难直观揭示变量之间的关系，由此引入对应分析。

第二节　对应分析方法的原理

当 A 与 B 的取值较少时，把所得到的数据放到一张列联表中，就可以很直观地对 A 与 B 之间及它们的各种取值之间的相关性做出判断。当 p_{ij} 比较大时，说明属性变量 A 第 i 状态与变量 B 第 j 状态之间有较强的依赖关系。但是，当 A 或者 B 的取值比较多时，就很难正确地做出判断，此时需要利用降维的思想来简化列联表的结构。由前面的讨论可知，因子分析（或主成分分析）是用少数综合变量提取原始变量大部分信息的有效方法。但因子分析也有不足之处，当要研究属性变量 A 的各种状态时，需要做 Q 型因子分析，即要分析一个 n×n 阶矩阵的结构，而当要研究属性变量 B 的各种状态时，就是进行 R 型因子分析，需要分析一个 r×r 阶矩阵的结构。由于因子分析的局限性，无法使 R 型因子分析与 Q 型因子分析同时进行，而当 n 或者 r 比较大时，单独进行因子分析就会加大计算量。对应分析可以弥补上述不足，同时对两个（或多个）属性变量进行分析。

如前所述，对应分析利用降维思想分析原始数据结构，旨在以简洁、明了的方式揭示属性变量之间及属性变量各种状态之间的相关关系。对应分析的一大特点就是可以在一张二维图上同时表示出两类属性变量的各种状态，以直观地描述原始数据结构。

假定下面讨论的都是形如表 9-3 所示的规格化的列联表数据。为了论述方便，先对有关概念进行说明。

一、有关概念

（一）行剖面与列剖面

在表 9-3 中，p_{ij} 表示变量 A 第 i 状态与变量 B 第 j 状态同时出现的概率，相应地，$p_{i.}$ 与 $p_{.j}$ 就有边缘概率的含义。所谓行剖面，是指当变量 A 的取值固定为 i 时($i=1, 2, \cdots, n$)，变量 B 的各个状态相对出现的概率情况，也就是把矩阵 P 中第 i 行的每一个元素均除以 $p_{i.}$，这样，就可以方便把第 i 行表示成 r 维欧氏空间中的一个点，其坐标为：

$$p_i^{r'}=\left(\frac{p_{i1}}{p_{i.}},\ \frac{p_{i2}}{p_{i.}},\ \cdots,\ \frac{p_{ir}}{p_{i.}}\right),\ i=1,\ 2,\ \cdots,\ n \tag{9-3}$$

其中，p_i^r 中的分量$\frac{p_{ij}}{p_{i.}}$表示条件概率 $P(B=j \mid A=i)$，可知：

$$p_i^{r'}1=1 \tag{9-4}$$

形象地说，第 i 个行剖面 p_i^r 就是把矩阵 P 中第 i 行剖裂开来，单独研究第 i 行的各个取值在 r 维超平面 $x_1+x_2+\cdots+x_n=1$ 上的分布情况。记 n 个行剖面的集合为 n(r)。

由于列联表中行与列的地位是对等的，由上面定义行剖面的方法可以很容易地定义列剖面。对矩阵 P 第 j 列的每一个元素 p_{ij} 均除以该列各元素的和 $p_{.j}$，则第 j 个列剖面：

$$p_j^{c'}=\left(\frac{p_{1j}}{p_{.j}},\ \frac{p_{2j}}{p_{.j}},\ \cdots,\ \frac{p_{nj}}{p_{.j}}\right),\ j=1,\ 2,\ \cdots,\ r \tag{9-5}$$

式(9-5)表示当属性变量 B 的取值为 j 时，属性变量 A 的不同取值的条件概率，它是 n 维超平面 $x_1+x_2+\cdots+x_n=1$ 上的一个点。有 $p_j^{c'}1=1$，记 r 个列剖面的集合为 r(c)。

在定义行剖面与列剖面之后可以看到，属性变量 A 的各个取值的情况可以用 r 维空间上的 n 个点来表示，而 B 的不同取值情况可以用 n 维空间上的 r 个点来表示。对应分析就是利用降维的思想，既把 A 的各个状态表现在一张二维图上，又把 B 的各个状态表现在一张二维图上，且通过后面的分析可以看到，这两张二维图的坐标轴有相同的含义，即可以把 A 的各个取值与 B 的各个取值同时在一张二维图上表示出来。

（二）距离与总惯量

通过上面行剖面与列剖面的定义，A 的不同取值就可以用 r 维空间中的不同点来表示，各个点的坐标分别为 $p_i^r(i=1,\ 2,\ \cdots,\ n)$；B 的不同取值可以用 n 维空间中的不同点来表示，各个点的坐标分别为 $p_j^c(j=1,\ 2,\ \cdots,\ r)$。对此，可以引入距离的概念来分别描述 A 的各个状态之间与 B 的各个状态之间的接近程度。由于对列联表行与列的研究是对等的，此处只对行做详细论述。

变量 A 的第 m 状态与第 l 状态的普通欧氏距离为：

$$d^2(m,\ l)=(p_m^r-p_l^r)'(p_m^r-p_l^r)=\sum_{j=1}^{r}\left(\frac{p_{mj}}{p_{m.}}-\frac{p_{lj}}{p_{l.}}\right)^2 \tag{9-6}$$

如此定义的距离有一个缺点，即受到变量 B 的各个状态边缘概率的影响，当变量 B 的第 j 状态出现的概率特别大时，式(9-6)所定义距离的$\left(\frac{p_{mj}}{p_{m.}}-\frac{p_{lj}}{p_{l.}}\right)^2$部分的作用就被高估了，因此用$\frac{1}{p_{.j}}$作权重得到如下加权的距离公式：

$$D^2(m,\ l)=\frac{\sum_{j=1}^{r}\left(\frac{p_{mj}}{p_{m.}}-\frac{p_{lj}}{p_{l.}}\right)^2}{p_{.j}}=\sum_{j=1}^{r}\left(\frac{p_{mj}}{\sqrt{p_{.j}}\,p_{m.}}-\frac{p_{lj}}{\sqrt{p_{.j}}\,p_{l.}}\right)^2 \tag{9-7}$$

因此，式(9-7)定义的距离也可以看作坐标为：

$$\left(\frac{p_{i1}}{\sqrt{p_{.1}}\,p_{i.}},\ \frac{p_{i2}}{\sqrt{p_{.2}}\,p_{i.}},\ \cdots,\ \frac{p_{ir}}{\sqrt{p_{.r}}\,p_{i.}}\right),\ i=1,\ 2,\ \cdots,\ n \tag{9-8}$$

的任意两点之间的普通欧氏距离。

类似地，定义属性变量 B 的两个状态 s、t 之间的加权距离为：

$$D^2(s,\ t)=\sum_{i=1}^{n}\left(\frac{p_{is}}{\sqrt{p_{i.}\,p_{.s}}}-\frac{p_{it}}{\sqrt{p_{i.}\,p_{.t}}}\right)^2 \tag{9-9}$$

式(9-8)是行剖面消除了变量 B 的各个状态概率影响的相对坐标，下面给出式(9-8)定义的各点的平均坐标，即重心的表达式。由行剖面的定义，$p_i^r(i=1,\ 2,\ \cdots,\ n)$的各分量是当 A 取 i 时变量 B 各个状态出现的条件概率，也就是说，式(9-8)的坐标也同时消除了变量 A 的各个状态出现的概率影响。然而，当研究由式(9-8)定义的 n 个点的平均坐标时，这 n 个点的地位不是完全平等的，出现概率较大的状态应当占有较高的权重。因此，定义如按 $p_{i.}$ 加权的 n 个点的平均坐标，其第一个分量为：

$$\sum_{i=1}^{n}\frac{p_{ij}}{\sqrt{p_{.j}}\,p_{i.}}p_{i.}=\frac{1}{\sqrt{p_{.j}}}\sum_{i=1}^{n}p_{ij}=\sqrt{p_{.j}},\ j=1,\ 2,\ \cdots,\ r \tag{9-10}$$

因此，由式(9-8)定义的 n 个点的重心为：$p_J^{\frac{1}{2}\prime}=(\sqrt{p_{.1}},\ \sqrt{p_{.2}},\ \cdots,\ \sqrt{p_{.r}})$。其中，每一分量恰恰是矩阵 P 每一列边缘概率的平方根。根据上面的准备，可以给出如下行剖面集合 n(r) 的总惯量的定义：由式(9-8)定义的 n 个点与其重心的加权欧氏距离的和称为行剖面集合 n(r) 的总惯量，记为 I_I。有：

$$I_I=\sum_{i=1}^{n}D^2(p_i^r,\ p_J^{\frac{1}{2}}) \tag{9-11}$$

令 $D_p^{\frac{1}{2}}=\mathrm{diag}(p_J^{\frac{1}{2}})$表示由向量 $p_J^{\frac{1}{2}}$ 的各个分量为对角线元素构成的对角阵，则

总惯量式（9-11）可写为：

$$I_I = \sum_{i=1}^{n} d^2[p_i^{r'}(D_p^{\frac{1}{2}})^{-1}, p_J^{\frac{1}{2}'}] = \sum_{i=1}^{n}\sum_{j=1}^{r} p_{i.}\left(\frac{p_{ij}}{\sqrt{p_{.j}}\,p_{i.}} - \sqrt{p_{.j}}\right)^2 =$$

$$\sum_{i=1}^{n}\sum_{j=1}^{r}\frac{(p_{ij} - p_{i.}p_{.j})^2}{p_{i.}p_{.j}} = \frac{1}{n}\chi^2 \qquad (9-12)$$

由式（9-12）可以看到，总惯量不仅反映了行剖面集在式（9-8）定义的各点与其重心加权距离的总和，同时与 χ^2 统计量仅相差一个常数，而由前面列联表的分析可知，χ^2 统计量反映了列联表横栏与纵列的相关关系，因此此处总惯量也反映了两个属性变量各状态之间的相关关系。对应分析就是在总惯量信息损失最小的前提下，简化数据结构以反映两属性变量之间的相关关系。实际上，总惯量的概念类似于主成分分析或因子分析中方差总和的概念，在 SPSS 软件中进行对应分析时，系统会给出对总惯量信息的提取情况。

完全对应地，可以得到对列联表的列进行分析的相应结论，列剖面 r 个点经 $p_{.j}$ 加权后的平均坐标，即重心为：

$$p_I^{\frac{1}{2}'} = (\sqrt{p_{1.}}, \sqrt{p_{2.}}, \cdots, \sqrt{p_{n.}}) \qquad (9-13)$$

列剖面集合 r（c）的总惯量为：

$$I_J = I_I = \frac{1}{n}\chi^2 \qquad (9-14)$$

二、R 型与 Q 型因子分析的对等关系

经过以上数据变换，在引入加权距离函数之后，或者对行剖面集的各点进行式（9-8）的变换，对列剖面的各点进行类似变换之后，可以直接计算属性变量各状态之间的距离，通过距离的大小来反映各状态之间的接近程度，同类型的状态之间距离应当较短，而不同类型的状态之间距离应当较长，据此可以对各种状态进行分类以简化数据结构。但这样做不能对两个属性变量同时进行分析，因此不计算距离，代之以求协方差矩阵，进行因子分析，提取主因子，用主因子所定义的坐标轴作为参照系，对两个变量的各状态进行分析。

先对行剖面进行分析，即 Q 型因子分析。假定各个行剖面的坐标均经过了形如式(9-8)的变换，以消除变量 B 的各个状态发生的边缘概率的影响，即变换后的行剖面为：

$p_i^{r'}(D_p^{\frac{1}{2}})^{-1}$，i=1，2，…，n

则变换后的 n 个行剖面所构成的矩阵为：

$$p_r=\begin{bmatrix} p_1^{r'}(D_p^{\frac{1}{2}})^{-1} \\ p_2^{r'}(D_p^{\frac{1}{2}})^{-1} \\ \vdots \\ p_n^{r'}(D_p^{\frac{1}{2}})^{-1} \end{bmatrix} \tag{9-15}$$

进行 Q 型因子分析就是从矩阵 p_r 出发，分析其协方差矩阵，提取公共因子（主成分）的分析，设 p_r 的加权协方差矩阵为 $\sum_r$，则有：

$$\sum_r = \sum_{i=1}^{n} p_{i.}\left[(D_p^{\frac{1}{2}})^{-1}p_i^r - p_J^{\frac{1}{2}}\right]\left[p_i^{r'}(D_p^{\frac{1}{2}})^{-1} - p_J^{\frac{1}{2}'}\right] \tag{9-16}$$

因为对任意的 i(i=1，2，…，n)，有：

$$\left[p_i^{r'}(D_p^{\frac{1}{2}})^{-1}-p_J^{\frac{1}{2}'}\right]p_J^{\frac{1}{2}}=\left(\frac{p_{i1}-p_{i.}p_{.1}}{\sqrt{p_{.1}}p_{i.}}\ \frac{p_{i2}-p_{i.}p_{.2}}{\sqrt{p_{.2}}p_{i.}}\cdots\frac{p_{ir}-p_{i.}p_{.r}}{\sqrt{p_{.r}}p_{i.}}\right)\begin{bmatrix}\sqrt{p_{.1}} \\ \sqrt{p_{.2}} \\ \cdots \\ \sqrt{p_{.r}}\end{bmatrix} \tag{9-17}$$

所以，$\sum_r p_J^{\frac{1}{2}}=0$。

也就是说，变换后行剖面点集的重心 $p_J^{\frac{1}{2}}$ 是 $\sum_r$ 的一个特征向量，且其对应的特征根为零，因此该因子轴对公共因子的解释而言是无用的，在对应分析中，总是不考虑该轴。实际上，在对列剖面进行分析时，也存在类似的情况，$p_I^{\frac{1}{2}}$ 是变换后列剖面集所构成矩阵的协方差矩阵的一个特征向量，且其对应的特征根也为零。因此，因子轴 $p_I^{\frac{1}{2}}$ 也是无用的。

为了更清楚地了解对应分析的具体计算过程，看一下 $\sum_r$ 中的元素。设

$$\sum_r = (a_{ij})_{p\times p}$$

则有：

$$a_{ij} = \sum_{a=1}^{n}\left(\frac{p_{ai}}{\sqrt{p_{.i}}p_{a.}} - \sqrt{p_{.i}}\right)\left(\frac{p_{aj}}{\sqrt{p_{.j}}p_{a.}} - \sqrt{p_{.j}}\right)p_{a.}$$

$$= \sum_{a=1}^{n}\left(\frac{p_{ai}}{\sqrt{p_{.i}p_{a.}}} - \sqrt{p_{.i}}\sqrt{p_{a.}}\right)\left(\frac{p_{aj}}{\sqrt{p_{.j}p_{a.}}} - \sqrt{p_{.j}}\sqrt{p_{a.}}\right)$$

$$= \sum_{a=1}^{n}\left(\frac{p_{ai} - p_{.i}p_{a.}}{\sqrt{p_{.i}p_{a.}}}\right)\left(\frac{p_{aj} - p_{.j}p_{a.}}{\sqrt{p_{.j}p_{a.}}}\right)$$

$$= \sum_{a=1}^{n} z_{ai}z_{aj} \tag{9-18}$$

其中，$z_{ij}=\frac{p_{ij}-p_{i.}p_{.j}}{\sqrt{p_{i.}p_{.j}}}$，i=1，2，…，n；j=1，2，…，r

若令 $Z=(z_{ij})$，则有：

$$\sum\nolimits_{r} = ZZ' \tag{9-19}$$

依照上述方法，可以对列剖面进行分析，设变换后的列剖面集所构成矩阵的协方差矩阵为Σ_c，则可以得到：

$$\sum\nolimits_{c} = Z'Z \tag{9-20}$$

其中，矩阵 $Z=(z_{ij})$的定义与上面完全一致。这样，对应分析的过程就转化为基于矩阵 $Z=(z_{ij})$的分析过程。由式(9-19)和式(9-20)可以看出，矩阵$\Sigma_r=ZZ'$与$\Sigma_c=Z'Z$ 存在简单的对等关系，如果把原始列联表中的数据 k_{ij} 变换成 z_{ij}，则 z_{ij} 对两个属性变量有对等性。

由矩阵的知识可知，$\Sigma_r=ZZ'$与$\Sigma_c=Z'Z$ 有完全相同的非零特征根，记作 λ_1，λ_2，…，λ_r（$\lambda_1\geq\lambda_2\geq\cdots\geq\lambda_r$），而经过上面的分析可知，$\Sigma_r=ZZ'$与$\Sigma_c=Z'Z$ 均有一个特征根为零，且其所对应的特征向量分别为 $p_J^{\frac{1}{2}}$、$p_I^{\frac{1}{2}}$，由这两个特征向量构成的因子轴为无用轴。因此，在对应分析中，公共因子轴的最大维数为 min（n，r）-1，所以有0<r≤minB（n，r）-1。设 μ_1，μ_2，…，μ_r 为相对于特征根 λ_1，λ_2，…，λ_r 的Σ_r 的特征向量，则有：

$$\sum\nolimits_{r}\mu_j = ZZ'\mu_j = \lambda_j\mu_j \tag{9-21}$$

对上式两边左乘矩阵 Z′，有 $Z'Z(Z'\mu_j)=\lambda_j(Z'\mu_j)$，即：

$$\sum\nolimits_{c}(Z'\mu_j) = \lambda_j(Z'\mu_j) \tag{9-22}$$

表明 $Z'\mu_j$ 即为相对于特征根 λ_j 的Σ_c 的特征向量，这就建立了对应分析中 R 型因子分析与 Q 型因子分析的关系，这样就可以由 R 型因子分析的结果很方便地得到 Q 型因子分析的结果，从而大大减少了计算量，特别是克服了当某一属性

变量的状态特别多时计算上的困难。又由于Σ_r与Σ_c具有相同的非零特征根，而这些特征根正是各个公共因子所解释的方差或提取的总惯量的份额，有$\sum_{i=1}^{r}\lambda_i = I_I = I_J$。那么，在变量 B 的 r 维空间 R^r 中的第一主因子、第二主因子......直到第 r 个主因子与变量 A 的 n 维空间 R^n 中相对应的各个主因子在总方差中所占的百分比完全相同。这样就可以用相同的因子轴同时表示两个属性变量的各个状态，把两个变量的各个状态同时反映在具有相同坐标轴的因子平面上，以直观地反映两个属性变量及各个状态之间的相关关系。一般情况下，取两个公共因子，这样就可以在一张二维图上同时画出两个变量的各个状态。

三、对应分析应用于定量变量的情况

上面对对应分析方法的描述都是以属性变量数据为例展开的，这是因为在实际中，对应分析广泛地应用于对属性变量列联表数据的研究。实际上，对应分析方法也适用于定距尺度与定比尺度的数据。假设要分析的数据为 n×r 的表格形式（n 个观测，r 个变量），沿用上面的思想，同样可以对数据进行规格化处理，再进行 R 型因子分析与 Q 型因子分析，进而把观测与变量在同一张低维图形上表示出来，分析各观测与各变量之间的接近程度。

对于定距尺度与定比尺度的情况，完全可以把每一个观测都分别看成一类，这也是对原始数据进行的最细的分类，同时把每一个变量都看成一类。这样，对定距尺度数据与定比尺度数据的处理问题就变成与上面分析属性变量相同的问题了，自然可以运用对应分析来研究行与列之间的相关关系。但是应当注意，对应分析要求数据阵中每一个数据都是大于或等于零的，当用对应分析研究普通的 n×r 的表格形式的数据时，若有小于零的数据，则应当先对数据进行加工，如将该变量的各个取值都加上一个常数。有的研究人员将对应分析方法用于对经济问题截面数据的研究，得到了比较深刻的结论。

需要注意的是：对应分析不能用于相关关系的假设检验，它虽然可以揭示变量间的联系，但不能说明两个变量之间的联系是否显著，因而在做对应分析前，可以用卡方统计量检验两个变量的相关性对应分析输出的图形通常是二维的，这是一种降维的方法，将原始的高维数据按一定规则投影到二维图形上，但投影可能引起部分信息的丢失；对应分析对极端值敏感，应尽量避免极端值的存在。如有取值为零的数据存在时，可视情况将相邻的两个状态取值合并。运用对应分析法处理问题时，各变量应具有相同的量纲（或者均无量纲）。

第三节　对应分析的上机实现

旅客运输是现代交通体系的一个重要组成部分，研究不同地区的旅客运输特点，能为我国交通运输行业供给侧改革及科学决策提供一定的参考。本节选取2019年我国部分地区的三种运输方式的客运量数据，运用SPSS软件和R软件进行对应分析，研究我国客运量特征以及部分地区与运输工具间的关系。

一、部分地区旅客运输方式研究——基于SPSS软件

（一）原始数据

研究的指标为客运量（万人），指在一定时期内，各种运输方式实际运送的旅客数量。选取10个省份为代表地区，分别为：天津、上海、海南、山西、安徽、云南、青海、广西、辽宁、黑龙江；按照铁路、公路和水运三种运输方式划分，如表9-4所示。

表9-4　部分省份与不同运输方式客运量列联表　　单位：万人

地区	铁路	公路	水运
天津	5332	12206	141
上海	12834	3168	441
海南	3085	9366	1736
山西	8153	14010	142
安徽	13410	45643	222
云南	6553	30681	1147
青海	1148	5071	94
广西	11777	34539	770
辽宁	15137	54599	530
黑龙江	11223	18212	317

注：数据来源于《中国统计年鉴2020》。

(二) 运行操作

SPSS 软件的【对应分析】模块是专门进行对应分析的模块。进入方式如下：在数据完成后，依次点选【分析】→【降维】→【对应分析】。

1. 导入数据

打开 SPSS 软件，在表格下方有两个选项，分别是【数据视图】和【变量视图】，点击【变量视图】选项，输入如下形式（见图 9-1）。

文件(F) 编辑(E) 查看(V) 数据(D) 转换(T) 分析(A) 图形(G) 实用程序(U) 扩展(X) 窗口(W) 帮助(H)

	名称	类型	宽度	小数位数	标签	值	缺失	列	对齐	测量	角色
1	地区	数字	8	0		{1, 天津}...	无	8	右	名义	输入
2	运输方式	数字	8	0		{1, 铁路}...	无	8	右	名义	输入
3	客运量	数字	8	0		无	无	8	右	标度	输入

图 9-1 SPSS 软件变量视图编辑

“地区”这一变量中【值】这一项需要作如下设置：单击框的右侧，在弹出的值标签对话框里，将取值 1 对应的标签设定为天津，点击添加即可将取值及所设的标签加入右边的框中，显示为 1=“天津”，如此依次将 2~10 对应的标签全部添加，下方的框中将显示 10 个取值的标签（见图 9-2），另外也可对该框中的取值进行更改和删除。同理可设定“运输方式”的标签（见图 9-3）。

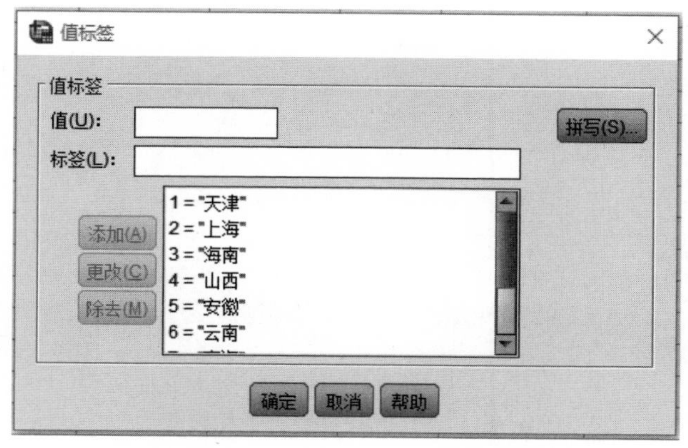

图 9-2 SPSS 软件地区变量值标签设置

值标签

值标签

值(U):

标签(L):

拼写(S)...

添加(A)

更改(C)

除去(M)

1 = "铁路"
2 = "公路"
3 = "水运"

确定 取消 帮助

图 9-3　SPSS 软件运输方式变量值标签设置

然后点击【数据视图】，将数据输入（见图 9-4）。

文件(F) 编辑(E) 查看(V) 数据(D) 转换(T) 分析(A) 图形(G) 实用程序(U) 扩展(X) 窗口(W) 帮助(H)

	地区	运输方式	客运量	变量	变量	变量	变量	变量
1	1	1	5332					
2	2	1	12834					
3	3	1	3085					
4	4	1	8153					
5	5	1	13410					
6	6	1	6553					
7	7	1	1148					
8	8	1	11777					
9	9	1	15137					
10	10	1	11223					
11	1	2	12206					
12	2	2	3168					
13	3	2	9366					
14	4	2	14010					
15	5	2	45643					
16	6	2	30681					
17	7	2	5071					
18	8	2	34539					
19	9	2	54599					
20	10	2	18212					
21	1	3	141					
22	2	3	441					
23	3	3	1736					

数据视图 变量视图

图 9-4　SPSS 软件数据视图编辑

2. 数据加权

在数据导入之后，研究地区与运输工具的关系，对他们进行量化考察，需要进行数据加权，SPSS 软件默认为不使用权重。数据加权操作为：【数据】→

【个案加权】，在弹出的【个案加权】对话框中，点击【个案加权依据】，将“客运量”移入右侧【频率变量】框内，而后点击【确定】退出当前对话框（见图 9-5）。

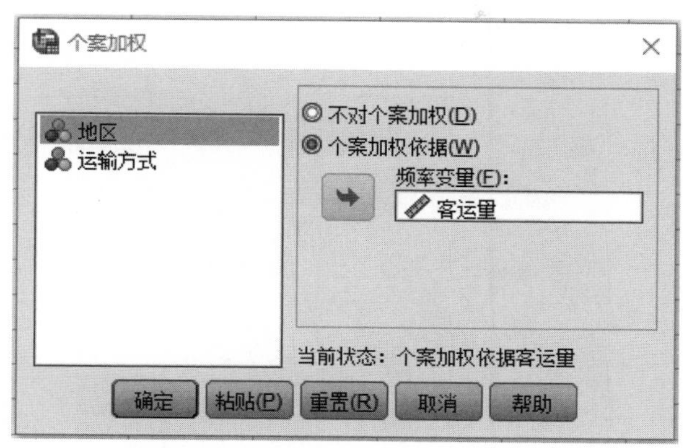

图 9-5　SPSS 软件个案加权对话框

3. 对应分析主面板参数设置

菜单栏中依次点击【分析】→【降维】→【对应分析】，打开对应分析主面板，依次将“地区”“运输方式”变量移入行和列框内（见图 9-6）。

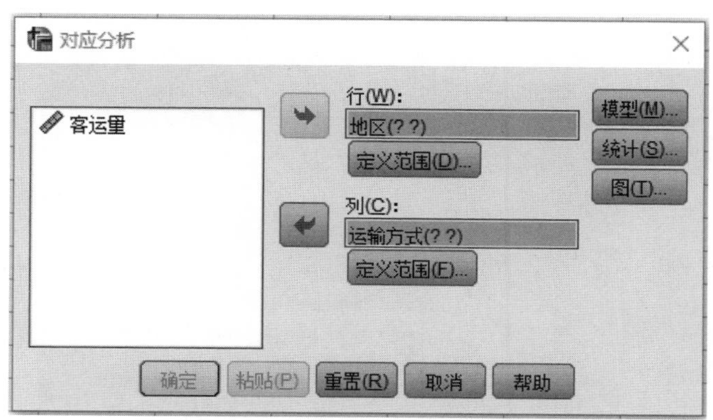

图 9-6　SPSS 软件对应分析对话框

分别点击行、列下方【定义行范围】按钮，以定义行范围为例，行变量"地区"有10个类别，标签值从小到大依次为1~10，所以最小值输入数字"1"，最大值输入数字"10"，然后点击右侧【更新】按钮，此时下方的【类别约束】框内自动出现1~10序列（见图9-7）；类似操作，完成对列变量范围的定义（见图9-8），点击【继续】返回主面板。

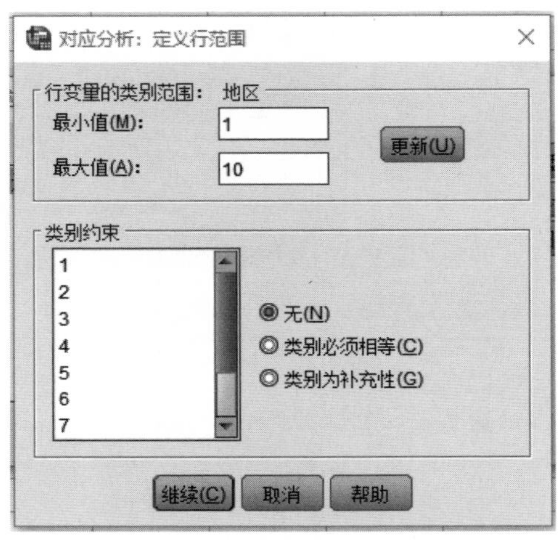

图 9-7　SPSS 软件对应分析【定义行范围】对话框

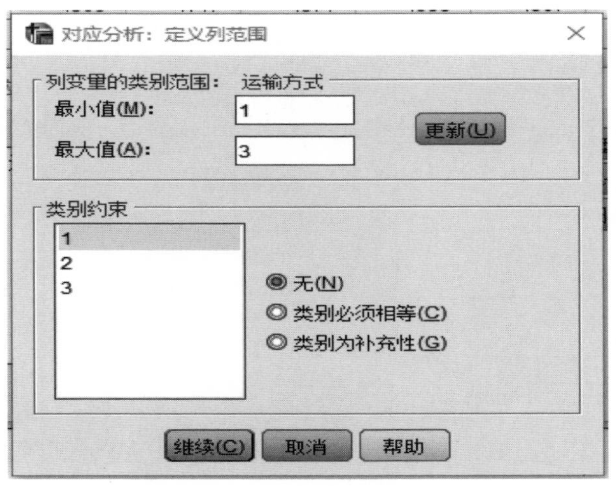

图 9-8　SPSS 软件对应分析【定义列范围】对话框

4. 对应分析模型参数设置

在【对应分析】对话框上点击【模型】按钮，打开模型对话框。对应分析也是一种降维技术，通常选择在一个二维表和二维图形中考察分类变量间的关系。行和列变量间的距离测量软件默认选择【卡方】，当用卡方测量距离时，SPSS 软件只默认选择【除去行列平均值】作为标准化方法。最底部的【正态化方法】相对比较复杂，理解起来有一定难度，建议选择软件默认选项【对称】。在这里保持默认选项，而后点击【继续】按钮，返回主面板（见图 9-9）。

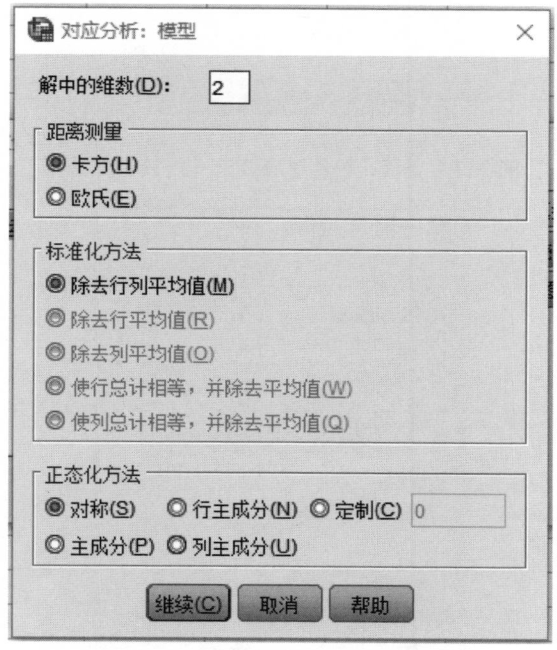

图 9-9 SPSS 软件对应分析【模型】对话框

5. 对应分析统计参数设置

软件默认勾选【对应表】、【行点概述】、【列点概述】，点击【继续】按钮，返回主面板（见图 9-10）。

6. 对应分析图参数设置

对应分析最重要的结果之一，就是对应图，主面板上点击【图】按钮，打开图对话框，散点图选项中默认勾选【双标图】，即最终想要的对应图，其他默认设置，而后点击【继续】按钮，返回主面板（见图 9-11）。

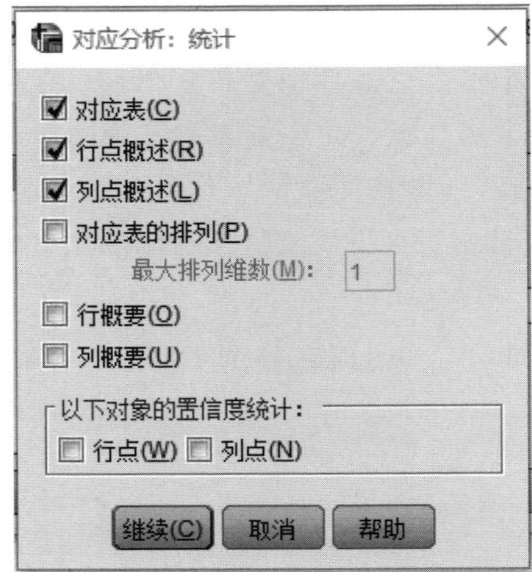

图 9-10　SPSS 软件对应分析【统计】对话框

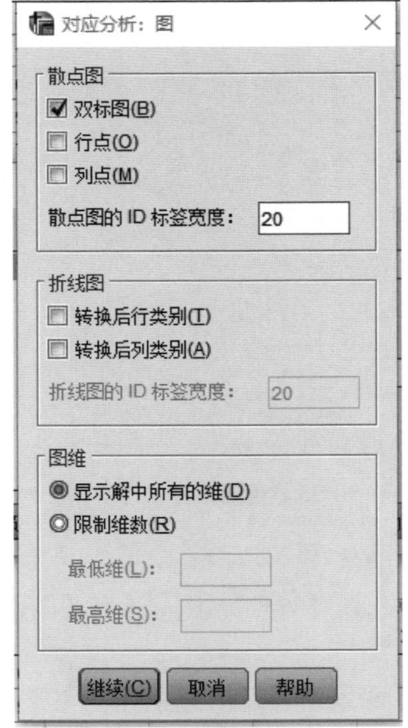

图 9-11　SPSS 软件对应分析【图】对话框

最后在【对应分析】主面板中点击【确定】按钮，SPSS 软件执行相关操作，输出结果如表 9-5、表 9-6、表 9-7、表 9-8 和图 9-12 所示。

表 9-5 对应表

地区	运输方式			
	铁路	公路	水运	活动边际
天津	5332	12206	141	17679
上海	12834	3168	441	16443
海南	3085	9366	1736	14187
山西	8153	14010	142	22305
安徽	13410	45643	222	59275
云南	6553	30681	1147	38381
青海	1148	5071	94	6313
广西	11777	34539	770	47086
辽宁	15137	54599	530	70266
黑龙江	11223	18212	317	29752
活动总计	88652	227495	5540	321687

表 9-6 摘要表

维	奇异值	惯量	卡方值	显著性	惯量比例		置信度奇异值	
					占比	累计百分比	标准差	相关性
								2
1	0. 298	0. 089			0. 721	0. 721	0. 002	0. 005
2	0. 185	0. 034			0. 279	1. 000	0. 004	
总计		0. 123	39557. 433	0. 000[a]	1. 000	1. 000		

注：a 表示自由度是 18。

表 9-7 行点总览表[a]

地区	数量	维得分		惯量	贡献				
					点对维的惯量		维对点的惯量		
		1	2		1	2	1	2	总计
天津	0. 055	-0. 092	-0. 169	0. 000	0. 002	0. 008	0. 324	0. 676	1. 000
上海	0. 051	-2. 092	0. 089	0. 067	0. 752	0. 002	0. 999	0. 001	1. 000
海南	0. 044	0. 072	1. 881	0. 029	0. 001	0. 842	0. 002	0. 998	1. 000
山西	0. 069	-0. 353	-0. 208	0. 003	0. 029	0. 016	0. 822	0. 178	1. 000
安徽	0. 184	0. 224	-0. 232	0. 005	0. 031	0. 053	0. 601	0. 399	1. 000
云南	0. 119	0. 411	0. 242	0. 007	0. 068	0. 038	0. 822	0. 178	1. 000

续表

地区	数量	维得分		惯量	贡献				
					点对维的惯量		维对点的惯量		
		1	2		1	2	1	2	总计
青海	0.020	0.389	−0.026	0.001	0.010	0.000	0.997	0.003	1.000
广西	0.146	0.106	−0.011	0.000	0.006	0.000	0.993	0.007	1.000
辽宁	0.218	0.263	−0.163	0.006	0.051	0.031	0.808	0.192	1.000
黑龙江	0.092	−0.408	−0.133	0.005	0.052	0.009	0.938	0.062	1.000
活动总计	1.000			0.123	1.000	1.000			

注：a 表示对称正态化。

表 9-8 列点总览表[a]

运输方式	数量	维得分		惯量	贡献				
					点对维的惯量		维对点的惯量		
		1	2		1	2	1	2	总计
铁路	0.276	−0.879	−0.079	0.064	0.715	0.009	0.995	0.005	1.000
公路	0.707	0.346	−0.049	0.025	0.284	0.009	0.988	0.012	1.000
水运	0.017	−0.128	3.251	0.034	0.001	0.982	0.002	0.998	1.000
活动总计	1.000			0.123	1.000	1.000			

注：a 表示对称正态化。

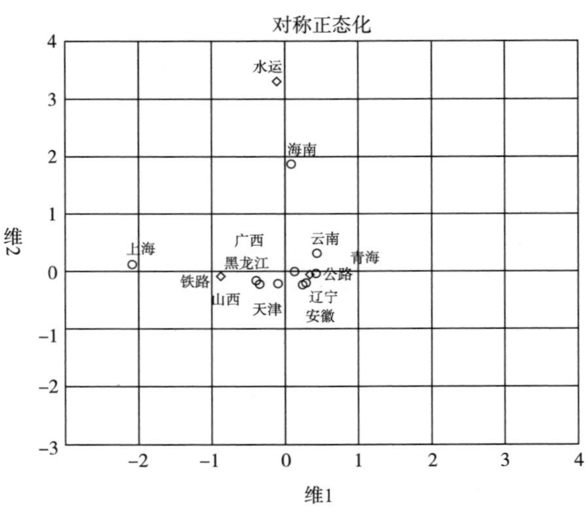

图 9-12 行点和列点的二维图

如表 9-5 所示，对应表实际上就是交叉表，行与列交叉的单元格显示为对应的客运量，行与列的活动边际为对应行和列的和。表 9-6 类似于因子分析的总方差表，第一列【维】较抽象，可以理解为因子分析的因子，第 2~5 列分别为奇异值、惯量、卡方值和显著性，后面为各维度分别解释总惯量的比例及累计百分比和置信度奇异值的标准差和相关性。从中可以看出，卡方值 = 39557.433，显著性 = 0.000<0.01，表明行列之间有较强的相关性；总惯量为 0.123；第一维和第二维的惯量比例占总惯量的 100%。表 9-7 和表 9-8 主要输出各类别在各维度上的得分，后续最重要的对应图，将依据这两组维度得分进行绘制。

如图 9-12 所示，不同地区和不同运输方式被标记为不同符号进行区分，地区点和运输方式点间距离有远有近，距离的远近包含了它们之间的关系。总体观察来看，同一变量内部，三种运输方式间距离较大，分成三类；不同地区间，海南省与其他 9 个省份的距离较大，可单独归为一类。综合观察两个变量可以发现，云南省、辽宁省、安徽省等地区以公路运输为主，山西省、上海市、黑龙江省则主要以铁路为主要运输方式，而海南省以水运运输为主。

二、部分地区旅客运输方式研究——基于 R 软件

仍采用表 9-4 的数据，基于 R 软件进行部分地区旅客运输方式的研究。

R 软件中的 MASS 和 ca 程序包均有可以做简单对应分析的函数，但 MASS 程序包的函数功能还是有限的，因此本部分采用 ca 程序包中的 ca 函数进行对应分析。

（一）加载包和读取数据

```
#加载 ca 包
install.packages("ca")
library(ca)
#读取数据
data.9<-read.csv("ca0.csv",header=TRUE,row.names=1)
```

在读取数据中，ca0.csv 为存放数据的文件名。

（二）对应分析操作

```
ca.1<-ca(data.9) #对应分析
print(ca.1)
plot(ca.1)
```

输出结果如图 9-13 和图 9-14 所示。

```
> print(ca.1)

 Principal inertias (eigenvalues):
           1        2
Value      0.088611 0.034358
Percentage 72.06%   27.94%


 Rows:
          天津      上海      海南      山西      安徽      云南      青海      广西
Mass     0.054957  0.051115 0.044102  0.069338  0.184263 0.119312  0.019625  0.146372
ChiDist  0.088419  1.142296 0.810755  0.212222  0.158003 0.247424  0.212721  0.058122
Inertia  0.000430  0.066697 0.028989  0.003123  0.004600 0.007304  0.000888  0.000494
Dim. 1  -0.169191 -3.835227 0.131585 -0.646480  0.411427 0.753632  0.713595  0.194564
Dim. 2  -0.392065  0.206603 4.368867 -0.482678 -0.538566 0.563020 -0.061091 -0.026319
          辽宁      黑龙江
Mass     0.218430  0.092487
ChiDist  0.159593  0.229708
Inertia  0.005563  0.004880
Dim. 1   0.481852 -0.747171
Dim. 2  -0.377494 -0.309786


 Columns:
            铁路客运量.万人.   公路客运量.万人.   水运客运量.万人.
Mass            0.275585          0.707194          0.017222
ChiDist         0.480748          0.189734          1.401310
Inertia         0.063693          0.025458          0.033818
Dim. 1         -1.611000          0.633507         -0.234903
Dim. 2         -0.182560         -0.112732          7.550567
```

图 9-13　对应分析输出结果

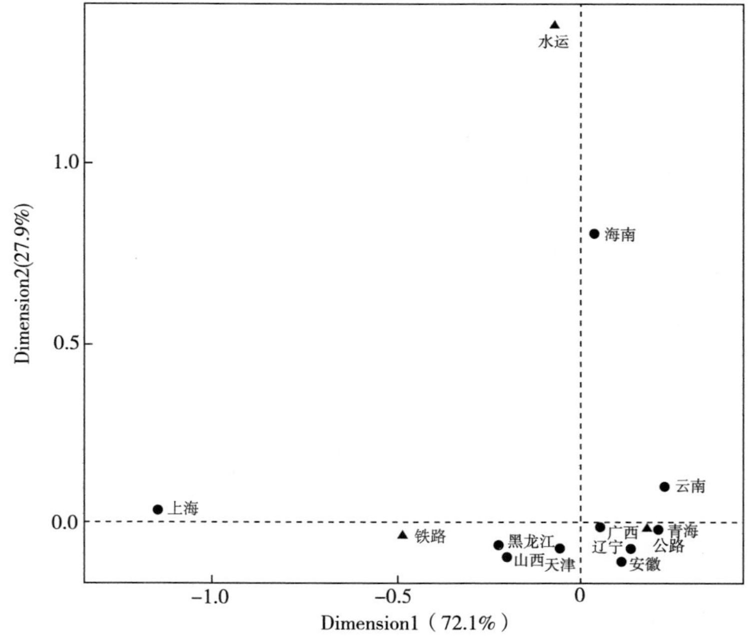

图 9-14　对应分析的二维图

由图 9-13 可知，第一部分为惯量值及所占百分比；第二、三部分是行、列的汇总表，其中，MASS 是边缘概率，对应表 9-7 和表 9-8 中的“数量”；Chi-Dist 是到重心的卡方距离；Inertia 是惯量；Dim. 1 和 Dim. 2 是提取的两个因子的标准坐标。

所得结果与基于 SPSS 软件的研究结果相同，在此不再赘述。另外，在 plot 函数中，map 参数默认是 symmetric（对称分布），也可以选取其他参数，如 row-principal（行主成分）、colprincipal（列主成分）等。

综上所述，对应分析可广泛地应用于各领域研究中，该方法可以较好地揭示指标与指标、样品与样品、指标与样品之间的内在联系。因此通过本章的学习，可以以较小的代价从原始数据中获取较多的信息，而且还可以清晰地显示现象之间的相互关系。此外，本章也给出了 SPSS 和 R 两类统计分析软件的操作过程。通过本章的学习，希望大家能够对对应分析有一个较为全面的了解和掌握，学会利用 SPSS 和 R 两类统计分析软件分析不同变量各个类别之间的对应关系，并以一种视觉化的数据分析方法将几组看不出任何联系的数据以接受的定位图展现出来。

习题

【9-1】简述对应分析的基本思想。

【9-2】简述 R 型与 Q 型因子分析的对等关系。

【9-3】设按有无特性 A 与 B 将 n 个样品分成四类，组成 2×2 列联表，如表 9-9 所示：

表 9-9　列联表

	B	$\overline{B}$	行和
A	a	b	a+b
$\overline{A}$	c	d	c+d
列和	a+c	b+d	n

其中，n=a+b+c+d，试证明此时列联表独立性检验的 χ^2 统计量可以表示成

$$\chi^2=\frac{n(ad-bc)^2}{(a+b)(c+d)(a+c)(b+d)}$$

【9-4】在企业营销中，经常需要明确产品定位：什么样的消费者在使用本企业生产的产品？在不同类型的消费者心目中，哪一个品牌更受欢迎？当数据量较小时，可以使用列联表来分析不同类型的消费者在选择品牌上的差异。在对 218 名受访人员进行收入水平和品牌选择关系的调查研究中，得到调查数据如表 9-10 所示：

表 9-10　收入水平和品牌选择关系的列联表

收入水平	品牌						合计
	A	B	C	D	E	F	
低	2	49	4	4	15	1	75
中	7	7	5	49	2	7	77
高	16	3	23	5	5	14	66
合计	25	59	32	58	22	22	218

试分析收入水平和品牌选择的对应关系。

【9-5】表 9-11 是一个将 901 个人组成的样本按 3 个收入类别和 4 个职业满意程度进行分类的列联表，请运用对应分析的方法对此数据进行分析。

表 9-11　职业满意度与收入关系的列联表

满意度 收入	很不满意	有些不满意	比较满意	很满意
小于 40000 元	42	62	184	207
40000~80000 元	13	28	81	113
大于 80000 元	7	18	54	92

第十章　典型相关分析

在实际例子中，常需要探讨一组变量和另一组变量之间的相关关系情况，比如：物流产业与经济发展的相关性；城市竞争力与城市基础设施的相关性；区域教育投入与教育水平的相关性；科技创新投入与科技创新产出的相关性；等等。本章介绍的典型相关分析（Canonical Correlation Analysis，CCA）就是探究一组变量和另外一组变量之间的相互关系，它对两组变量分别进行线性组合，通过讨论线性组合之间的相关关系来描述两组变量间的内在联系。

第一节　典型相关分析的基本思想

典型相关分析的研究目的是分析两组变量间的相关关系。它借助主成分的思想，分别对两组变量进行线性组合，研究线性组合的简单相关系数。首先选出一对满足相关系数最大的线性组合，然后继续从两组变量的线性组合中提取相关系数最大且与已选出的线性组合不相关的线性组合，如此重复，直至两组变量间的相关性提取完毕为止。具体来说，典型相关分析对两组变量分别进行线性组合，要求两个线性组合的方差都为 1，使得线性组合间相关关系达到最大的线性组合称为第一对典型相关变量。如果第一对典型相关变量不足以充分体现原变量的信息，则需要继续寻找新的线性组合，要求满足线性组合的方差为 1 且与已选出的典型变量互不相关，使得两个线性组合相关关系达到最大的线性组合称为第二对典型相关变量，如此往复，可以找到第三对，第四对...... 直至两组变量间的相关性提取完毕为止。

假设随机变量 $X=(X_1, X_2, \cdots, X_p)$，$Y=(Y_1, Y_2, \cdots, Y_q)$（假定 $p\leqslant q$），考虑两组变量的线性组合 $a'X$ 和 $b'Y$，典型相关分析就是寻找向量 a 和 b，使得 $a'X$ 和 $b'Y$ 之间的相关关系 $\rho_{a'X,b'Y}$ 最大化。在所有的满足 $\mathrm{Var}(a'X) = \mathrm{Var}$

(b′Y) = 1 线性组合中，使得相关系数 $\rho_{a'X,b'Y}$ 达到最大的线性组合（a'_1X，b'_1Y）称为第一对典型相关变量。下一步，在与已提取的 a'_1X 和 b'_1Y 不相关且满足 Var（a′X）= Var（b′Y）= 1 线性组合中找到一对相关系数最大的线性组合，记为（a'_2X，b'_2Y），它就是第二对典型相关变量。类似地，继续提取，可以选出若干对典型变量来量化两组变量间的相关关系。把每一对典型相关变量的简单相关系数 ρ 称为典型相关系数，通过对典型相关系数的显著检验来判断相对应的典型相关变量是否具有代表性，对于不具有代表性的典型相关变量可以忽略。这样就可以用少数几个综合变量来量化两组变量之间的相关关系，使研究问题简单化。

第二节　总体典型相关分析

一、数学描述

考虑随机变量 $X=(X_1, X_2, \cdots, X_p)$ 和 $Y=(Y_1, Y_2, \cdots, Y_q)$ 的线性组合 U_i 和 V_i 满足

$$U_i=a'_iX=a_{i1}X_1+a_{i2}X_2+\cdots+a_{ip}X_p$$

$$V_i=b'_iY=b_{i1}Y_1+b_{i2}Y_2+\cdots+b_{iq}Y_q$$

其中，向量 a_i 和向量 b_i 为任意非零常数向量，U_i 和 V_i 之间的相关系数为：

$$\rho(U_i, V_i)=\frac{Cov(U_i, V_i)}{Var(U_i)Var(V_i)}=\frac{Cov(a'X, b'Y)}{Var(a'X)Var(b'Y)}$$

随机向量 U_i 和 V_i 乘以或加减常数项不改变它们之间的相关系数，因此通常只考虑方差为 1 的线性组合，即 $Var(U_I)=Var(V_i)=1$。典型相关分析就是要寻找使 $\rho(U_i, V_i)$ 达到最大且互不相关的线性组合。

记 $Var(X)=\Sigma_{11}$，$Var(Y)=\Sigma_{22}$，$Cov(X, Y)=\Sigma_{12}=\Sigma'_{12}$。

二、总体典型相关

寻找 U_1 和 V_1 满足 $U_1=a'X$，$V_1=b'Y$，$Var(U_1)=Var(V_1)=1$ 且 $\rho(U_1, V_1)$ 达到最大。

$$Var(U_1) = Var(a'X) = a'Var(X)a = a'\sum_{11}a = 1 \tag{10-1}$$

$$Var(V_1) = Var(b'Y) = b'Var(Y)b = b'\sum_{22}b = 1 \tag{10-2}$$

$$\rho(U_1, V_1) = \frac{Cov(U_1, V_1)}{Var(U_1)Var(V_1)} = Cov(a'X, b'Y) = a'Cov(X, Y)b = a'\sum_{12}b \tag{10-3}$$

由（10-3）式可知，$\rho(U_1, V_1)$ 等价于 $a'\Sigma_{12}b$，即要寻找 a 和 b 满足条件式（10-1）和式（10-2）且 $a'\Sigma_{12}b$ 达到最大，就是等价求解：

$$\max_{a, b} a'\sum_{12}b$$

$$s.t.\ a'\sum_{11}a = 1$$

$$b'\sum_{22}b = 1$$

对于上述问题，利用 Lagrange 乘数法，求解：

$$L(a, b) = a'\sum_{12}b - \frac{\lambda}{2}(a'\sum_{11}a - 1) - \frac{\kappa}{2}(b'\sum_{22}b - 1)$$

的极大值，其中，λ 和 κ 为 *Lagrange* 乘子。对 L（a，b）求偏导得到：

$$\begin{cases}\dfrac{\partial L(a, b)}{\partial a} = \sum_{12}b - \lambda\sum_{11}a = 0 \\ \dfrac{\partial L(a, b)}{\partial b} = \sum_{21}a - \kappa\sum_{22}b = 0\end{cases} \tag{10-4}$$

对方程组（10-4）上下两式分别左乘 a′和 b′得到：

$$\begin{cases}a'\sum_{12}b = \lambda a'\sum_{11}a \\ b'\sum_{21}a = \kappa b'\sum_{22}b\end{cases}$$

那么由条件式（10-1）和式（10-2），则有：

$$\begin{cases}a'\sum_{12}b = \lambda \\ b'\sum_{21}a = \kappa\end{cases}$$

且 $(b'\Sigma_{21}a)' = a'\Sigma_{12}b$，可得 $\lambda = \kappa = a'\Sigma_{12}b = \rho(U_1, V_1)$，即 λ 和 κ 是线性组合 U_1、V_1 的相关系数。将方程组（10-4）中 κ 用 λ 替换可得：

$$\begin{cases}\sum_{12}b - \lambda\sum_{11}a = 0 \\ \sum_{21}a - \lambda\sum_{22}b = 0\end{cases} \tag{10-5}$$

将方程组（10-5）的 $\Sigma_{21}^{q}-\lambda\Sigma_{22}b=0$ 两边同乘以 Σ_{22}^{-1}，有 $\Sigma_{22}^{-1}\Sigma_{21}a=\lambda\Sigma_{22}^{-1}\Sigma_{22}b$，即：

$$b=\frac{1}{\lambda}\Sigma_{22}^{-1}\Sigma_{21}a \tag{10-6}$$

将（10-6）式代入方程组（10-5）的 $\Sigma_{12}b-\lambda\Sigma_{11}a=0$，可得：

$$\frac{1}{\lambda}\Sigma_{12}\Sigma_{22}^{-1}\Sigma_{21}a-\lambda\Sigma_{11}a=0$$

对于上式两边同乘以 Σ_{11}^{-1}，计算化简得：

$$\Sigma_{11}^{-1}\Sigma_{12}\Sigma_{22}^{-1}\Sigma_{21}a-\lambda^2\Sigma_{11}^{-1}\Sigma_{11}a=0$$

$$\left(\Sigma_{11}^{-1}\Sigma_{12}\Sigma_{22}^{-1}\Sigma_{21}-\lambda^2 I\right)a=0 \tag{10-7}$$

类似地，对方程组（10-5）的 $\Sigma_{12}b-\lambda\Sigma_{11}a=0$ 同乘以 Σ_{11}^{-1}，有 $a=\frac{1}{\lambda}\Sigma_{11}^{-1}\Sigma_{12}b$，将 $a=\frac{1}{\lambda}\Sigma_{11}^{-1}\Sigma_{12}b$ 代入方程组（10-5）的 $\Sigma_{21}a-\lambda\Sigma_{22}b=0$ 并且等式两边同时乘以 Σ_{22}^{-1}，计算化简可得：

$$\left(\Sigma_{22}^{-1}\Sigma_{21}\Sigma_{11}^{-1}\Sigma_{12}-\lambda^2 I\right)b=0 \tag{10-8}$$

取 $M=\Sigma_{11}^{-1}\Sigma_{12}\Sigma_{22}^{-1}\Sigma_{21}$，$N=\Sigma_{22}^{-1}\Sigma_{21}\Sigma_{11}^{-1}\Sigma_{12}$，式（10-7）和式（10-8）等价于：

$$(M-\lambda^2 I_p)\ a=0$$

$$(N-\lambda^2 I_q)\ b=0$$

式中，M 为 p 阶方阵，N 为 q 阶方阵，由上述特征方程可以看出，λ^2 既是矩阵 M 的特征根也是矩阵 N 的特征根①，a 和 b 分别为对应的特征向量。因此，求解最大 λ 可以转化为求解矩阵 M（或矩阵 N）的最大特征根，求解 a 和 b 可以转化为求解矩阵 M 和矩阵 N 最大特征根对应的特征向量且满足 $a'\Sigma_{11}a=1$，$b'\Sigma_{22}b=1$。求解得到矩阵 M 和矩阵 N 最大特征根 λ_1^2 及其对应的满足条件的特征向量 a_1 和 b_1，把 $U_1=a'_1X$ 和 $V_1=b'_1Y$ 称为第一对典型相关变量，U_1 和 V_1 相关系数 λ_1 称为第一典型相关系数。

如果第一对典型相关变量不能充分反映两组原始变量的信息，则需要求得第

① 可以证明矩阵 M 和矩阵 N 有相同特征根，rank（M）= rank（N）= r，其中 r 是非零特征根的个数。

二对典型相关变量，要求第二对典型变量与第一对典型变量不相关，即寻找 U_2 和 V_2 满足 $U_2=a'X$，$V_2=b'Y$，

$$Var(U_2)=Var(a'X)=a'Var(X)a=a'\sum_{11}a=1 \tag{10-9}$$

$$Var(V_2)=Var(b'Y)=b'Var(Y)b=b'\sum_{22}b=1 \tag{10-10}$$

$$Cov(a'_1X,\ a'X)=a'_1Var(X)a=a'_1\sum_{11}a=0 \tag{10-11}$$

$$Cov(b'_1Y,\ b'Y)=b'_1Var(Y)b=b'_1\sum_{22}b=0 \tag{10-12}$$

且使 ρ（U_2，V_2）$=a'\Sigma_{12}b$ 达到最大。寻找 U_2 和 V_2 满足上述条件等价于求解：

$$\max_{a,\ b} a'\sum_{12}b$$

$$s.t.\ \ a'\sum_{11}a=1$$

$$b'\sum_{22}b=1$$

$$a'_1\sum_{11}a=0$$

$$b'_1\sum_{22}b=0$$

针对上述问题，可以利用 Lagrange 乘数法求得 $a'\Sigma_{12}b$ 的最大值为矩阵 M 和矩阵 N 的第二大特征根 λ_2^2 的平方根 λ_2，满足条件的 a 和 b 为矩阵 M 和矩阵 N 的特征根 λ_2^2 对应的特征向量 a_2 和 b_2。把 $U_2=a'_2X$ 和 $V_2=b'_2Y$ 称为第二对典型相关变量，U_2 和 V_2 的相关系数 λ_2 称为第二典型相关系数。

类似地，可求得第 i 典型相关系数为 λ_i，其中 λ_i 为矩阵 M 和矩阵 N 的第 i 大特征根 λ_i^2 的平方根，由 λ_i^2 对应的满足条件的特征向量 a_i 和 b_i 组成的线性组合 $U_i=a'_iX$ 和 $V_i=b'_iY$ 为第 i 对典型相关变量。

由上看出，求解两组变量 X 和 Y 的典型相关系数和典型相关变量可以等价地求解矩阵 M 和矩阵 N 的特征根及其特征根对应的特征向量。记矩阵 M 和矩阵 N 的特征根为 λ_1^2，λ_2^2，…，λ_r^2（假定 $\lambda_1^2\geqslant\lambda_2^2\geqslant\cdots\geqslant\lambda_r^2$），其对应的特征向量为 a_1，a_2，…，a_r 和 b_1，b_2，…，b_r。特征根的平方根 λ_1，λ_2，…，λ_r 为典型相关系数，特征向量的线性组合 a'_1X，a'_2X，…，a'_rX 和 b'_1Y，b'_2Y，…，b'_rY 为典型相关变量。

三、典型相关变量的性质

典型变量的方差为 1，即：

$Var(U_i) = Var(V_i) = 1$，$i=1, 2, \cdots, r$

同一组变量的典型相关变量互不相关，即：

$\forall i \neq j$，$\rho(U_i, U_j) = \rho(V_i, V_j) = 0$，$i, j=1, 2, \cdots, r$

第 i 对典型变量的相关系数为 λ_i，不同组的非配对的典型相关变量互不相关，即：

$Cov(U_i, V_i) = \lambda_i$，$i=1, 2, \cdots, r$

$Cov(U_i, V_j) = 0$，$i \neq j$

第三节　样本典型相关分析

一、样本典型相关

然而在实际分析中，X 和 Y 的总体协方差阵以及它们之间的总体协方差阵通常是未知的，需要根据样本信息估计这些协方差阵，然后再进行相关典型分析。

考虑总体$\begin{bmatrix} X \\ Y \end{bmatrix}$服从正态分布 $N_{p+q}(\mu, \Sigma)$，$\begin{bmatrix} x_i \\ y_i \end{bmatrix}$（$i=1, 2, \cdots, n$）为来自该总体的 n 个样本，则样本均值为$\begin{bmatrix} \bar{x} \\ \bar{y} \end{bmatrix}$，其中 $\bar{x} = \frac{1}{n}\sum_{i=1}^{n} x_i$，$\bar{y} = \frac{1}{n}\sum_{i=1}^{n} y_i$。

Σ 的极大似然估计为样本协方差阵 $\hat{\Sigma}$ 可表示为：

$$\hat{\Sigma} = \begin{bmatrix} \hat{\Sigma}_{11} & \hat{\Sigma}_{12} \\ \hat{\Sigma}_{21} & \hat{\Sigma}_{22} \end{bmatrix}$$

其中，

$$\hat{\Sigma}_{11} = \frac{1}{n}\sum_{i=1}^{n}(x_i - \bar{x})(x_i - \bar{x})' \tag{10-13}$$

$$\hat{\Sigma}_{12} = \hat{\Sigma}'_{21} = \frac{1}{n}\sum_{i=1}^{n}(x_i - \bar{x})(y_i - \bar{y})' \tag{10-14}$$

$$\hat{\Sigma}_{22} = \frac{1}{n}\sum_{i=1}^{n}(y_i - \bar{y})(y_i - \bar{y})' \tag{10-15}$$

可计算得到矩阵 M 和矩阵 N 的估计 $\hat{M}$ 和 $\hat{N}$ 为：

$$\hat{M} = \hat{\sum}_{11}^{-1}\hat{\sum}_{12}\hat{\sum}_{22}^{-1}\hat{\sum}_{21}$$
$$\hat{N} = \hat{\sum}_{22}^{-1}\hat{\sum}_{21}\hat{\sum}_{11}^{-1}\hat{\sum}_{12} \tag{10-16}$$

求解上述 $\hat{M}$ 和 $\hat{N}$ 的特征根及其对应的满足条件的特征向量，即可得到典型相关系数和典型相关变量。

还需要注意的是，在实际操作中，为了消除量纲的影响，通常会对数据进行标准化处理再进行典型相关分析①。对数据标准化处理后，样本协方差矩阵等价于样本相关系数矩阵 $\hat{R}=\begin{bmatrix}\hat{R}_{11} & \hat{R}_{12}\\ \hat{R}_{21} & \hat{R}_{22}\end{bmatrix}$。

数据标准化后，矩阵 M 和矩阵 N 的估计为：

$$\hat{M}_1 = \hat{R}_{11}^{-1}\hat{R}_{12}\hat{R}_{22}^{-1}\hat{R}_{21}$$
$$\hat{N}_1 = \hat{R}_{22}^{-1}\hat{R}_{21}\hat{R}_{11}^{-1}\hat{R}_{12} \tag{10-17}$$

求解上述 $\hat{M}_1$ 和 $\hat{N}_1$ 的特征根及其对应的满足条件特征向量，即可得到典型相关系数和典型相关变量。通常从样本相关系数矩阵出发对样本进行典型相关分析。

二、典型相关系数的显著性检验

在实际例子中，原则上可以提取 r 对典型相关变量，是不是所有的典型相关变量都是有意义的？如果不是，如何选取合适的典型相关变量进行分析？注意到若 $\lambda_i = Cov(U_i, V_i) = 0$，则表示第 i 对典型变量是不相关的，即提取第 i 对典型相关变量是没有意义的。因此，考虑检验典型相关系数是否为 0 来判断相对应的典型相关变量是否具有代表性。因为 $\lambda_i \geqslant \lambda_{i+1} \geqslant \cdots \geqslant \lambda_r$，若 $\lambda_i = 0$，则 $\lambda_{i+1}, \cdots, \lambda_r$ 全为 0，所以考虑假设检验问题，

$$H_0: \lambda_i = \lambda_{i+1} = \cdots = \lambda_r = 0, \quad H_1: \lambda_i \neq 0$$

在原假设下，检验统计量

$$Q_i = -\left[(n-i) - \frac{1}{2}(p+q+1)\right]\sum_{k=i}^{r}\log(1-\hat{\lambda}_k^2)$$

---

① 费宇（2014）指出，用样本协方差阵作为总体协方差的替代值，可能会出现特征值不在 0~1 的范围内，各种软件会输出的特征值不等于相关系数平方的情况，这时各种软件会给出调整后的相关系数。因此，在大多数情况下，在进行典型相关分析时，需要将数据标准化，利用样本相关阵计算求解特征值，避免出现这种情况。

近似服从 χ^2（t_i）分布①，其中自由度 $t_i=(p-i+1)(q-i+1)$。如果 $Q_i>\chi^2_\alpha(t_i)$，则拒绝原假设，建议提取第 i 对典型相关变量；如果 $Q_i<\chi^2_\alpha(t_i)$，则不拒绝原假设，意味着可以忽略第 i，i+1，…，r 对典型相关变量。对典型相关系数依次进行显著性检验，进而判断选取几对典型相关变量。

具体地，从 i=1 开始，考虑假设检验问题，

$H_0:\lambda_1=\lambda_2=\cdots=\lambda_r=0$，$H_1:\lambda_1\neq 0$

由上可知，检验统计量 $Q_1=-\left[(n-1)-\frac{1}{2}(p+q+1)\right]\sum_{k=1}^{r}log(1-\hat{\lambda}_k^2)$，近似服从 χ^2（pq）分布。因此，若 $Q_1>\chi^2_\alpha(pq)$，则拒绝原假设，判定 $\lambda_1>0$，继续检验；若 $Q_1<\chi^2_\alpha(pq)$，说明所有典型变量没有提取的意义，检验结束。

若已判定 $\lambda_1>0$，取 i=2，考虑假设检验问题，

$H_0:\lambda_2=\cdots=\lambda_r=0$，$H_1:\lambda_2\neq 0$

由上可知，检验统计量 $Q_2=-\left[(n-2)-\frac{1}{2}(p+q+1)\right]\sum_{k=2}^{r}log(1-\hat{\lambda}_k^2)$，近似服从自由度为（p-1）（q-1）的 χ^2 分布。因此，若 $Q_1>\chi^2_\alpha(p-1)(q-1)$，则拒绝原假设，判定 λ_2 显著不为 0，并继续检验。如此重复操作下去，直至判定 $\lambda_j=0$ 或者判定完全部典型相关系数。

第四节　典型相关分析的上机实现

近些年来，随着国民经济的高速发展，流通产业对整个社会经济运行也发挥了至关重要的作用，本节尝试通过典型相关分析探究流通产业与国民经济其他产业的发展与联系。

① 检验统计量 Q_i 也可以构造为$-\left[(n-i)-\frac{1}{2}(p+q+1)+\sum_{k=i}^{i-1}\frac{1}{\hat{\lambda}_k^2}\right]\sum_{k=i}^{r}\log(1-\hat{\lambda}_k^2)$。

一、流通产业与国民经济其他产业发展的典型相关分析——基于SPSS软件

（一）原始数据

表10-1给出了2009—2018年我国流通产业与国民经济其他产业的部分指标，其中流通领域指标为，X_1：交通运输、仓储和邮政业GDP亿万元；X_2：批发和零售业GDP亿万元；X_3：住宿和餐饮业GDP亿万元。国民经济其他产业相关指标为，Y_1：农林牧渔业GDP亿万元；Y_2：工业GDP亿万元；Y_3：建筑业GDP亿万元；Y_4：金融业GDP亿万元；Y_5：房地产业GDP亿万元；Y_6：其他产业GDP亿万元。数据来源于《中国统计年鉴（2019）》。利用这些数据进行典型相关分析来研究我国流通产业与国民经济其他产业发展的相关关系。

表10-1　2009—2018年我国流通产业与国民经济其他产业情况

年份	X_1	X_2	X_3	Y_1	Y_2	Y_3	Y_4	Y_5	Y_6
2009	1.652	2.900	0.696	3.358	13.810	2.268	2.180	1.897	5.984
2010	1.878	3.590	0.771	3.843	16.513	2.726	2.568	2.357	6.846
2011	2.184	4.373	0.857	4.478	19.514	3.293	3.068	2.817	8.076
2012	2.376	4.983	0.954	4.908	20.891	3.690	3.519	3.125	9.263
2013	2.604	5.628	1.023	5.303	22.234	4.090	4.119	3.599	10.530
2014	2.850	6.242	1.116	5.563	23.386	4.488	4.667	3.800	11.832
2015	3.049	6.619	1.215	5.777	23.651	4.663	5.787	4.170	13.461
2016	3.306	7.129	1.336	6.014	24.788	4.970	6.112	4.819	15.301
2017	3.717	7.766	1.469	6.210	27.833	5.531	6.540	5.397	17.357
2018	4.055	8.420	1.602	6.473	30.516	6.181	6.910	5.985	19.608

（二）运行操作

用SPSS软件对该数据集进行典型相关分析，计算典型相关系数、典型相关变量的系数、典型相关系数的显著性检验。在导入数据之后，依次点击【分析】→【相关】→【典型相关性】，进入【典型相关性】对话框。然后将X_1~X_3放入【集合1】中，将Y_1~Y_6放入【集合2】中（见图10-1）。需要注意的是，在 SPSS 23 及以上的版本有典型相关分析的选项，而 SPSS 23 以前的版本没有这个选项，需要使用自定义宏，即需要调用 canonical correlation. sps 宏。

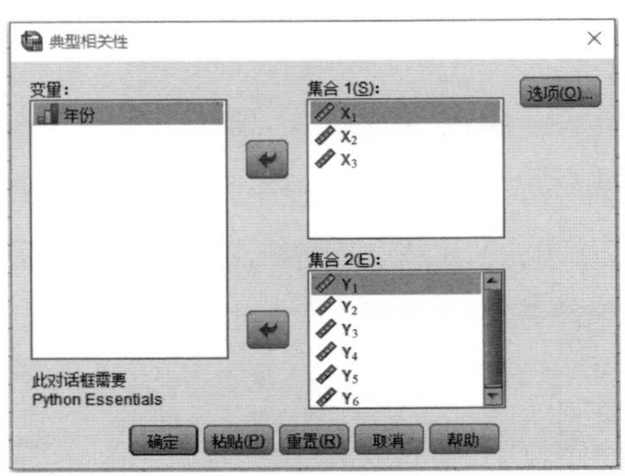

图 10-1　SPSS 软件典型相关性对话框

而后点击【选项】，根据感兴趣的输出结果点击【成对相关性】和【系数】（见图 10-2），最后点击【继续】退出当前对话框，点击【确定】运行典型相关分析，输出结果如表 10-2、表 10-3、表 10-4、表 10-5、表 10-6 和表 10-7 所示。

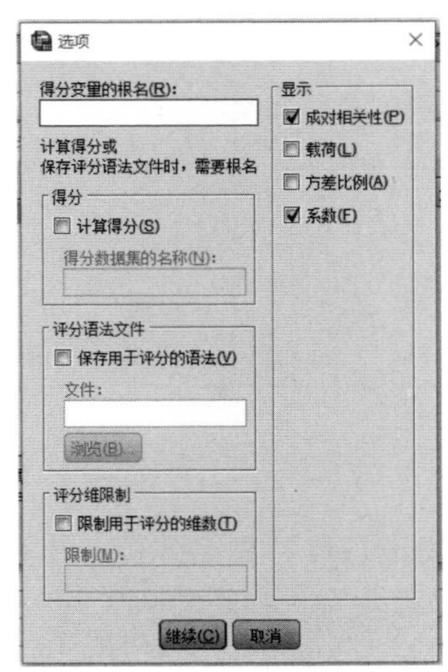

图 10-2　SPSS 软件选项对话框

表 10-2　变量间的相关系数[a]

		X_1	X_2	X_3	Y_1	Y_2	Y_3	Y_4	Y_5	Y_6
X_1	皮尔逊相关性	1	0.992	0.999	0.964	0.985	0.995	0.984	0.998	0.997
	Sig.（双尾）	—	0.000	0.000	0.000	0.000	0.000	0.000	0.000	0.000
X_2	皮尔逊相关性	0.992	1	0.988	0.989	0.987	0.997	0.986	0.989	0.982
	Sig.（双尾）	0.000	—	0.000	0.000	0.000	0.000	0.000	0.000	0.000
X_3	皮尔逊相关性	0.999	0.988	1	0.956	0.976	0.990	0.987	0.998	0.999
	Sig.（双尾）	0.000	0.000	—	0.000	0.000	0.000	0.000	0.000	0.000
Y_1	皮尔逊相关性	0.964	0.989	0.956	1	0.976	0.981	0.966	0.960	0.945
	Sig.（双尾）	0.000	0.000	0.000	—	0.000	0.000	0.000	0.000	0.000
Y_2	皮尔逊相关性	0.985	0.987	0.976	0.976	1	0.994	0.954	0.983	0.970
	Sig.（双尾）	0.000	0.000	0.000	0.000	—	0.000	0.000	0.000	0.000
Y_3	皮尔逊相关性	0.995	0.997	0.990	0.981	0.994	1	0.978	0.992	0.985
	Sig.（双尾）	0.000	0.000	0.000	0.000	0.000	—	0.000	0.000	0.000
Y_4	皮尔逊相关性	0.984	0.986	0.987	0.966	0.954	0.978	1	0.981	0.984
	Sig.（双尾）	0.000	0.000	0.000	0.000	0.000	0.000	—	0.000	0.000
Y_5	皮尔逊相关性	0.998	0.989	0.998	0.960	0.983	0.992	0.981	1	0.997
	Sig.（双尾）	0.000	0.000	0.000	0.000	0.000	0.000	0.000	—	0.000
Y_6	皮尔逊相关性	0.997	0.982	0.999	0.945	0.970	0.985	0.984	0.997	1
	Sig.（双尾）	0.000	0.000	0.000	0.000	0.000	0.000	0.000	0.000	—

注：a 表示样本量为 10。

表 10-2 为相关系数矩阵，皮尔逊相关性后面的数据值为两个变量间的相关系数，Sig.（双尾）后面的数值为 P 值。

表 10-3　典型相关系数表

	相关性	特征值	威尔克统计	F	分子自由度	分母自由度	P 值
1	1.000	20204.323	0.000	119.983	18.000	3.314	0.001
2	0.999	967.813	0.000	26.514	10.000	4.000	0.003
3	0.887	3.673	0.214	2.755	4.000	3.000	0.216

注：H0 for Wilks 检验是指当前行和后续行中的相关性均为零。

表 10-3 的第二列为典型相关系数，可以看出第一典型相关系数为 1.000，

第二典型相关系数为 0. 999，第三典型相关系数为 0. 887。最后一列为 P 值，可以看出第一典型相关系数和第二典型相关系数是显著的，拒绝原假设；第三典型相关系数不显著，不拒绝原假设，说明第三对典型相关变量不具有代表性。因此，提取前两组典型相关变量。

表 10-4　集合 1 的典型变量的标准化系数

变量	1	2	3
X_1	1. 589	3. 401	24. 898
X_2	-2. 393	-6. 936	-5. 001
X_3	1. 727	3. 143	-19. 937

表 10-5　集合 2 的典型变量的标准化系数

变量	1	2	3
Y_1	-0. 033	-0. 634	-9. 222
Y_2	1. 379	3. 244	4. 801
Y_3	-2. 700	-6. 986	9. 189
Y_4	-0. 384	-1. 064	5. 099
Y_5	-1. 086	-2. 606	4. 553
Y_6	3. 774	7. 698	-14. 569

表 10-4 和表 10-5 给出了两组典型变量的标准化系数，可以看出，两组典型变量分别为：

$$\begin{cases} U_1 = 1.589X_1 - 2.393X_2 + 1.727X_3 \\ V_1 = -0.033Y_1 + 1.379Y_2 - 2.700Y_3 - 0.384Y_4 - 1.086Y_5 + 3.774Y_6 \end{cases}$$

$$\begin{cases} U_2 = 3.401X_1 - 6.936X_2 + 3.143X_3 \\ V_2 = -0.634Y_1 + 3.244Y_2 - 6.986Y_3 - 1.064Y_4 - 2.606Y_5 + 7.698Y_6 \end{cases}$$

式中，U_1 为流通产业变量的线性组合，其中 X_2（批发和零售业）相对其他两个变量具有较大的载荷，说明批发和零售业在流通产业占主导地位，X_1（交通运输、仓储和邮政业）和 X_3（住宿餐饮业）的载荷差异不大，说明它们对流通产业的影响相差不大。V_1 为国民经济其他产业变量的线性组合，其中，Y_3（建筑业）和 Y_6（其他产业）具有较大的载荷，说明建筑业和其他产业对国民经济其他产业贡献很大，Y_1（农林牧渔业）的载荷相对较小，说明农林牧渔业对国民经济其他产业的影响较弱。第二对典型变量（U_2，V_2）中，U_2 为流通产业变量的线性组合，其中依然是 X_2 具有较大的载荷，V_2 为其他国民经济产业变量的线性组合，也依然是 Y_3 和 Y_6 具有较大的载荷，Y_1 的载荷相对较小。两组典型相关变量的载荷比重情况类似，符号相同。

注意到，这里利用 SPSS 软件数据分析时，没有对数据进行标准化处理。对于数据量纲不一致的情况，可以先用 SPSS 软件对数据进行标准化处理，然后对标准化的数据进行上述步骤的典型相关分析。

表 10-6 集合 1 的典型变量的非标准化系数

变量	1	2	3
X_1	2.034	4.354	31.874
X_2	-1.324	-3.839	-2.768
X_3	5.739	10.444	-66.254

表 10-7 集合 2 的典型变量的非标准化系数

变量	1	2	3
Y_1	-0.032	-0.613	-8.921
Y_2	0.277	0.652	0.965
Y_3	-2.198	-5.686	7.480
Y_4	-0.224	-0.620	2.971
Y_5	-0.823	-1.975	3.451
Y_6	0.828	1.688	-3.195

表 10-6 和表 10-7 给出了两组典型变量的非标准化系数，可以看出，两组典型变量分别为：

$$\begin{cases} U_1 = 2.034X_1 - 1.324X_2 + 5.739X_3 \\ V_1 = -0.032Y_1 + 0.277Y_2 - 2.198Y_3 - 0.224Y_4 - 0.823Y_5 + 0.828Y_6 \end{cases}$$

$$\begin{cases} U_2 = 4.354X_1 - 3.839X_2 + 10.444X_3 \\ V_2 = -0.613Y_1 + 0.652Y_2 - 5.686Y_3 - 0.620Y_4 - 1.975Y_5 + 1.688Y_6 \end{cases}$$

具体结果分析不再展开叙述，与上文分析结果类似。这里需要注意的是，若数据单位不统一，建议选择标准化的典型变量的系数来分析两组变量的相关关系；若数据单位统一，也可以直接选择非标准化的典型变量的系数进行分析。

二、流通产业与国民经济其他产业的典型相关分析——基于 R 软件

仍采用表 10-1 的数据，基于 R 软件进行流通产业与国民经济其他产业的典型相关分析。

（一）计算相关系数矩阵 $R=\begin{bmatrix} R_{11} & R_{12} \\ R_{21} & R_{22} \end{bmatrix}$

```
data.10<-read.csv("ca1.csv",header=T)      #读入数据
X<data.10      #提取数据
R<-cor(X);R      #相关系数矩阵
```

输出结果如图 10-3 所示。

```
> R<-cor(X);R      #相关系数矩阵
          X1        X2        X3        Y1        Y2        Y3        Y4        Y5        Y6
X1 1.0000000 0.9923463 0.9985339 0.9644290 0.9852139 0.9952559 0.9841391 0.9983299 0.9967596
X2 0.9923463 1.0000000 0.9881497 0.9889970 0.9873644 0.9973014 0.9862485 0.9890166 0.9823616
X3 0.9985339 0.9881497 1.0000000 0.9561594 0.9760604 0.9900903 0.9866263 0.9979675 0.9991998
Y1 0.9644290 0.9889970 0.9561594 1.0000000 0.9757729 0.9810959 0.9659719 0.9601865 0.9453339
Y2 0.9852139 0.9873644 0.9760604 0.9757729 1.0000000 0.9942858 0.9540674 0.9826830 0.9698578
Y3 0.9952559 0.9973014 0.9900903 0.9810959 0.9942858 1.0000000 0.9776132 0.9919617 0.9854971
Y4 0.9841391 0.9862485 0.9866263 0.9659719 0.9540674 0.9776132 1.0000000 0.9812024 0.9839721
Y5 0.9983299 0.9890166 0.9979675 0.9601865 0.9826830 0.9919617 0.9812024 1.0000000 0.9966330
Y6 0.9967596 0.9823616 0.9991998 0.9453339 0.9698578 0.9854971 0.9839721 0.9966330 1.0000000
```

图 10-3 相关系数输出结果

（二）计算典型相关系数，有两种思路

1. 计算 $\hat{M}_1=\hat{R}_{11}^{-1}\hat{R}_{12}\hat{R}_{22}^{-1}\hat{R}_{21}$ 的特征值，并求得典型相关系数。

```
A<-solve(R[1:3,1:3])%*%R[1:3,4:9]%*%solve(R[4:9,4:9])%
*%R[4:9,1:3]      #计算 M̂1
ev<-eigen(A)$values;ev      #特征值
sqrt(ev)      #典型相关系数
```

输出结果如图 10-4 所示。

```
> ev<-eigen(A)$values;ev    #特征值
[1] 0.9999505 0.9989678 0.7860017
> sqrt(ev)
[1] 0.9999753 0.9994838 0.8865674
```

图 10-4　典型相关系数

2. 将数据标准化，利用 R 中的 cancor（）函数进行典型相关分析。

```
Xscale<-scale(X)      #标准化数据
ca<-cancor(Xscale[,1:3],Xscale[,4:9])      #典型相关分析
ca$cor      #提取典型相关系数
ca$xcoef      #提取第一组变量的典型载荷矩阵
ca$ycoef      #提取第二组变量的典型载荷矩阵
ca$xcenter      #提取第一组变量的样本均值
ca$ycenter      #提取第二组变量的样本均值
u<-as.matrix(Xscale[,1:3])%*%ca$xcoef#计算得分,即标准化的数据乘以典型载荷矩阵
v<-as.matrix(Xscale[,4:9])%*%ca$ycoef
```

输出结果如图 10-5 所示。

```
> Xscale<-scale(X)     #标准化数据
> ca<-cancor(Xscale[,1:3], Xscale[,4:9])     #典型相关分析
> ca$cor
[1] 0.9999753 0.9994838 0.8865674
> ca$xcoef     #提取第一组变量的典型载荷矩阵
          [,1]      [,2]      [,3]
X1 -0.5295997 -1.133730  8.299191
X2  0.7975395  2.311984 -1.667081
X3 -0.5756073 -1.047617 -6.645554
> ca$ycoef     #提取第二组变量的典型载荷矩阵
           [,1]       [,2]      [,3]       [,4]      [,5]       [,6]
Y1  0.01103963  0.2112478 -3.074050 -0.6272728 -1.580624   7.040645
Y2 -0.45967361 -1.0813590  1.600315  4.6622173  1.773435   5.312721
Y3  0.89996192  2.3285832  3.063155 -6.3068789  1.299290 -14.028582
Y4  0.12814409  0.3546740  1.699746  3.0414264  2.136829  -4.479441
Y5  0.36191554  0.8686451  1.517683  0.3313988 -4.781368 -10.687812
Y6 -1.25788121 -2.5660382 -4.856213 -1.0387606  1.158259  17.071333
> ca$xcenter      #提取第一组变量的样本均值
           X1            X2            X3
-1.498801e-16  1.484923e-16 -2.574330e-16
> ca$ycenter      #提取第二组变量的样本均值
           Y1            Y2            Y3            Y4            Y5            Y6
-3.080869e-16 -2.456368e-16 -3.261280e-16  1.720846e-16 -1.065988e-16 -2.009677e-16
> u<-as.matrix(Xscale[,1:3])%*%ca$xcoef #计算得分，即标准化的数据乘以典型载荷矩阵
> v<-as.matrix(Xscale[,4:9])%*%ca$ycoef
```

图 10-5　典型相关分析输出结果

（三）典型相关系数的显著性检验，确定提取几对典型相关变量

```
corcoef.test<-function(r,n,p,q,alpha=0.05){
    #r 为相关系数,n 为样本量,p 和 q 为两组变量的维数、alpha 为显著性水平
    m<-length(r);Q<-rep(0,m);lambda<-1
    for (k in m:1){
      lambda<-lambda * (1-r[k]^2);
      Q[k]<- -log(lambda)
    }
    s<-0;i<-m
    for (k in 1:m){
      Q[k]<-(n-k-1/2 * (p+q+1)+s) * Q[k]      #计算统计量
      chi<-1-pchisq(Q[k],(p-k+1) * (q-k+1))
      if (chi>alpha){
        i<-k-1;break
      }
      s<-s+1/r[k]^2
    }
    i     #输出选用几对典型相关变量
  }
corcoef.test(r=ca$cor,n=10,p=3,q=6)
```

输出结果如图 10-6 所示。

```
> corcoef.test(r=ca$cor,n=10,p=3,q=6)
[1] 2
```

图 10-6　提取典型相关变量的数量

根据上述运行结果，选用两对典型变量，其中：

$$\begin{cases} U_1 = -0.5295997X_1^* + 0.7975395X_2^* - 0.5756073X_3^* \\ V_1 = 0.01103963Y_1^* - 0.45967361Y_2^* + 0.89996192Y_3^* + \\ \quad 0.12814409Y_4^* + 0.36191554Y_5^* - 1.25788121Y_6^* \end{cases}$$

$$\begin{cases} U_2 = -1.133730X_1^* + 2.311984X_2^* - 1.047617X_3^* \\ V_2 = 0.2112478Y_1^* - 1.0813590Y_2^* + 2.3285832Y_3^* + \\ \quad 0.3546740Y_4^* + 0.8686451Y_5^* - 2.5660382Y_6^* \end{cases}$$

式中，X_1^*，X_2^*，X_3^* 是标准化的流通产业指标变量，Y_1^*，Y_2^*，…，Y_6^* 是标准化的国民经济其他产业相关指标变量。前两对典型相关变量系数达到了 0.9999753 和 0.9994838。U_1 为标准化的流通产业变量的线性组合，其中 X_2^*（批发和零售业）相对其他两个变量具有较大的载荷，说明批发和零售业在流通产业占主导地位，X_1^*（交通运输、仓储和邮政业）和 X_3^*（住宿餐饮业）的载荷差异不大，说明它们对流通产业的影响相差不大。V_1 为标准化的国民经济其他产业变量的线性组合，其中 Y_3^*（建筑业）和 Y_6^*（其他产业）具有较大的载荷，说明建筑业和其他产业对国民经济其他产业贡献很大，Y_1^*（农林牧渔业）的载荷相对较小，说明农林牧渔业对国民经济其他产业的影响较弱。在第二对典型变量（U_2，V_2）中，U_2 为标准化的流通产业变量的线性组合，V_2 为标准化的其他国民经济产业变量的线性组合。两组典型相关变量的载荷比重情况类似。

（四）绘制得分散点图

```
par(mfrow=c(1,3))
plot(u[,1],v[,1],xlab="U1",ylab="V1")      #提取u,v的第一列,绘制第一对典型变量得分的散点图
plot(u[,2],v[,2],xlab="U2",ylab="V2")      #提取u,v的第二列,绘制第二对典型变量得分的散点图
plot(u[,3],v[,3],xlab="U3",ylab="V3")      #提取u,v的第三列,绘制第三对典型变量得分的散点图
```

输出结果如图 10-7 所示。

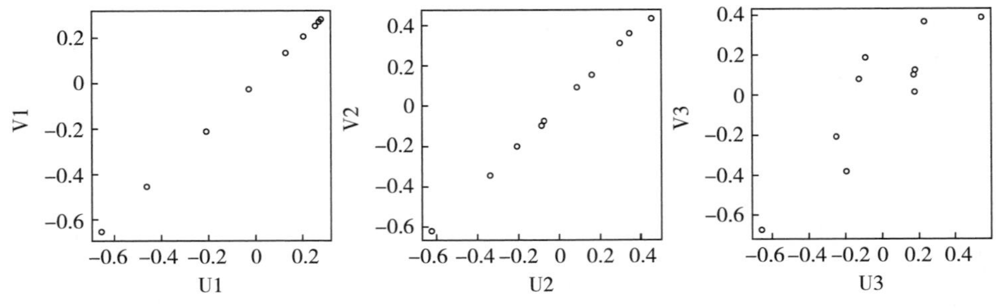

图 10-7 得分散点图

由图 10-7 可知，第一和第二对典型相关变量分布在一条直线附近，二者成高度线性相关，而第三典型相关变量的得分相对分散。

习 题

【10-1】简述典型相关分析的统计思想及该方法在研究实际问题中的作用。

【10-2】解释典型相关变量和典型相关系数。

【10-3】试分析一组变量的典型变量和其主要成分的联系与区别。

【10-4】标准化变量 $X=(X_1, X_2)'$，$Y=(Y_1, Y_2)'$的相关阵为

$$\begin{bmatrix} 1 & a & c & c \\ a & 1 & c & c \\ c & c & 1 & b \\ c & c & b & 1 \end{bmatrix} \quad (0<c<1)$$

试求 X、Y 的典型相关变量和典型相关系数。

【10-5】设 X，Y 分别为 p 维和 q 维的随机向量，且存在二阶矩 $p \leqslant q$。令 $\widetilde{X}=C'X+h$，$\widetilde{Y}=D'Y+g$，其中 C 和 D 分别为 $p\times p$ 阶和 $q\times q$ 阶非奇异矩阵，h 和 g 分别为 p 维和 q 维常向量。试证明：

（1）$\widetilde{X}$ 和 $\widetilde{Y}$ 的典型相关变量为 $\tilde{a}_i=C^{-1}a_i$，$\tilde{b}_i=D^{-1}b_i$，其中 a_i 和 b_i 为 X 和 Y 的第 i 对典型变量。

（2）（线性变换不变性）$\rho\left[(\tilde{a}_i)'\widetilde{X}, (\tilde{b}_i)'\widetilde{Y}\right]=\rho(a'_iX, b'_iY)$，即 $\widetilde{X}$ 和

$\widetilde{Y}$ 的典型相关系数与变换前的 X 和 Y 之间的典型相关系数相同。

【10-6】表 10-8 给出了 2009—2018 年我国科技创新投入与科技创新产出的相关情况。其中，科技创新投入变量有，X_1：R&D 人员全时当量（万人/年）；X_2：R&D 经费支出之政府资金（亿元）；X_3：R&D 经费支出之企业资金（亿元）。科技创新产出变量有，X_4：发表科技论文（万篇）；X_5：发明专利数（万件）；X_6：出版科技著作（万种）。数据来源于《中国统计年鉴（2014）》和《中国统计年鉴（2019）》。试用典型相关分析方法研究我国科技创新投入与科技创新产出的相关关系情况。

表 10-8 我国科技创新投入与科技创新产出情况表

年份	X_1	X_2	X_3	X_4	X_5	X_6
2009	229. 100	1358. 300	4162. 700	136. 100	31. 457	4. 908
2010	255. 400	1696. 298	5063. 144	141. 600	39. 118	4. 556
2011	288. 300	1882. 966	6420. 644	150. 000	52. 641	4. 547
2012	324. 700	2221. 395	7625. 023	151. 784	65. 278	4. 675
2013	353. 300	2500. 579	8837. 700	154. 455	82. 514	4. 573
2014	371. 058	2636. 080	9816. 511	157. 000	92. 818	236. 124
2015	375. 885	3013. 196	10588. 584	164. 000	110. 186	279. 850
2016	387. 806	3140. 808	11923. 545	165. 004	133. 850	346. 482
2017	403. 360	3487. 447	13464. 943	170. 090	138. 159	369. 785
2018	438. 144	3978. 641	15079. 300	184. 361	154. 200	432. 311

【10-7】尝试用典型相关分析方法做一个实例分析。

参考文献

[1] Anderson T W. An Introduction to Multivariate Statistical Analysis (Third Edition) [M]. New Jersey: John Wiley & Sons, 2003.

[2] Jolliffe I T. Principal Component Analysis (Second Edition) [M]. New York: Spring-Verlag New York Inc, 2002.

[3] 曹静. 基于典型相关分析的流通产业与国民经济关联性研究 [J]. 商业经济与管理, 2010 (5): 13-17.

[4] 方开泰. 实用多元分析 [M]. 上海: 华东师范大学出版社, 1989.

[5] 费宇. 多元统计分析: 基于 R [M]. 北京: 中国人民大学出版社, 2014.

[6] 高惠璇. 应用多元统计分析 [M]. 北京: 北京大学出版社, 2005.

[7] 韩嵩, 现代物流统计学 [M]. 北京: 经济管理出版社, 2021.

[8] 何晓群, 刘文卿. 应用回归分析 (第三版) [M]. 北京: 中国人民大学出版社, 2011.

[9] 何晓群. 多元统计分析 (第四版) [M]. 北京: 中国人民大学出版社, 2015.

[10] 肯德尔. 多元分析 [M]. 中国科学院计算中心概率统计组译. 北京: 科学技术出版社, 1983.

[11] 王斌会. 多元统计分析及 R 语言建模 (第五版) [M]. 北京: 高等教育出版社, 2020.

[12] 王惠文. 偏最小二乘回归方法及应用 [M]. 北京: 国防工业出版社, 1999.

[13] 王静龙. 多元统计分析 [M]. 北京: 科学出版社, 2008.

[14] 袁志发, 宋世德. 多元统计分析 [M]. 北京: 科学出版社, 2009.

[15] 张尧庭, 方开泰, 多元分析引论 [M]. 北京: 科学出版社, 1982.

[16] 朱建平. 应用多元统计分析 (第二版) [M]. 北京: 科学出版社, 2012.